城市地下管线运行安全风险评估

朱 伟 翁文国 刘克会 等◎著

科学出版社

北京

图书在版编目(CIP)数据

城市地下管线运行安全风险评估 / 朱伟等著.—北京：科学出版社，2016.4

ISBN 978-7-03-047708-8

Ⅰ.①城… Ⅱ.①朱… Ⅲ.①市政工程–地下管道–安全评价 Ⅳ.①TU990.3

中国版本图书馆 CIP 数据核字（2016）第049391号

责任编辑：石 卉 程 凤 / 责任校对：刘亚琦
责任印制：赵 博 / 封面设计：无极书装

科 学 出 版 社 出版
北京东黄城根北街 16 号
邮政编码：100717
http://www.sciencep.com
北京凌奇印刷有限责任公司印刷
科学出版社发行 各地新华书店经销
*
2016 年 4 月第 一 版 开本：720×1000 1/16
2025 年 2 月第六次印刷 印张：22 1/4 插页：2
字数：448 000
定价：118.00 元
（如有印装质量问题，我社负责调换）

前 言

城市地下管线指城市范围内供水、排水、燃气、热力、电力、通信、广播电视、工业等管线及其附属设施，是保障城市运行的重要基础设施和"生命线"。随着城市经济水平的提高、城市规模的扩大和现代化步伐的加快，城市地下管线系统越来越庞大和复杂，城市运行和公众生活对其的依赖程度也越来越强。《国务院办公厅关于加强城市地下管线建设管理的指导意见（国办发〔2014〕27号）》中指出："近年来，随着城市快速发展，地下管线建设规模不足、管理水平不高等问题凸显，一些城市相继发生大雨内涝、管线泄漏爆炸、路面塌陷等事件，严重影响了人民群众生命财产安全和城市运行秩序。"提高地下管线管理水平，保障城市运行平稳安全，是当前城市管理者和管线运行企业亟待关注的重点。

风险管理是一门新兴的管理学科。随着后工业化时代的来临，风险社会的形成，风险管理越来越多地应用到公共安全领域，尤其在城市化高速发展的背景下对城市运行安全提供了新的管理方法。风险评估是风险管理的核心环节，通过系统识别和排查可能存在的风险和风险控制点，科学分析各种风险发生的可能性与后果及风险承受力与控制力，评估风险级别，明确风险控制对策并采取措施，能够有效提升地下管线运行安全管理的科学性和准确性。

本书作者在2008年北京奥运会、残奥会期间和2009年新中国成立60周年庆祝活动期间参与了北京市城市运行安全保障和地下管线安全风险评估与控制的研究与应用工作，在国家科技支撑计划（项目编号：2011BAK07B03-2、2015BAK12B01-1）、北京市财政专项（项目编号：PXM2014-178215-000007）、北京市科技计划（项目编号：Z09050600910902、D101100049510001），以及北京市青年拔尖人才（项目编号：2014000021223ZK47）等科研项目资助下，持续开展城市地下管线运行安全风险评估技术的研究，长期为相关部门提供科技支撑。本书的完成，是过去工作的总结，在对城市地下管线和风险评估发展现状梳理综述（第一章到第三章）的基础上，按照风险评估的三个阶段即风险识别（第四章）、风险分析（第五章和第六章）和风险评价（第七章）对地下管线运行安全风险评估的方法、技术及案例应用进行了阐述，给出了一套理论性和实用性兼顾的评估工具。

研究团队成员郑建春、尤秋菊、韩朱旸、邢涛、邓楠、尚秋谨、翟振岗、刘鹏澄、孙平、王瑜、翟淑花、徐栋、芮静、尹萌萌等为以往科研项目的完成做出了不同程度的贡献，也为本书的撰写提供了丰富的内容基础。我们的工作一直得到北京市市政市容管理委员会、北京市科学技术研究院和清华大学公共安全研究院各级领导学者的支持和指导。本书的完成，也是清华大学、北京市科学技术研究院等单位共同组建的公共安全协同创新中心的合作成果。

本书借鉴和参考了国内外同行的现有研究成果及有益经验，引用了相关作者的部分文献和研究成果，在此对署名的和未署名的相关研究者表示由衷的感谢。风险理论和评估方法仍在发展当中，地下管线运行安全问题涉及的专业面广，鉴于本书作者水平有限，难免有疏漏甚至差错之处，敬请广大读者批评指正。

❖ 目 录 ❖

前言

第一章 现代城市视野下的地下管线管理 1

第一节 现代城市运行的要素和特征 1
一、城市与现代城市 1
二、现代城市运行的基本要素 2
三、现代城市运行的特征 6

第二节 城市地下管线对城市运行的作用与影响 7
一、现代城市中地下管线的功能与发展 7
二、现代城市运行中地下管线的特点 10
三、地下管线对现代城市运行的影响 12

第三节 现代城市中地下管线管理的重要性 17
一、我国城市地下管线管理概况 17
二、城市地下管线管理存在的问题 19
三、保障现代城市发展，加强地下管线管理 21

第二章 风险评估：提升城市地下管线管理水平 24

第一节 风险评估基本概念 24
一、风险概述 24
二、风险管理 25

三、风险评估 26

第二节　风险评估技术与工具 28
　　一、传统风险评估技术简介 28
　　二、风险评估技术与工具发展趋势 32
　　三、风险评估技术与工具适用性分析 33

第三节　地下管线运行风险评估的发展与意义 35
　　一、地下管线运行风险评估的研究与应用现状 35
　　二、地下管线运行安全需要风险评估支撑 38

第三章　城市地下管线基本情况 40

第一节　城市地下管线的类别 40
　　一、城市地下管线的分类方式 40
　　二、不同分类的城市地下管线概述 42

第二节　典型地下管线及其系统介绍 48
　　一、燃气管线及燃气系统 48
　　二、供热管线及供热系统 49
　　三、供水管线及供水系统 50
　　四、排水管线及排水系统 52

第三节　城市地下管线建设与管理的发展趋势 53
　　一、城市地下综合管廊建设 53
　　二、城市地下管线信息化建设 56
　　三、发达城市地下管线管理的经验总结与分析 58
　　四、国内主要城市地下管线运行管理的经验与问题 63
　　五、城市地下管线管理的发展趋势 68

第四章　城市地下管线运行风险识别 74

第一节　地下管线事故与原因分析 74
　　一、供水管线 74
　　二、排水管线 80

三、燃气管线 86

四、供热管线 92

五、电力管线 94

六、通信管线 95

七、生存环境 95

第二节　基于事故树分析的地下管线事故原因识别 98

一、原因分类 98

二、供水管线 98

三、排水管线 104

四、燃气管线 110

五、供热管线 120

第三节　基于灾害机理分析的地下管线事故风险后果识别 126

一、地下管线事故灾害机理 126

二、供水管线运行风险的后果识别 137

三、排水管线运行风险的后果识别 139

四、燃气管线运行风险的后果识别 142

五、供热管线运行风险的后果识别 144

第四节　地下管线运行风险识别结果 146

第五章　基于事故演化的地下管线运行风险分析 151

第一节　典型地下管线事故链式演化风险分析 151

一、事故演化过程中的事件分级 151

二、事故演化过程事件入度、出度分析 153

三、事故过程中事件演化链分析 154

四、燃气管线破裂事故演化过程定量分析 155

第二节　管线内外事故耦合的燃气管线定量风险分析方法 160

一、城市燃气管线综合风险分析的框架 160

二、可能性分析 162

三、后果分析：管线外 163

四、后果分析：管线内 177

五、特定目标风险值确定 180

六、算例及分析 183

七、小结 195

第三节 地下管线运行风险分析中的事故模拟方法 195

一、地下空洞对地下管线运行风险的影响模拟 195

二、燃气管线泄漏后火灾爆炸的影响模拟 198

三、降雨情景下排水管线能力对道路积水的影响模拟 212

第六章 基于指标体系的地下管线运行风险分析 217

第一节 概述 217

一、构建指标体系的原则 217

二、构建指标体系的方法 218

三、地下燃气管线运行风险分析的特点 221

第二节 基于"人—物—环—管"系统的指标体系 224

第三节 基于"压力—状态—响应"模型的指标体系 226

一、"压力—状态—响应"模型的特点 226

二、基于PSR模型的燃气管线系统风险分析指标体系 228

三、地下管线系统风险分析指标约简 231

第四节 燃气管线运行模糊风险分析模型 235

一、模型结构 235

二、可能性分析 236

三、后果严重性分析 238

四、模糊分析过程 239

五、算例分析 242

六、小结 243

第五节 基于可靠性和脆弱性的燃气管线风险分析指标体系 244

一、可靠性分析 244

二、风险分析指标体系建立 247

三、小结 252

第六节　多因素耦合的燃气管线风险分析指标体系 253
　一、城市燃气管线风险分析指标确定 254
　二、城市燃气管线风险分析指标权重计算 262
　三、风险分析 268
　四、小结 280

第七章　城市地下管线运行风险评价与评估机制 282

　第一节　风险评价：确定风险评估的结果 282
　　一、风险矩阵法 282
　　二、支持向量机 284
　　三、评价标准的确定 289

　第二节　地下管线风险评估的GIS实现 294
　　一、指标体系管理功能 294
　　二、GIS的基本框架 298
　　三、案例1：城市部分区域的燃气管线风险评估 302
　　四、案例2：全市区域的城市燃气管线风险评估 321

　第三节　城市地下管线运行风险评估的管理机制 326
　　一、风险评估管理机制的建立 326
　　二、风险沟通机制 332
　　三、基于风险评估的某市燃气管线运行风险控制措施建议 336

参考文献 341

彩图

第一章　现代城市视野下的地下管线管理

第一节　现代城市运行的要素和特征

一、城市与现代城市

随着我国城市化进程的加快，城市越来越成为一个人群流、资金流、能量流和信息流高度集中交汇的地方。城市的功能日趋多样化、复杂化，涉及社会的各个层面。从参与角色上，城市的参与主体包括政府、企业和社会等多个主体；从层次上，城市包括市级、区级、街道、社区、网格等多个层次；从专业维度上，城市管理包括市政基础设施、公共服务、生态环境管理等众多子系统，而每个子系统又包含许多分类更为细致的子系统，整个城市是一个多维度、多结构、多层次、多要素相互关联、整体结构高度繁杂的开放的巨系统。

世界上的任何事物都有一个发生、发展、定型的渐进变化过程。城市的产生也是如此，经历了漫长的由"量变"到"质变"的发展时期。因此，城市是社会发展到一定历史阶段的产物。具体来说，城市就是以人的活动为主体，由经济、社会、环境等三大系统组成的多层次的动态系统。它是人口与经济活动在空间的集中，是一个地区的经济、政治、文化、服务等中心，是一个地区经济和社会发展的标志。城市的本质是人类聚居的形式之一、一定区域的中心、人类文明的摇篮和展现，以及一种社会公共服务集中供给的活动方式。

过去十年，中国城镇化进程高歌猛进，城市风貌日新月异。随着城市规模的日益扩大，城市化进程的不断加快，高密度、多元化的人口聚落形式和开放的物质流、能量流和信息流成为城市的两大基本特点，越来越庞大、复杂的现代城市成为社会的核心主体。中国城镇化的一个重要特征是大城市化趋势明显，其表现是人口和财富进一步向大城市集中，大城市数量急剧增加，而且出现了超级城市（supercity）、巨城市（megacity）、城市集聚区（city agglomeration）和大都市带（megalopolis）等新的城市空间组织形式（陶希东，2015）。

现代城市是一个开放的社会经济系统，这不同于古代的城市系统。古代的城市大多由于各方面的因素，如防卫、交通的不便利或者闭关锁国的政策影响，处于相对封闭的状态。例如，出于防卫的考虑，紫禁城不筑城，不修建护城河，城市处于相对封闭状态。得益于科技生产力的不断发展，流通、交易程度的提高，范围的扩大，城市的开放程度越来越高，资源配置效率也越来越高，才逐渐形成了现代城市的架构。

现代城市的发展塑造了具有人口规模庞大、基础设施建设速度快、功能完备、大型活动丰富频繁、第三产业比重大等特征的运行体。城市资源要素的高度集聚是城市的根本，但同时也产生了人口老龄化、资源紧缺、交通拥堵、环境恶化、生活成本高等城市问题，不仅影响城市居民的日常生活，给城市居民造成巨大的生活和心理压力，也会制约城市的健康发展，增加城市的脆弱性，由城市自身发展所导致的内在风险因素与日俱增（沈国明，2008；刘彤，2015）。只有对自身所面临的风险有正确的认知，才能主动选择适当有效的方法防范和处理风险。面对来势汹汹的城市风险，至少需要在思想认识与技术方法两个方面做必要的准备，即要主观上高度重视城市风险，并积极探求消解城市风险的综合性技术方法和治理手段，提前预防城市风险的发生，减少风险可能造成的损害。现代城市各类风险的影响更为复杂，灾害造成的影响和损失更为严重。

二、现代城市运行的基本要素

"城市运行"尚没有一个具有普遍意义的、明确的概念，其含义尚有待于进一步深入探讨。"运行"一词原意是指"周而复始地运转（多指星球、车辆等）"。根据《现代汉英词典》，"运行"对应的英文解释是"move；be in motion"（运动；处于运动状态）。该词典列举的例子是"move in orbit"，即"在轨道上运行"。综合来说，城市运行是指城市系统各要素之间及其与外部环境之间的物质、能量和信息的交流、运动过程，即在运行状态中保障城市功能的正常实现。城市运行是政府、市场与社会围绕城市公共产品与服务的提供、各要素共同作用于城市而产生的所有动态过程和行为的总称。

城市运行的内在动力由城市内各主体的需求构成，如城市市民对维持自身正常生活的需求；城市消费对城市正常运行的需求；城市建设、城市发展对城市正常运行的需求；城市市民为满足更高品质生活对城市正常运行的需求。从参与角色上，城市运行的参与主体包括政府、企业和社会等多个主体；从运行层次上，城市运行包括市级、区级、街道、社区、网格等多个层次；从专业维度上，城市运行管理包括市政基础设施、公用事业、交通管理、废弃物管理、市容景观管理、生态环境管理等众多子系统（郭德勇等，2013），而每个子系统又包含许多更为细致的子系统，整个系统呈现出多维度、多结构、多层次、多要素间关联关系高度繁杂、开放等特征。

（一）城市运行系统结构框架

根据对城市系统和结构的分析，借鉴城市系统工程及城市管理学等研究，我们把城市运行的系统构成具体划分为资源运行、环境运行、经济运行、社会运行四大部分，结构框架如图 1-1 所示。

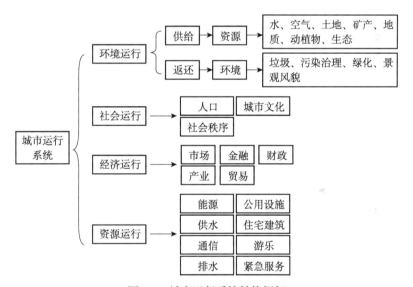

图 1-1　城市运行系统结构框架

1. 环境运行系统

城市作为一个自然环境中的特定环境系统，一方面，从其他环境系统（如农业环境系统、海洋环境系统）中获取大部分能量与物质，如粮食、水、原材料、各种资源等；另一方面，又将人类生产和生活所产生的废物、废水、废气传送到其他环境系统，可将此描述为供给与返还的过程。

（1）供给。城市从自然系统中获取大部分能量与物质的过程。

（2）返还。城市中人类生产和生活所产生的废物、废水、废气传送到其他环境系统的过程。

2. 社会运行系统

社会运行系统主要包括人口、社会秩序、文化三个部分。

人口主要指人口数量、人口质量。社会秩序和文化是城市软环境：文化包括体制、文物、历史、民族、心理等；社会秩序主要指政府、人大、政协、公检法、交通等部门对城市秩序的维护。

从较深的层次来分析，城市系统是通过其内部社会运行系统对外部环境的刺激做出反应，并通过社会运行过程作用于外部环境系统。

3. 经济运行系统

经济运行系统主要划分为市场、金融、财政政策、产业、贸易等的运转，包括城市内部和城市个体与其周围城市之间建立起的物质、能量、信息的流通网络，通过资源共享与互补提高城市的规模经济效益、专业化程度和聚集经济效益。

例如，生活必需品的物价，对大型批发市场、超市和农贸市场的经营数据进行的监测和分析，为实施有效的商业运行指挥提供依据。还有主要能源的物价（主要就是成品油、天然气的价格），银行卡的受理、交易情况、账户情况、外币兑换情况、咨询投诉服务受理情况等，生活必需品供给（如粮油、蔬菜、肉蛋奶等基本生活必需品的库存情况、市场渠道及交通运输保障情况）等因素都会对城市运行产生重大影响。

4. 资源运行系统

资源运行系统指在国家资源安全得到保障的前提下，城市通过多元化的来源渠道和高效、稳定的资源为可持续发展提供充足、经济、可靠的资源供应。这里的资源包括生产和生活所需的实质资源，比如能源、水、粮食、食品等，也包括生产和生活所需的服务资源，比如旅游、信息、应急保障等。

资源运行系统应该从功能和使用角度加以分析。资源系统的功能是支持城市建设和经济发展的重要物质基础，应该保持持续正常的供应；从资源的使用看，包括资源的经济安全（主要包括供需的总量和结构对称，以及供应通道的畅通）和环境安全（约束和限制能源生产和消费过程中的废气、废物对环境的影响）。

以上四大系统相互联系、相互影响、相互作用，形成复杂的城市运行系统。城市的正常运行依赖于每个系统的正常运行，以及每个系统之间建立起的良性循环的互动关系。

（二）城市运行构成要素

从城市运行的构成来看，可以包括以下要素。

1. 制度要素

城市运行安全管理制度解决的是城市运行安全管理的依据问题，即管理主体将依据什么来维护城市的运行，并对城市实施管理。它为城市管理职能的实施提供依据，为城市运行各类主体行为提供准则。一般而言，城市运行安全管理的制度包括宪法，相关城市管理的法律、法规、部门规章和规章以下的规定或政策。

2. 理念要素

城市运行安全管理的理念要素指的是城市管理主体在城市管理行为中表现出的看法与思想的综合。城市运行的效果如何，归根结底是受城市管理主体管理理念的引导和制约的。城市管理的实践者在城市运行安全管理的实践中总结经验、吸取教训，并在借鉴国外城市管理先进理念的基础上，逐渐总结出城市运行安全管理应坚持的理念。

3. 主体要素

城市运行安全管理的主体要素首先解决的问题是"谁来维护城市运行的安全"。城市运行的主体主要包括政府、社会组织（企业和非营利组织）及社会公众三大类主体。它们共同组成了一个对城市运行进行监督、管理、评价的有机主体，共同在城市运行过程中依据其独有的资源条件起着其各自独特的作用。

4. 客体要素

现代城市是一个由多种要素构成的复合系统。城市运行安全管理的客体要素主要有城市危险源、城市自然灾害、城市重要机构及场所、城市公共基础设施、城市突发公共卫生事件、恐怖袭击破坏、城市应急救援力量、城市应急救援设备设施等。

5. 信息要素

城市运行安全管理中很重要的一项工作就是城市运行安全信息的管理，这些信息已经成为安全管理有效进行的保证。信息作为一种资源已经越来越受到人们的重视，其主要的价值在于减少城市管理中的许多不确定性。信息对城市运行安全管理活动有着重要的作用。

（三）城市运行原则

现代城市运行为了达到平稳的状态，应遵循下列原则。

（1）以人为本的原则。在城市运行安全管理中，首先应树立"以人为本"的管理理念，充分体现全心全意为人民服务的宗旨，实现由权力本位向权利本位、政府本位向社会本位、官本位向民本位的转变。人的生命权是人与生俱来的权利，对人的生命权的尊重，是人类社会的一条基本公理，也是城市运行安全管理应当坚持的第一理念。

（2）均衡原则。城市运行安全管理的目标是注重城市经济、社会、文化和环境等方面的整体、协调、均衡的发展，而不是偏重某一方面。也就是说，城市管理既要达到发展经济的目的，又要注重城市相关基础设施的配套建设，也要保护好城市居民赖以生存和发展的自然环境；既要注重城市经济的发展，也要注重社会的发展，促使城市的各种要素和谐运行。

（3）服务原则。树立"以人为本"的服务理念，要求城市政府在三个方面进行理念的转换。一是调整城市政府管理的价值理念，如何更好地为社会、为公民提供公共服务，是现代政府最基本的价值理念。二是树立利民便民的"服务观"，政府部门应改变以往官僚式的工作作风和方式，主动做人民的公仆。三是坚持造福人民的"政绩观"。

（4）效率、效能、经济原则。城市运行的经济原则简单可以理解为以尽可能低的成本或投入，达到城市运行过程中需要的城市公共产品或服务。城市运行将效率、效果和经济原则相结合，不仅聚焦投入的情况，还关注产出的结果，还注重那些不能用货币来衡量的效果。

三、现代城市运行的特征

现代城市运行系统的基本特征表现在以下几个方面。

（1）经常性。现代城市运行需要城市管理者能在第一时间通过城市运行系统监测，做出具体决策，组织各种力量，协调各个部门，迅速、及时地处理城市问题，保证城市的顺利运行。因此，经常性是城市运行的首要特征。

（2）科学性。城市运行系统的一个显著特征在于它将信息科学技术广泛运用于城市管理的全过程之中，以 GIS（地理信息系统）、网络和多媒体等技术，对城市的基础设施、功能机制进行自动的信息采集和传输，使得信息传输更为迅速，实现了城市管理信息的共享。

（3）协调性。现代城市运行理念强调城市运行手段和机制的协调、城市运行主体的协调、城市运行客体的协调、城市运行目标的协调，追求城市整体的和谐运行。

（4）系统性。城市运行是一个整体的、系统的过程，涉及城市的各个要素，必须在整体上把握城市的复杂性，采取有效的方式把各个子系统有机结合起来，发挥整体功能。

（5）动态性。城市的发展是一个动态的发展过程，城市运行系统需要在城市各个要素动态的变化发展过程中，迅速获取城市动态变化的信息，谋求城市管理条件和管理目标的动态平衡。

现代城市在经济社会快速发展的同时，仍处于工业化、城市化、现代化和国际化的关键时期，结构升级、体制转轨和社会转型加快将伴随各类矛盾凸显和突发事件高发，各种传统的和非传统的、自然的和社会的风险交织并存，城市运行面临的挑战和考验更加复杂，各类问题日益增多，形势更加严峻。从风险的角度进行审视，现代城市运行存在如下新的问题。

一是各类灾害风险交织并存。近年来，受全球气候变化的影响，极端天气增多，强降雨、海啸、干旱、高温、雾霾、冰雪、沙尘暴等极端天气是城市面临的主要灾害类型。我国地域广阔，不少城市处于不同程度的地震烈度区，突发地质灾害风险源广泛分布，可能产生地震、崩塌、滑坡、泥石流、采空塌陷等重大灾害，城区超高层建筑集中，轨道交通建设运营里程不断上升，高层和地下空间发生火灾的概率增加。

二是城市承载处于超负荷状态。城市常住人口和流动人口日益增加，水资源、能源供应、交通路网长期处于高度紧张的状态。人口急速扩张对城市承载能力形成严峻挑战，人口高度集中导致突发事件的不确定性和复杂性增强。水资源严重不足，资源能源对外依赖性强。局部地区能源供需矛盾更加突出。城市基础设施处于满负荷运转状态。城市的超负荷运转也使得城市在问题面前暴露出较强的脆弱性，使得现有运行保障能力与人口、资源、环境的承载状态存在明显差距。

三是各类事故灾难仍然可能高发。目前城市地下管线网络因自然老化或人为外力破坏造成的管线破裂、泄漏和路面塌陷等突发事故仍时有发生。过境交通压力大，危险化学品运输车辆多，易发生危险化学品泄漏、爆炸、污染等事故和突发环境事件。人员密集场所、有限空间作业、地下空间等领域的安全问题日益凸显。随着城市基础设施建设加快，轨道交通、建筑施工等各类事故风险有所增加。第二产业中的高风险仍将在一定时期内存在；高新技术产业、现代服务业快速发展的同时，也带来新的危险因素；产业间的关联更加紧密，突发事件导致的次生衍生灾害使灾情加重。

四是次生衍生影响极易放大。城市正经历着"经济转轨、社会转型"的发展阶段，随着城市运行各系统的联系日益紧密，信息化、网络化的程度不断加深，一旦发生运行故障极易对城市功能的正常发挥造成巨大影响，应对不当更将诱发群体恐慌乃至社会动荡等事件发生，对城市经济社会活动、城市正常运行和生态环境等造成严重威胁。

第二节　城市地下管线对城市运行的作用与影响

一、现代城市中地下管线的功能与发展

地下管线是满足城市运行和市民生产生活的重要基础。地下管线担负着城市

的信息传递、能源输送、排涝减灾、废物排弃的功能，是城市赖以生存和发展的物质基础，是城市基础设施的重要组成部分，是发挥城市功能，确保社会经济和城市建设健康、协调和可持续发展的重要基础和保障。城市地下管线就像人体内的"血管"和"神经"，因此，被人们称为城市的"生命线"。伴随着城市化的高速发展，城市地下管线作为重要的城市基础设施，已处于相应的快速发展时期。发达国家的发展历史表明，人均 GDP 达到 1000 美元后，基本具备了大规模开发利用地下空间的条件和实力，人均 GDP 为 2000~3000 美元，则达到了开发利用的高潮（王献玉，2010）。如今，我国不少城市已经或者即将进入大规模开发利用地下空间的新时期。

我国城市化进程带来了地下管线规模不断扩大。城市范围不断扩张是城市化的明显特征之一。21 世纪以来（2000 ~ 2007 年），全国城市建成区面积平均每年扩大 1861 千米^2。城市规模的不断扩大必然推动配套基础设施的建设，从而带动城市地下管线的规模不断扩大。

据《2011 年中国城市建设统计年鉴》统计，截至 2011 年年底，包括城市供水、排水、燃气、供热等在内的市政地下管线长度已超过 148 万千米，是 1990 年管线总长的 8.16 倍。上述四类管线中，燃气管线长 348 965 千米，供水管线长 573 774 千米，排水管线长 414 074 千米，供热管线长 147 338 千米。与 1990 年的数据相比，四类管线长度分别是 1990 年管线长度的 14.77 倍、5.90 倍、7.17 倍和 45.24 倍。供热管线在 20 年中的增长最为显著。1990~2011 年，四类地下管线长度详见表 1-1（江贻芳，2012）。

表 1-1　1990~2011 年四类地下管线长度

年份	地下管线长度 / 千米				
	燃气管线	供水管线	排水管线	供热管线	四类管线总长
1990	23 628	97 183	57 787	3 257	181 855
2000	89 458	254 561	141 758	43 782	529 559
2001	100 479	289 338	158 128	53 109	601 054
2002	113 823	312 605	173 042	58 740	658 210
2003	130 211	333 289	198 645	69 967	732 112
2004	147 949	358 410	218 881	77 038	802 278
2005	162 109	379 332	241 056	86 110	868 607
2006	189 491	430 426	261 379	93 955	975 251
2007	221 103	447 229	291 933	102 986	1 063 251
2008	257 846	480 084	315 220	120 596	1 173 746
2009	273 461	510 399	343 892	124 807	1 252 559

年份	地下管线长度 / 千米				
	燃气管线	供水管线	排水管线	供热管线	四类管线总长
2010	308 680	539 778	369 553	139 173	1 357 184
2011	348 965[*]	573 774	414 074	147 338[**]	1 484 151

* 含人工煤气、天然气和液化石油气三类管线长度；** 含蒸汽和热水两种管线

2010 年，城市建成区范围内管线密度为每平方千米 33.88 千米，是 1990 年每平方千米 10.27 千米的 3.30 倍。其中，燃气、供水、排水和供热四类管线的密度分别为每平方千米 7.71 千米、13.47 千米、9.23 千米和 3.47 千米，分别是 1990 年管线密度的 4.19 倍、1.78 倍、2.05 倍和 13.88 倍。供热管线在 20 年中的密度增长最为显著。1990~2011 年上述四类地下管线密度详见表 1-2（江贻芳，2011）。

表 1-2 1990~2010 年四类地下管线密度

年份	地下管线密度 /（千米 / 千米²）				
	燃气	供水	排水	供热	总密度
1990	1.84	7.56	4.50	0.25	10.27
2000	3.99	11.34	6.32	1.95	23.60
2001	4.18	12.04	6.58	2.21	25.01
2002	4.38	12.04	6.66	2.26	25.34
2003	4.60	11.77	7.02	2.47	25.86
2004	4.87	11.79	7.20	2.53	26.39
2005	4.98	11.66	7.41	2.65	26.70
2006	5.63	12.79	7.77	2.79	28.98
2007	6.23	12.61	8.23	2.90	29.97
2008	7.10	13.23	8.68	3.32	32.33
2009	7.18	13.39	9.02	3.28	32.87
2010	7.71	13.47	9.23	3.47	33.88

四类地下管线总长度及总密度在 2001~2010 年增长较为稳定，年平均增长率分别为 9.84% 和 3.71%，详见图 1-2（江贻芳，2012）。

地下管线与百姓生活息息相关。随着我国城市化进程的加速，城市地下管线建设发展非常迅猛，但随之而来的地下管线管理方面的问题也越来越多。施工破坏地下管线造成的停水、停气、停电及通信中断事故频发；"马路拉链"现象已经成为城市建设的痼疾；由排水管线排水不畅引发的道路积水和城市水涝灾害已

司空见惯（洪武，2008）。地下管线引发的问题已成为城市百姓心中难以消除的痛。频频发生的城市地下管线事故让人们认识到，原来我们脚下坚实的大地有时其实很脆弱，地下管线的任何"风吹草动"，都可能给城市带来巨大影响，地下管线与城市运行及老百姓的生活原来是那么息息相关。地下管线的重要性正日益被各级政府部门和城市老百姓重视。

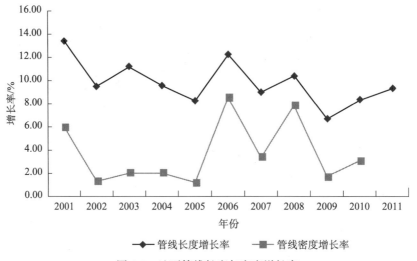

图 1-2　地下管线长度与密度增长率

地下管线是城市安全与繁荣的根基。地下管线的安全运行是现代化城市高效率、高质量运转的保证。安全是城市管理的一个永久的主题。城市燃气管线由于介质的危险性已经成为城市的潜在危险源，燃气管线的泄漏和爆炸事故影响到城市人民的生命和财产安全（Yang et al.，2007）；供水管线事关城市百姓的用水安全；城市排水、供水管线有可能成为传染疾病的传染通道；供水、燃气、电力和电信等管线有可能成为恐怖分子发动袭击的工具。这些管线功能一旦减弱甚至丧失，将对城市运行造成严重影响。因此，对城市地下管线的运行管理很有必要。

我国城市化进程推动了地下管线管理水平的提高。2000 年以后，我国旧城改造力度下降，过去那种大拆大建式的城市化开始降温，内在素质的提升已成为新型城市化的主要内涵。尤其是近年来，在科学发展观指导下，各地积极探索城市建设与管理思路，城市化质量有了巨大飞跃。地下管线作为城市的重要组成部分，其科学管理水平必然随着城市化质量提高而提升。

二、现代城市运行中地下管线的特点

城市地下管线主要包括供水系统、供热系统、供气系统、供电系统和通信系统等，其具有地理范围分布广，公共性和共享性，网络性，易损性，次生灾害严重性，各系统之间互用性、互制性、互替性、近距离共存性等诸多特点。

1. 地理范围分布广

地下管线系统的第一个主要特点是多分布在很大的地理范围内。整个系统的功能不仅与组成系统的各个单元的功能密切相关，而且与各个单位之间的联系方式有关，这种联系使整个地下管线系统构成了完整的网络。例如，当前北京市天然气管线以万千米计，分布在面积 16 000 多千米^2 的 16 个辖区内。

2. 公共性和共享性

地下管线系统是确保城市居民生活的必要条件。维持城市基本机能的公共工程设施网络，具有很高的公共性和共享性。体现这些特性的主要标志有地下管线系统的服务范围广，服务地域覆盖整个城市；服务的人口多，一个系统的服务对象少则几十万人、几百万人，多则上千万人，如北京市地下管线系统的服务人数高达数千万人；服务的经济效益、社会效益大；居民和城市对地下管线系统的依赖性高（Menoni et al.，2002）。因此，地下管线系统一旦遭受震害，服务质量降低或丧失机能，将造成严重后果。地下管线系统的公共性和共享性明显减弱甚至完全消失，居民生活的"贫困度"（缺乏基本生活条件的程度）将明显增加。地下管线系统传递的是国计民生不可或缺的物质与信息等。显然，公共性与共享性使地下管线系统与每一位居民、每一个单位和城市的每一项社会经济活动形成极为密切的关系。地下管线的供应保障、完善程度、质量高低、机能强弱、服务优劣，对一个城市的居民生活及社会经济发展产生重大影响。

3. 网络性

以天然气管线为例，由于形成网络，当某些管线完全失去机能时，其影响不仅涉及该管线所服务的地区，还会影响到与之相关的管线服务区域。

天然气管线具有清晰的层次性。这种层次性决定了网络中物质传递的顺序性、在网络中不同层次的设施作用的差异性及设施失效分布的不均匀性。

同时，地下管线系统的网络性中还包含两个方面的因素。①网络规模庞大，具有数量众多的节点和线路。从宏观结构看，一个生命线系统由许多子系统、工程项目构成；从微观结构看，这些子系统和工程项目本身也由众多不同的构件组成。②生命线系统功能的影响因素复杂。系统中各单体工程彼此相互影响，共同发挥作用。每一单体工程的破坏都会对整个系统的正常运行带来影响。

4. 易损性

管线虽然大部分埋在地下，日常生活中人们很难直接接触到，但是，其很脆弱，仍然无时无刻不在遭受来自各方面的破坏。管线的破坏受其自身条件，周围场地、地质条件，管线的敷设方式，地下水位的高低，以及管线内输送介质等的影响，破坏因素也不尽相同。

5. 各系统之间互用性、互制性、互替性、近距离共存性

尽管不同的地下管线各成系统且各自独立运行，但当灾害发生后，各生命线之间产生的构造、机能、恢复障碍与诱发次生灾害等多种影响，会加重生命线的总体灾害。例如，供水系统的正常运转离不开供电系统的支持，供电管线系统的破坏又可能导致通信系统的瘫痪。一个生命线系统的可靠性，除了与系统自身的抗灾性能有关外，还取决于对该系统起支持作用的或物理上与该系统相邻布设的其他生命线系统的抗灾性能。显然，生命线系统之间的相互作用将直接影响到生命线系统灾害损失的预测、灾后损失的评估、生命线工程系统设防标准的制定、灾后应急工作的部署、次生灾害控制的策略及救灾资源的合理分配等。

三、地下管线对现代城市运行的影响

城市化进程也为地下管线建设与管理带来一系列挑战。随着城市化进程的推进，城市运行中的各种不安全因素也有所增加，城市地下管线的各类事故，如地面塌陷、施工破坏管线、爆管、爆炸等事故时有发生，严重影响到城市稳定运行和人民群众生命财产安全。

近年来，城市地下管线安全逐渐成为全国大中城市所共同关注的重点。由于管线数量增加、相关管理滞后、城市环境变化、城市大量建设工程，以及城市人口工作和生活要求提高等多种因素的交织作用，城市管线事故数量成倍增长。城市管线安全问题已成为城市安全研究中的热点问题、城市发展中亟待解决的重点问题和城市进行科学管理的重点针对对象。以城市供热管线为例，2001~2005 年，140 个中等以上城市共发生供热一般事故 22.3 万次，平均每天发生供热事故约 300 次，5 年中发生重大事故约 1400 次，平均每年每个城市 2 次（刘贺明，2009）。

在进行城市规划、设计、施工和管理工作中，因为不能掌握完整准确的地下管线信息和传统管理工作方式的低效率，所以会损坏地下管线从而导致停水、停电、停气、通信中断等事故和重大损失的事例时有发生，存在着严重的安全隐患甚至造成环境污染。而且由于历史因素，很多城市老城区下水道设施过于陈旧，布置不够合理，管线资料不全，不便于管理及维护。目前，市民意识也较薄弱，企业和个人非法排污，使得部分旧管线背负着沉重的压力，特别是一些建筑密集地区的管线由于长时间得不到清洗疏通和保养，管线结垢严重，口径成倍缩小，根本无法保证高峰时大流量的排水顺利通过，隔三差五就造成堵塞，并随着淤积的加重，管线内的有害气体和可燃气体浓度骤增，造成空气污染，极易引起燃爆，再加上管线相关部门监管力度不够，只顾"地上"而看不到"地下"，忽略

了设施运行的保障能力，对人民生命财产安全造成极大威胁。

城市地下管线是城市居民生活、公共福利事业和工业生产的保障，是城市公共事业的一部分，也是城市建设的一项重要基础工程。我国城市地下管线管理滞后于城市的发展和国际同行业水平，其混乱无序，系统各自分离，信息不统一、不准确、不完整、不及时等状态带来的城市安全、环保、经济代价日益沉重，已成为制约我国城市建设和国民经济发展的瓶颈之一。采用高新技术和方法来高效管理地下各类专业管线，满足决策、管理部门和施工单位的需要已成为当务之急。

（一）地下管线运行问题

城市地下管线总体主要表现出以下几方面的运行安全问题。

（1）部分管线使用年限过长，管线质量已不能满足安全的要求，是城市管线设施中主要的安全隐患。例如，新中国成立前的很多管线目前都面临着"超期服役"，三四十年前构建的城市管线也面临"透支"，安全系数极低。

（2）部分旧有管线资料缺失，管线位置、结构不清，不能为有关部门的施工、维修等工作提供所需信息，使由第三方破坏而引发地下管线事故的可能性加大。

（3）随着城市规模的扩张和现代化服务功能的扩展，城市内的新管线数量不断增加，更增加了城市管线系统的复杂性。各类管线纵横交错，当某一管线发生严重事故时，极易以各种破坏形式作用于其他管线，使各种危险因素相互作用、叠加，甚至是相互助长，从而引发重大灾害事故。

对于具体专业地下管线，以供水和电力地下管线为例，其安全问题则各不相同，各具特点。

1. 供水管线

（1）北京地面不均匀的沉降，对承压供水管线造成扰动。由于北京地下水资源的长期开采，北京平原地区已形成大小不等的五个降落漏斗区，而地下供水管线需要保持水平状态。因此，地面沉降对地下供水管线，特别是管线的连接口处带来很大的威胁，是造成供水管线破漏的因素之一。

（2）季节、气温的变化，引起供水管线地基发生变化。在每年的季节交替，如秋冬季和冬春季时，是供水管线破漏较集中的时期，管线外部土壤热胀冷缩的变化都会给供水管线带来扰动，这种扰动如果再与其他客观因素结合，就会对供水管线造成破坏。

（3）外界不当行为因素造成的城市供水管线破损。例如，野蛮施工、路面上的载重车辆的碾轧引起管线破裂；一些市政施工不规范，造成供水管线与其他地下管线之间的安全距离得不到保障；有些施工降水引起地基下沉，使供水管线下的基础形成空洞，再加上路面载重车辆的压力，造成供水管线的断裂等。

（4）地下灌浆施工可能给管线带来暗伤。主要有两种情况：①水泥把管线包起来，日后如果管线破坏，维修起来很困难，可能凿水泥就得两三天；②水泥压在管线上或灌到管线下，有可能压坏或破坏管线。灌浆施工举例：四通桥至海淀剧场一段路地下发现十几个空洞，最大的一个空洞投影面积达 1000 米^2，在联想桥附近，处理方法就是灌浆。

2. 电力管线

（1）早期电力隧道年久失修，老化严重，长期被水浸泡，整体性能低，直接影响运行人员和设备的安全。

（2）早期电力支架防腐性能差，年久失修，锈蚀严重。加上近几年电缆数量及电缆截面的不断增大，许多支架已不满足强度要求，产生了变形。另外，支架规格低，档距太小，结构不合理，不满足大截面高压电缆的敷设要求，易造成电缆的护套损伤，严重威胁电缆线路的安全运行，曾发生支架割伤电缆而发生主绝缘击穿事故。

（3）早期隧道设计防水标准低，伸缩缝设计不合理，防水效果差，再加上隧道结构开裂等各种因素，造成隧道内渗漏水问题特别严重，已严重影响电缆设备的正常巡视、检修和事故处理。

（4）由于早期修建的电力隧道上安装的电力井盖无"五防"功能，井盖破损和丢失严重威胁着行人和车辆，以及隧道内电缆线路的安全运行。

（二）地下管线破坏后果

归纳起来，城市地下管线一旦发生破坏，没有得到及时有效的处理，那么将可能造成具有如下特点的后果。

1. 灾时破坏严重

由于城市地下管线具有地理范围分布广，公共性和共享性，网络性，各系统之间的互用性、互制性、近距离共存性等特点，城市地下管线一旦发生破坏，将造成严重的后果。灾时破坏严重一方面是指灾害发生时，生命线系统本身的损失严重；另一方面，由于生命线系统功能破坏，严重影响城市的生产和生活。

2. 灾害波及范围广

跨越的范围广和覆盖面广，造成地下管线遭受自然灾害袭击的可能性比独立建筑多，而且由于工程环节多、结构形式复杂，整个地下管线抵御外来作用的薄弱环节相对也多。例如，城市电网系统越大、联网程度越高，运行就越经济、安全和可靠，但同时稍有不慎引发的电网事故会给社会带来严重的影响。

1995 年，日本阪神发生里氏 7.3 级地震，导致交通大面积瘫痪，堤岸 80% 破坏，许多地下管线遭到严重破坏，100 万用户断电，地震灾区主干供水管线发生 1610 处破坏，110 万户断水（断水率 80%），主干供气系统 5190 处破坏，87.5 万户断气，神户地区 3170 条专用通信线路破坏。

3. 灾害耦合性放大

供水、供气、供暖、供电、交通、通信等城市地下管线，虽然各成网络且具有相对独立性，但它们之间在功能上具有耦合性，因此灾害发生后，各生命线系统的相互影响，使灾害更趋严重。各系统产生相互影响的主要方式有三种：构造影响、功能交叉影响和恢复功能影响。构造影响主要是因为生命线近距离共存，发生灾害的设施及其构件使其他生命线系统受害。而城市生命线之间的相互制约是产生功能影响的重要原因，恢复功能影响主要表现形式是一种生命线发生灾害后影响其他生命线的恢复进程。或者说，一种管线灾害将成为其他管线灾后恢复的障碍。例如，交通系统的灾害对其他系统的灾后恢复影响就很大。

4. 次生灾害严重性

城市地下管线还具有次生灾害严重性的特点。城市地下管线是关乎市民日常生活的民生工程，且由于它的公共性和共享性、网络性、易损性等特点，城市生命线系统发生破坏，很有可能造成严重的次生灾害。例如，供气管线破裂，一方面可能导致市民无气可用，这严重地影响了市民的正常生活；另一方面，供气管线破裂，还有可能导致其他方面的灾害：可能导致爆炸事件的发生，而爆炸事件又可能导致更多的危机事件发生。例如，爆炸会炸毁其他管线，会炸毁加油站，会引爆化工厂，进而引起交通中断和工厂停产等危机事件的发生（陈泷和李奉阁，2014）；同时，供热管线的破裂还可能导致毒气的泄漏，毒气一方面对市民的健康造成了严重的威胁，另一方面对城市环境也造成了严重的打击；暖气管线破裂还可能导致火灾的发生，而火灾的发生不但可能导致人员伤亡和相应的财产损失，还有可能导致其他危机事件的发生。总之，城市生命线系统发生破坏，其产生的次生灾害将是巨大的且是不可完全预知的。

再以供电管线破裂为例，供电管线破裂的直接后果可能就是供电中断，供电中断后，将可能引起极为严重的次生灾害。供电中断，首先遭受影响的是人民的生活。在百姓日常生活中，电力已经是不可缺少的能源，一旦发生供电中断，百姓的日常生活将遭受严重的影响。其次，对于交通运输行业，也会是一场严重的打击。售票系统瘫痪，航班无法起飞，火车无法开动，汽车在没有红绿灯的指引下很容易造成交通堵塞，地铁也将会不得不停运，这给本来已经很拥挤的城市交通造成更为严重的打击。同时，各种交通工具的停运，将导致大量的旅客滞留，而滞留的旅客又会对城市的治安状况产生极为不利的影响。交通运输行业的中断还将导致物资调运困难，这将加重人们的生活困难。供电管线破裂造成的次生灾害远不止以上所列出的，且其次生灾害具有不可预测性。

5. 灾害社会影响大

城市地下管线与城市居民日常生活息息相关，其破坏可能造成极大的社会影响。从图 1-3 可以看出，任何一个地下管线遭到破坏都会影响到其他系统的正常工作，尤其是电力管线的破坏对其他系统的影响更是十分严重，因而地下管线又被称为"城市生命线"。

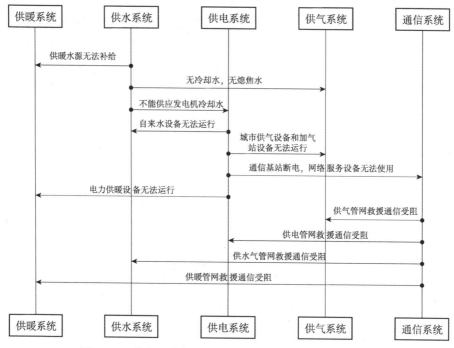

图 1-3　五种典型城市地下管线相应系统之间灾害相互关系

从图 1-3 中，可以看到供电系统瘫痪对其他系统造成的危害最大，供电系统瘫痪可以导致自来水设备无法运行，进而使得城市供水系统无法正常运行；供电系统瘫痪，有可能导致通信基站断电，网络服务设备无法使用；供电系统瘫痪还可能导致一些利用电力供暖的供暖系统瘫痪，进而对整个城市的供暖造成不利影响；供电系统瘫痪还能够对供气系统造成不利影响：供气站设备无法正常运行，加气站设备也不能正常工作，可能造成整个城市供气故障。

供水系统瘫痪也能够影响到其他城市生命线系统：供水系统瘫痪后，供暖系统需要的水资源补充就不能够满足了，对供暖系统造成不利后果；供水系统瘫痪后，由于冷却水的缺乏，发电机的使用时间将不得不减少，这对整个城市的电力供应将产生不利影响；同时，供水系统瘫痪后，供气系统也将受到一定程度的影响，供水的缺少将导致供气系统无冷却水，无熄焦水，这将对整个城市的供气系统造成不利影响。

通信系统瘫痪也会对其他系统造成不利影响：通信系统瘫痪后，其他系统运行所需的正常通信交流不得不中断，这样其他系统更容易出现故障，而且其他系统一旦出现故障，由于通信不畅，那么正常的救援也必然受阻，其他系统破坏造成的灾害也会增多。

第三节　现代城市中地下管线管理的重要性

一、我国城市地下管线管理概况

我国城市地下管线的管理体系复杂，涉及中央和地方两个层次，包括三种管理类型（江贻芳，2012）：一是职能管理，主要涉及投资计划、财政、城市规划、建设工程、城市管理、安全监督、信息档案、保密、国土、测绘、国家安全、国防等部门；二是行业管理，主要涉及电力、电信、供排水、燃气、热力、工信、能源等主管部门；三是权属管理，主要涉及中央和地方相关企业（单位），其中中央企业（单位）有中石油、中石化、中海油、国家电网、中国电信、中国移动、中国联通等，地方（含民营）企业（单位）有电力、供水、燃气、供热、工业等。

中央层面涉及的部门有国家发改委、财政部、工信部、住建部、国资委、国家新闻出版广电总局等。其中，国家发改委负责管线工程项目的投资建设管理工作；财政部负责建设资金管理工作；工信部负责电信及各种工业管线的规划建设和监督管理工作；住建部负责指导城市公用设施的规划建设和监督管理工作；国资委承担输油管线等的规划建设和监督管理工作；国家新闻出版广电总局负责有线电视管线的规划建设和监督管理工作。

由于各地机构设置不同，地方层面涉及的管线管理部门更为复杂。发改委、规划局、城建、市政、档案、交通、园林绿化等部门，分别承担地下管线投资建设和特许经营审批，管线路由的审批与规划验收、竣工测量、档案资料管理，建设开工审批和竣工验收，以及地下管线占道掘路、占掘绿地的审批等方面的工作。水务局、广电局、各产权单位等分别负责自来水、排水、有线电视电信、燃气、供热、路灯等行业的地下管线管理工作。

地下管线按照生命周期，可以划分为投资、规划、建设和运行四个管理阶段，在各阶段专项管理的基础上，部分城市为了更好地发挥综合协调、整合资源的作用，还设立了专门的综合管理部门，各地的综合管理模式和机构设置因地制宜、各具特色。下面重点介绍运行管理的情况。

城市地下管线投入使用后的管理阶段称为运行管理阶段，地下管线灌输单位承担管线运行管理的主体责任，各行业主管部门、区域政府部门和专项管理部门承担管线运行环节的政府监管职责。其中，专项管理主要包括管线运行过程中的安全生产监管及应急管理工作，同时也涉及投资、规划、建设、园林绿化、路政等部门的相关专项管理工作。

（一）管线权属单位管理

城市地下管线权属关系十分复杂，主要表现在三个方面。①不同用途的管线权属单位不同，如水、电、气、热、通信分别属于不同的权属单位；②相同用途管线权属单位也不同，如通信有中国电信、中国移动、中国联通、军队等权属单位；③同一条管线权属也不同，一般来讲，公用部分属于政府或企业所有，用户使用部分属于使用单位或用户所有，专用部分属于专用单位所有，如供水管线，由自来水公司或政府投资建设的主干管权属自来水公司，小区内接入用户的管线由开发商建设，权属用户，社会单位自建的供水管线权属投资建设单位。

（二）行业管理

我国地下管线的行业管理，主要涉及电力、电信、供排水、燃气、热力、工信、能源等部门，其主要职责是推动行业工作、解决行业内产生的管理问题，从而对本行业的地下管线实施监督管理工作。

行业管理工作主要包括制定本行业地下管线管理的法规、规范和标准，审批行业准入经营许可，负责管线运行的安全监督管理，统筹规划本行业的管线建设和发展，监管并指导管线的日常运行维护等。目前，各城市的地下管线行业管理主要涉及水务、市政、广电、通信、能源等政府行政管理部门，也有部门行业管理落到中央部门或央属企业，如输油气管线的管理、电力行业的管理等。行业管理虽然在本行业管理制度的形成、关键问题的解决方面发挥了重要的作用，但在涉及跨行业的工作内容、需要与属地政府协调等方面也具有一定的局限性。

（三）区域监管

地下管线区域监管的内容涉及方方面面，贯穿管线整个生命周期，其在管线运行阶段的主要职能包括对本辖区管线的安全运行监管；对管线更新改造、消隐工程的行政审批；配合行业主管部门、管线权属单位的综合协调管理等。

随着城市化进程的不断发展，城市管理的内容更加复杂多样，集权管理所需的成本越来越高。为了提高城市的精细化管理水平，追求高效率下的完整管理，各城市纷纷采取权限下放等方式，充分发挥区域监管的重要作用，如北京市投资审批权限下放、上海市道路规划审批区域主责的实施等。但现阶段各地区域监管职责不明确、监管力度不足等因素，导致区域监管的作用发挥不够明显、效果不佳，亟待加强和改善。

二、城市地下管线管理存在的问题

城市地下管线种类多、线路长、分布广，体现了城市发展的需要和城市现代化的水平。但由于现行地下管线的管理体制和管理水平与地下管线自身的属性和规模不相适应，城市地下管线的运行管理还存在着不少问题。

（一）地下管线老化、占压严重

城市地下管线及其附属设施存在的问题主要是管线老化和管线被占压。例如，供热管线老化腐蚀严重，一些供热管线长期超期运行，需要更新改造的管线众多。供水管线的老化给众多城市本来就紧张的水资源造成了很大浪费，引发漏水事故，每年导致大量的水量损失。管线老化的主要原因是：一些管线使用的材质质量不高，未达到设计标准；一些管线权属不清，长期无人维护管理；一些管线，主要是供热管线，由于价格、收费等未理顺，折旧资金难以用于管线的维护和更新。

管线被占压的直接原因，一是一些单位、企业、个人违法私搭乱建，挤占管线空间；二是原来一些处于人行道下、没有承压设计的管线，在城市道路改扩建后，被置于主路之下，车流量和载重量大大超过了原管线设计标准，形成新的严重占压。这种情况在自来水、排水管线方面尤为突出，给管线的安全运行造成了巨大威胁。2005 年 6 月 20 日，北京市朝阳区燕莎桥 600 毫米自来水管爆管，就是由于 2002 年道路拓宽，使管线位于主路之下，在重车的碾压下导致水管爆裂，给当地的交通和居民生活造成了很大危害。

（二）地下管线数据不全、不准，基础管理薄弱

按照现行建筑工程规划施工许可管理规定，地下管线建设单位取得规划许可证和施工许可证与移交地下管线工程档案没有任何关系，加之工程建设管理实行备案制和竣工测量实行委托制，因此，一些建设单位对地下管线工程根本就不进行竣工测量，一些建设单位只是在地下管线建成覆土后草草测量一下，只有少数建设单位在工程竣工后，将测量后的地下管线工程档案移交档案馆。这种情况在一些重大工程、重点工程和政府工程中相当突出。据北京市开展调查，2009 年，北京市地下管线工程资料入馆率仅占规划许可的 20%~30%（母秉杰，2009）。由于市城建档案馆无法提供准确、完整的地下管线资料，一些负责任的建设单位在施工前只能四处奔波，到相关管线专业公司和市测绘院索取地下管线资料，由于获得的资料和数据不全、不准，给安全施工带来了很大影响。

（三）地下管线法律法规不健全，执行不力

近年来，中央和各地政府为保证地下管线的建设和安全运行，相继制定和出台了多项有关法律法规和文件，对管理和保护地下管线发挥了很好的作用。但是，随着形势的发展，有的法规已不适应形势的要求显得陈旧，有的法规不健全在实际工作中难以执行。

从法律法规自身来看，现行一些法规存在缺陷。例如，自《北京市城市建设档案管理办法》实施以来，由于许多建设单位不按规定移交地下管线工程档案，处罚涉及的范围太大，规划行政管理部门至今没有对任何一家不按规定移交档案的建设单位行使过处罚权，法律形同虚设（杨登超，2012）。从执法情况来看，执法主体缺乏执法条件，有法难执。按照北京市城市管理综合行政执法体制，全市燃气、供热、供水、排水等地下管线的行政处罚权，集中于北京市城市管理综合执法局。但城市管理综合执法局在行使其执法权时，由于不掌握地下管线的路由及管线属性，加之没有这方面的专业人员，所以城管综合执法部门只有在管线公司巡线员发现违法行为并报告后，才能实施查处。违法行为从发现到报告有一个时间差，这样就给执法部门处罚取证带来了一定难度，执法对违法行为的威慑作用也基本没有发挥出来。

（四）地下管线作为地下工程，日常重视程度还不够

城市地下管线运送和储存的天然气、液化石油气、汽油、柴油、航空煤油、乙烯、丙烯、蒸汽等既是城市发展的动力源，又是易燃易爆的危险物品，是城市运行中隐藏着的重大危险源。但由于政府有关部门监管职责不清，常常出现这样的情形：平时当一些管线公司发现和查出管线事故隐患而自己无法解决、希望政府有关部门协调解决时，往往不知道向什么部门反映。有的企业即使向有关部门报告了安全隐患，这些部门也以职责不清为由相互推诿，致使一些事故隐患长期得不到解决。另外，当某地地下管线出现事故时，即使事故很小，在现行应急机制下，几乎所有相关的政府部门都积极赶往现场，参与事故的处理。而当事故处理完毕，追查事故原因和责任时，要么是谁也说不清或不愿说清，要么是相互扯皮，推卸责任，以致许多事故的责任追究不了了之。

（五）地下管线管理各自为政，缺乏统一有效的管理体制

目前地下管线的规划、建设等行政审批和行业管理分属不同的政府部门，由于各部门有着不同的职责和利益，在实际工作中很少相互通气，管理工作受到影响。例如，按照《北京市城市建设档案管理办法》，地下管线工程竣工后，建设单位未按规定按时移交工程档案的，由规划行政管理部门责令改正，并给予相应

处罚。但是，由于规划管理和施工管理分属于不同部门且缺乏沟通机制，建设行政管理部门不知道规划许可证发放的情况，规划行政管理部门不知道工程竣工后验收备案的情况，造成规划行政管理部门无法及时对不移交地下管线工程档案的建设单位进行处罚。在实际执行中，当一些政府部门的利益与共同利益发生矛盾时，当地下管线管理部门之间的利益出现矛盾时，协调部门出面协调的难度很大。常常有这样的情况，一些地下管线产权单位在管线建设碰到问题或管线运行出现安全隐患，向协调部门反映，请其出面解决时，只要有一家政府部门或权属单位不配合，问题就很难解决。

三、保障现代城市发展，加强地下管线管理

地下管线与百姓生活息息相关。随着我国城市化进程的加速，城市地下管线建设发展非常迅猛，但随之而来的地下管线安全方面的问题也越来越多。从近年来我国发生的多起典型地下管线事故来看，城市的发展与地下管线的安全问题密切相关，相互影响。安全是城市发展的前提，地下管线在现代城市安全占有的地位越来越受到关注，需要在城市化进程中前置考虑地下管线的安全问题。

当前我国城市发展正处于战略推进期。伴随着城市化的高速发展，城市地下管线作为重要的城市基础设施，已处于相应的快速发展时期，如今我国不少城市已经或者即将进入大规模开发利用地下空间的新时期。

城市的发展离不开地下管线。在目前的技术手段条件下，地下管线仍将长期担负着城市的信息传递、能源输送、排涝减灾、废物排弃的功能，是城市赖以生存和发展的物质基础，被人们称为城市的"生命线"。城市的发展必然带来城市范围不断扩张。城市规模的不断扩大必然推动配套基础设施的建设，从而城市地下管线的规模必将随之不断扩大。

同时，既有地下管线也不得不应对城市扩张带来的影响。在以前非城市化区域，地下也建有长输管线或企业自建管线。但随着城市的发展，扩建后的城市建筑和地下设施距离原来的管线也越来越近，甚至超出了安全界限，造成严重的隐患。此外，还存在既有管线的权属单位已经消亡的情况，这给监管带来了更大的难度。

一方面，城市的发展推动了地下管线管理水平的提高。随着认识的提高和经验的积累，管理水平自然也会不断提升，内在素质的提升已成为新型城市化的主要内涵，尤其是近年来，在科学发展观指导下，各地积极探索城市建设与管理思路，城市发展质量有了巨大飞跃。地下管线作为城市的重要组成部分，其科学管理水平必然随着城市化质量提高而提升。

另一方面，城市发展也给地下管线建设与管理带来一系列挑战。随着城市化

进程的推进，城市运行中的各种不安全因素也有所增加，城市地下管线的各类事故，如地面塌陷、施工破坏管线、爆管、爆炸等事故时有发生，严重影响到城市稳定运行和人民群众生命财产安全。

各类地下管线纵横分布，共存于地下空间。地下管线事故的发生既有管线系统自身的原因，也有自然环境变化的原因，此外还有人为故意或无意造成外力破坏的原因。不论是哪种原因，当某一管线发生故障或事故时，极易以各种破坏形式作用于其他管线，使各种危险因素相互作用、叠加，甚至是相互助长，从而引发重大灾害事故，给城市运行带来不利影响，甚至较大的危害。同时，城市的发展也给地下管线安全带来了新的危险因素。为了尽可能地避免这种不利的相互影响，首先需要理清不同形式的影响类型，进而发现事件形成的规律，为城市规划阶段的安全考量提供有效干预的依据。基于大量案例和事故机理分析，可以将城市发展与地下管线安全的相互影响作用分为以下三种类型（朱伟，2014a）。

（1）功能型相互作用，即两系统功能上的依存造成一个系统的失效使得另一系统也同样无法正常发挥作用。功能型相互作用又可以分为两种情况：一种是功能失效或能力降低，典型的例子就是，电力线路的故障、中断会造成供水系统水泵功能失效、燃气系统调度功能失效，给城市运行所需的水、电、气供应造成影响；另一种是负荷增大影响正常功能，如城市发展带来的人口增加，导致水、电、气的使用量增加，也给输送它们的管线增加了压力，此外排水系统负荷的增加，在暴雨情况下更加难以有效发挥作用，严重的积水造成道路交通运输问题。再就是城市的发展使得地下管线及其相关数据信息日益庞杂，在发展过程中还可能造成部分数据的遗失，这也是当前地下管线安全管理中的难点之一。

（2）布设型相互作用，即一个系统的失效对相邻布设的另一个系统产生影响或造成直接损害。最典型的就是城市的发展使得地下空间利用不断深入。例如，地铁建设会对地下管线的生存环境造成破坏，进而对布设其中的管线造成各种结构性影响。通过下面的案例可以更好地分析布设型相互作用。2006 年 1 月 3 日凌晨，北京市东三环辅路发生塌陷，塌洞直径 20 余米，面积约有 100 米²，塌陷范围内污水管线、通信管线、歌华牵头联建的格栅管通信管线、路灯线缆管线折损，上水管线悬空，导致北京东部交通近一天的瘫痪，并进而影响全市的交通路况（乔志峰，2010）。可以看到，地下管线中的其中一条管线破裂，结构本身以及内部介质都可能对于相邻管线产生一定的冲击，对其产生影响，造成折损或构成威胁，同时导致承载路面松动垮塌，进而影响交通组织。当然，燃气管线的泄漏爆炸造成的这类影响程度更大，往往会造成相邻其他管线结构性的破坏。

（3）恢复型相互作用，即在对城市运行系统某方面进行恢复过程中有关系统恢复程序计划、修复进度安排方面的冲突。例如，地下管线的改建或故障修复需要开挖道路，从而影响交通的正常运行，或者需要暂停相邻管线的供应，所谓

"拉链工程"正是在现代城市发展中经常遇到的场景。"11·22"青岛输油管线爆炸更是一起典型的布设型相互作用引发的事故。首先由于布设型相互作用，输油管线泄漏原油进入市政排水暗渠，引起了油气积聚。但事故的直接原因则是抢修过程中现场处置人员操作不当，使用了会产生撞击火花的打孔设备，引发了油气爆炸。此外，当一个系统失效时，恢复期间可能造成对可替换系统的过量需求，如燃气管线出现故障中断供气，将使得作为可替换能源的电力消耗明显增加。

城市发展带来地下管线安全问题，不能等到城市发展之后再来解决，应当在发展之前做好规划，发展之中同步统筹，发展之后才能保证其运行良好并进行有效的维护管理（刘贺明，2009）。

首先要建立统一协调的规划建设和管理机制。地下管线涉及的部门、单位和企业众多，城市发展规划难以分头应对，应当有统一的委员会或联席会议的机制，协调解决地下管线在规划、建设时遇到的问题。规划部门定期向其通报地下管线建设项目规划和工程进展情况。在保守国家机密的前提下，建立统一掌握相关单位、企业地下管线资料和数据共享的机制，做好城市新建区域地下管线资料的及时移交，也要注意既有管线资料的及时保存，利用各种信息手段建立权威的查询机制；也要在城市发展过程中形成新的地下管线安全隐患及时发现、及时上报、及时提出处置意见的机制。

其次，要坚持城市建设发展和城市运行安全保障并重的理念，切实发挥城市安全在城市规划、建设和运行中的作用，保障城市和谐发展。在城市规划建设中要把包括地下管线安全在内的各类安全放在更加突出的重要位置。城市规划、产业布局设计时，应将安全问题前置考量；新城建设、公共交通等领域的重点项目规划阶段，应充分进行安全论证；加强土地规划与基础设施配套措施的结合，科学分析人口增长带来的负荷影响；在城市扩张过程中要加强对地下空间利用情况的管理，尽量充分利用已有管线的基础，但也要根据实际情况科学合理地确定基础设施工程建设需求，及时做好准备。

最后，要以风险为导向做好城市规划过程当中对地下管线影响的分析工作。风险管理作为一种新兴的管理手段，近几年来在行业、区域及重大活动中得到广泛应用，如北京市应急系统按照国际惯例，从2007年2月全面启动了奥运期间风险评估与控制工作，2010年在此基础上开始建立风险管理体系，风险评估工作提升了北京市的预测预警能力、风险掌控能力、应急管理能力，变被动应对为主动预防。虽然目前风险评估在技术通用性、信息完备性和效果持久性方面还有欠缺，但仍是保障城市安全的先进管理方法。城市发展与地下管线安全相互影响过程复杂，具有显著的连锁性和模糊性，更需要以风险为导向进行分析，其结果才能更为有效地为城市规划提供科学依据。

第二章 风险评估：提升城市地下管线管理水平

第一节 风险评估基本概念

一、风险概述

"风险"源于西班牙航海术语，本意指冒险和危险。风险是在现实中客观存在的，不以人的意志为转移的，贯穿人类征服自然和改造自然的全过程，并随着生产力的发展变化而不断改变的遭受损失的可能性。由于风险的存在与其所处的客观环境及其时空条件有关，且涉及政治、经济、自然科学、社会科学等诸多学科领域，因此从不同的角度分析和研究，它的定义有多种不同的表述形式。

《ISO 31000：2009——风险管理：原则与实施指南》对风险的定义是"不确定性对目标的影响"。归纳起来，风险有着如下特点。

（1）风险存在的客观性。风险不以人的意志为转移、独立于人的意志之外，是客观存在的，只能采取风险管理办法降低风险发生的频率和损失程度，但不能彻底清除风险。

（2）风险存在的普遍性。风险存在于人类生产、生活的方方面面。随着科学技术的发展和生产力的提高，还会不断产生新的风险，且风险造成的损失也越来越大。例如，核技术的运用产生了核辐射、核污染的风险；航天技术的遴用产生了巨额损失的风险。因此它的存在具有极其广泛的普遍性。

（3）某一风险发生的偶然性。虽然风险是客观存在的，但就某一具体风险而言，它的发生是偶然的，是一种随机的现象。例如，虽然就全球来说，地震是肯定会发生的自然灾害之一，但就某一次具体的地震来说，人类目前还无法准确进行预测。

（4）大量风险发生的必然性。个别风险事故的发生是偶然的，但大量风险事故的发生是必然的，且往往呈现出明显的规律性。

（5）风险的可变性。风险在一定条件下是可以转化的，这主要体现在：风险量的变化、某些风险在一定的条件下被消除和新的风险的产生。

二、风险管理

《ISO 31000：2009——风险管理：原则与实施指南》指出："风险管理是一个组织对风险的指挥和控制的一系列协调活动；风险管理框架是组织对风险管理的设计、实施、监控、检查和持续改进等进行的一系列基础的组织安排；风险管理过程由一系列活动组成，这些活动包括充分的沟通与协商，完整的确定内容与场景（包括风险识别、风险分析、风险评价在内的）风险评估，风险处置及风险监测。在这一过程中要通过大量的实践、完整的程序和管理策略的系统应用。"图 2-1 是一个经典的风险管理过程示意图。

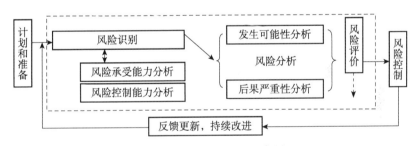

图 2-1　风险管理过程示意图

风险管理是一门新兴的管理学科。随着后工业化时代的来临，风险社会的形成（Beck，1986），风险管理越来越多地被应用到公共安全领域，尤其在城市化高速发展的背景下对城市运行安全管理提供了新的管理方法。

中国对风险管理的研究开始于 20 世纪 80 年代（冯诗淇，2012）。一些学者将风险管理和安全系统工程理论引入中国。少数企业试用感觉比较满意。中国大部分企业缺乏对风险管理的认识，也没有建立专门的风险管理机构。作为一门学科，风险管理学在中国仍旧处于起步阶段。以北京为例，2007~2009 年，北京市圆满完成了 2008 年北京奥运会、残奥会期间城市公共安全风险评估控制工作和新中国成立 60 周年庆祝活动风险评估控制工作，可以看作风险管理在城市安全中的一次先河应用（尹培彦等，2012）。实践证明，风险管理作为一种创新的科学管理手段，是实现城市安全协调发展的必然要求；是维护公共安全，完善政府社会管理和公共服务职能的重要方面；是落实预防为主，常态与非常态管理相结合原则的具体体现；是创新公共安全管理理念，做好突发事件预防与应急准备工作的重要抓手。

三、风险评估

风险评估是风险管理的核心环节，指通过识别风险，分析风险发生的概率和可能产生的后果，确定风险级别、决定哪些风险需要控制及如何控制的过程，包括风险识别、风险分析和风险评价三个阶段（ISO 31000：2009）。

风险识别是发现并描述风险的过程，包括风险事件的识别、风险原因及潜在后果的识别，涉及历史数据、技术分析、知情人、专家和利益相关者的意见。风险识别的目的是找到可能对确定了的时间、空间、对象产生破坏、影响、伤害、疾病、损失的事物，同时还要找到可能预报、预警、阻止、隔离、救援、恢复上述破坏、影响、伤害、疾病、损失的措施。

风险分析是充分理解风险的性质和确定风险等级的过程，是风险评价和风险处理决策的基础。风险分析可以从风险可能性分析和后果严重性分析两方面进行，也可以混合开展。分析可能性的时候需要分别考虑静态和动态因素，静态因素是指主要由自身特性决定的，与人的关系不大的因素，如分析地下管线风险可能性时，静态因素主要是选材、使用寿命、接口方式等，可以统计各类因素得到事故发生可能性的概率；动态因素则与人为作用有关：技术手段的变化、管理力度的变化、工作态度的变化，如新制度的实施，需要在事故发生的概率基础上结合技术和管理情况进行动态更新。分析后果严重性需要考虑不同类型的后果，包括生命、财产、环境、社会、政治等。对于地下管线来说，生命损失后果主要是地下管线风险会造成的人员伤亡情况；经济损失后果是地下管线风险会造成的经济损失，包括用户和企业的直接经济损失，也包括应急处置修复所带来的经济损失；环境影响后果是地下管线风险对人类赖以生存的自然环境带来的破坏；政治影响后果是地下管线风险给国家、城市或社会造成的形象等影响；社会影响后果包括社会秩序、舆论舆情等。

风险评价是对比风险分析和风险标准的过程，以决定风险及其级数是否能够接受和容忍，风险评价帮助风险处理决策。对于一些单灾种的事件，研究得已经比较透彻，可能已经形成了相应的客观标准，但多数是要根据目标和需求，明确立场，具有很强主观性的标准。图 2-2 展示的风险矩阵法是当前通常采用的风险分级方法。

风险矩阵方法（risk matrix）是美国空军电子系统中心（Electronic System Center，ESC）的采办工程小组于 1995 年 4 月提出的一种基于采办全寿命周期的风险评估和管理方法。风险矩阵方法是由不利事件可能性和后果两个要素确定一个要素值的方法，是风险评估的基本方法。

风险的表达式为

$$R = P \cdot C \tag{2-1}$$

式中，R 是风险；P 是不利事件的可能性；C 是不利事件的后果损失。

1. 可能性评议

"可能性"是指不利事件发生的可能性。可能性评议采取专家打分的方法进行，也可以通过风险评估技术量化计算而得。

$$P = \{P_1, P_2, P_3, \cdots, P_n\} \tag{2-2}$$

2. 后果严重性评议

"后果"是指不利事件发生所导致的后果及其严重程度。后果严重性评议同样可以采取专家打分的方法进行，也可以通过相应模型计算而得。

$$C = \{C_1, C_2, C_3, \cdots, C_n\} \tag{2-3}$$

3. 风险值计算

考虑风险的承受能力和控制能力，在事故可能性分析和事故后果分析的基础上，通过图 2-2 确定风险等级。

风险 R		后果分级 C				
		C_1	C_2	C_3	$\vdots$	C_n
可能性分析 P	P_1	R_{11}	R_{21}	R_{31}	$\vdots$	R_{n1}
	P_2	R_{12}	R_{22}	R_{31}	$\vdots$	R_{n2}
	P_3	R_{13}	R_{23}	R_{33}	$\vdots$	R_{n3}
	$\vdots$	$\vdots$	$\vdots$	$\vdots$		R_{n4}
	P_n	R_{1n}	R_{2n}	R_{3n}	R_{4n}	R_{n5}

图 2-2　风险分级矩阵

风险矩阵法为半定量风险评估方法，结果依赖于风险的可能性评议和风险后果评议，通过构造两两要素计算矩阵，可以清晰罗列要素的变化趋势，具备良好的灵活性。风险的可能性和后果评议一方面依赖于现有的数据、信息资料，另一方面依赖于评估者的专业、经验或数学模型。在数据资料不够充分、分析的数据可靠性太弱或数据采集成本大于收益时，采用定性的评估技术；在数据资料比较充分或有相应的计算模型时,采用定量的评估技术。定性方法虽然所需的评估时间、费用和人力较少,但评估结果不够精确。定量方法的评估结果虽然较精确,但比较复杂,需要高深的数学知识,成本比较高,评估时间也较长。因此在风险评估中经常使用定性与定量相结合的综合评估技术。

第二节　风险评估技术与工具

一、传统风险评估技术简介

当今,针对不同领域、不同层次风险评估的需求,国际上已经提出了多种风险评估的评估方法或者评估模型,每一种评估方法或评估模型都有各自的概念体系及与之对应的模型,以及表达的评估结果,在许多领域得到广泛应用(范维澄等,2004)。下面对其中常用的一些传统风险评估技术和方法做一下简单介绍,并分析各种方法的特点及其适用范围。

1. 文献资料法和现场调研法

文献资料法一般来说是一切科学研究活动所必须使用的一种方法,一方面有利于研究者全面掌握所研究对象的基本信息,有利于加深研究者对研究问题的了解、思考的深度;另一方面也是科学研究中用来证明论点的重要手段。现场调研法是增加感性认识、丰富实践知识,使研究更具有效性的重要方法。

2. 因果分析

因果分析(cause-consequence analysis, CCA)将引发事故的重要因素分层(枝)加以分析,分层(枝)的多少取决于安全分析的广度和深度要求,分析结果可供编制安全检查表和事故树用。此方法简单、用途广泛,但难以揭示各因素之间的组合关系。

3. 故障模式及影响分析

故障模式及影响分析(failure model and effects analysis, FMEA)以硬件为对象,对系统中的元件进行逐个研究,查明每个元件的故障模式,然后再进一步查明每个故障模式对子系统以至系统的影响(You et al., 2010)。本方法易于理解,是广泛采用的标准化方法。但一般用于考虑非危险性失效,费时较多,而且一般不能考虑人、环境和部件之间相互关系等因素。主要用于设计阶段的安全分析。

4. 危险性和可操作性分析

危险性和可操作性分析(hazard and operability)研究工艺状态参数的变动,以及操作控制中偏差的影响及其发生的原因。其特点是由中间的状态参数的偏差开始，分别向下找原因，向上判明其后果，是故障模式及影响分析、事故树分析方法的延伸，具有二者的优点，适用于流体或能量的流动情况分析，特别是大型化工企业。

5. 安全检查表

安全检查表（safety check list，SCL）按照一定方式（检查表）检查设计、系统和工艺过程，查出危险性所在。此方法简单、用途广泛，没有任何限制。安全检查表能够事先编制，可用充分的时间组织有经验的人员来编写，根据预定的目的要求进行检查，达到突出重点、避免遗漏，以便于发现和查明各种危险及隐患，可以根据规定的标准、规范和法规，检查遵守的情况。安全检查表的应用方式有问答方式和现场观察方式，给人的印象深刻，能起到安全教育的作用。表内还可注明改进措施的要求，便于重新检查改进情况。安全检查表只能做定性的评价，不能给出定量的评价结果，只能对已经存在的对象进行评价，如果对处于规划或设计阶段的对象进行评价，必须找到相似或类似的对象。

6. 预先危险性分析

预先危险性分析（preliminary hazard analysis，PHA），确定系统的危险性，尽量防止采用不安全的技术路线，使用危险性的物质、工艺和设备。其特点是把分析工作做在行动之前，避免考虑不周而造成损失，当然在系统运转周期的其他阶段，如检修后开车、制定操作规程、技术改造之后、使用新工艺等情况，都可以采用这种方法。

预先危险性分析工作做在行动之前，可及早采取措施排除、降低或控制危害，避免因考虑不周造成损失，对系统开发、初步设计、制造、安装、检修所做的分析结果，可以提供应遵循的注意事项和指导方针，分析结果可为制定标准、规范和技术文献提供必要资料。根据分析的结果可编制安全检查表以保证实施安全，并可作为安全教育的材料，只能做定性分析，不能做定量分析。

7. 头脑风暴法

头脑风暴法（brainstorming）的发明者是现代创造学的创始人、美国学者阿历克斯·奥斯本于 1938 年首次提出头脑风暴法，brainstorming 原指精神病患者头脑中短时间出现的思维紊乱现象，病人会产生大量的胡思乱想。奥斯本借用这个概念来比喻思维高度活跃，打破常规的思维方式而产生大量创造性设想的状况。头脑风暴的特点是让与会者敞开思想，使各种设想在相互碰撞中激起脑海的创造性风暴。其可分为直接头脑风暴和质疑头脑风暴法。前者是在专家群体决策基础上尽可能激发创造性，产生尽可能多的设想的方法；后者则是对前者提出的设想、方案逐一质疑，发现其现实可行性的方法。这是一种集体开发创造性思维的方法。

8. 德尔斐法

德尔斐法又称专家调查法，是世界上比较流行的预测或评估某事物规律或流行趋势的调查方法之一。德尔斐法，就是为了达到对某事物或研究课题的认识，利用专家的知识、经验、智能等无法量化的信息，通过邮寄问卷调查形式就某一领域问题对一组选定的不同领域的专家进行征询，让他们书写意见并寄回，经过数轮（一般两轮以上）信息交流和反馈修正，使专家意见趋于一致，最后根据专家的综合意见，对研究对象做出预测、评价。预测结果是否准确和成功取决于研究者问卷的设计、所选专家的合格程度、专家的数量及数轮征询时被征询专家的稳定性。

9. 层次分析法

层次分析法（analytic hierarchy process，AHP）是一种实用的多准则决策方法，它把一个复杂问题分解成目标、准则、方案等层次，在此基础之上进行定性和定量分析的决策方法。具体地讲，它把复杂的问题分解各个组成因素，将这些因素按支配关系分组形成有序的递阶层次结构，通过两两比较确定层次中诸因素的相对重要性，综合人的判断以决定决策诸因素相对重要性的顺序。

层次分析法的步骤如下。

（1）确定系统的总目标，弄清规划决策所涉及的范围、所要采取的措施方案和政策、实现目标的准则、策略和各种约束条件等。

（2）建立一个多层次的递阶结构，按目标的不同、实现功能的差异，将系统分为几个等级层次。

（3）确定以上递阶结构中相邻层次元素间相关程度。通过构造两比较判断矩阵及矩阵运算的数学方法，确定对于上一层次的某个元素而言，本层次中与其相关元素的重要性排序——相对权值。

（4）计算各层元素对系统目标的合成权重，进行总排序，以确定递阶结构图中最底层各个元素的总目标中的重要程度。

（5）根据分析计算结果，考虑相应的决策。用 AHP 进行风险评估分析，输入的信息主要是评估者（专家）的选择与判断，这就使得用 AHP 进行分析的主观成分很大。要使 AHP 的结论尽可能符合客观规律，评估者必须对所面临的问题有比较深入和全面的认识。这种方法的特点是能够统一处理决策中的定性与定量因素，利用较少的定量信息使决策的思维过程数学化，所需数据量很少，决策花费的时间短，具有实用性、系统性、简洁等优点。层次分析法的不足之处是遇到因素众多、规模较大的问题时，该方法容易出现问题。

10. 事故树分析

事故树分析（fault tree analysis，FTA），由不希望事件（顶事件）开始，找出引起顶事件的各种失效的事件及其组合。最适用于找出各种失效事件之间的关系，即寻找系统失效的可能方式。本法可包含人、环境和部件之间相互作业等因素，加上简明、形象化的特点，已成为安全系统工程的主要分析方法。

事故树分析方法对导致灾害事故的各种因素及逻辑关系能做出全面、简洁和形象的描述，便于查明系统内固有的或潜在的各种危险因素，为设计、施工和管理提供科学依据，使有关人员、作业人员全面了解和掌握各项防灾要点，便于进行逻辑运算，进行定性定量分析和系统评价。事故树分析步骤较多，计算也比较复杂，而且国内可用于定量分析的基础数据较少，进行定量分析还需做大量的工作。

事故树分析的一般程序如图 2-3 所示。

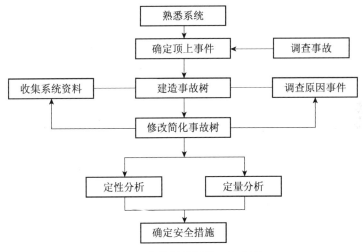

图 2-3　事故树分析的一般程序

11. 事件树分析

事件树分析（event tree analysis，ETA），由初始（希望或不希望）的事件出发，按照逻辑推理推论其发展过程及结果，即由此引起的不同事件链。本法广泛用于各种系统，能够分析出各种事件发展的可能结果，是一种动态的宏观分析方法。

12. 原因-后果分析

原因 – 后果分析是事件树分析和事故树分析方法的结合，从某一初始条件出发，向前用事件树分析，向后用事故树分析，兼有二者的优缺点。方法灵活性强，可以包罗一切可能性，易于文件化，可以简明地表示因果关系。由于绘制出来的图形似蝴蝶结，这个方法又叫作蝴蝶结法。

13. 事故后果模拟分析

对一种可能发生的事故只有知道其后果时，对其危险性分析才算是完整的。后果分析是危险源危险性分析的一个主要组成部分，其目的在于定量地描述一个可能发生的事故对企业、企业内外人员甚至环境造成危害的程度。分析结果为企业或企业主管部门提供关于重大事故后果的信息，为企业决策者和设计者提供关于决策采取何种防护措施的信息，模拟分析过程中所运用的数学模型，往往是在一系列假设的前提下按理想的情况建立的，有些模型经过小型实验的验证，有的则可能与实际情况有较大的出入。

二、风险评估技术与工具发展趋势

《ISO 31000: 2009——风险管理的原则与实施指南》的推出，将风险评估技术和工具提到了更为重要的位置，并明确要求"风险评估应充分考虑人类和文化因素，使人们能够在现实世界中予以实施；风险评估是动态的、反复的及适应变化的，并具有透明性和包容性，随着组织在风险管理方面的不断改进而进一步加强，创造和保护价值"。

与发达国家相比，我国城市风险评估研究工作起步较晚，主要还是运用国外的各种风险评估工具，在该领域缺少话语权。而且国外的风险评估工具在中国也有适用性问题，尤其是在城市的特征、文化的特征和社会的特征方面大有不同。从城市管理的角度，决策者和公众急需一种集定量、定性、多尺度、多灾害于一体的综合风险评估工具，这也是国际风险评估技术的重要发展趋势。综合考虑城市面临的各种风险源，在城市脆弱性分析的基础上，结合我国现阶段应急管理需求，以 ISO 31000 指南为基础，集成先进适用的风险评估技术，形成一套具有中国特色的风险评估工具，对于进一步提升应急管理工作的科学化、规范化、标准化，提升城市的风险管理能力及应急保障水平有着重要作用。归纳起来，风险评估技术与工具的发展趋势有以下三点（朱伟，2014b）。

1. 从定性风险评估到定量风险评估

目前的风险评估技术其核心仍处于经验管理的评价阶段，主要原因是相关依托技术发展滞后，导致风险评估结果不可靠，经不起实践检验。只有迅速从定性风险评估上升到量化风险评估，才能有效提高风险评估的科学性。

2. 从单一风险评估到综合风险评估

社会的进步、科技的发展，使得现有的突发事件往往不是单灾种灾害，而更多的是自然灾害、事故灾难、公共卫生事件和社会安全事件相互关联、相互影响造成的衍生事件，以及很多人们所未能预料到的突发事件。传统的单灾种风险评估技术已经不能正确地体现事件的综合安全水平。多灾种、多环节不利事件的相互转换、蔓延、衍生、耦合的相互作用，使得对综合风险评估技术提出更高的科学需求。

3. 从局部风险评估到系统风险评估

加强对相关风险系统复杂性和不确定性的认识，从综合风险评估的角度建设系统风险评估。由于风险信息公开度太小，以前的风险只关注局部风险问题，对于大区域、大事件的系统风险很少进行实质性的研究。现代风险理论和方法的优越性正在于研究和处理复杂性大系统的风险问题。因此，建立对系统风险管理的技术体系势在必行。

如今，一些新兴的科学方法，包括模糊数学、人工神经网络、灰色系统理论、蒙特卡罗模拟法都被引入综合风险评价的研究中。这些定量或定性评估技术的引入使得风险评估更加科学化、精细化。根据不同的角度，可以有量化程度、时间周期、适用的事件类别等分类方法。此外，还可以根据风险评估的推理过程进行分类，即直接针对评估对象的直接评估工具、基于一定假设情景对元事件进行推理的情景评估工具，以及在综合两者的基础上进行等级评估的复合工具。

表 2-1 列出了几种常见的技术工具的分类。

表 2-1 风险评估技术 / 工具的分类

直接评估工具	情景评估工具	等级评估工具
指数法：道化学指数法、蒙德指数法，肯特指数法…… 预先危险性分析方法 工作危害分析法 危险度法 危险相对排序方法 安全检查表方法	If-Then 分析 危险和可操作性分析 危险分析与关键控制点 失效模式与影响分析 业务影响分析 事故树分析 事件树分析 多米诺分析 事故数值模拟 蝴蝶结分析 MORT 法 瑞士奶酪模型	头脑风暴法 德尔菲法 层次分析法 风险矩阵法 在险值法 均值 - 方差模型 马尔可夫链 蒙特卡罗模型 贝叶斯分析 影响图法

三、风险评估技术与工具适用性分析

风险评估是包括风险识别、风险分析（后果分析、可能性分析、等级分析）、风险评价的全流程活动。有些评估技术可以应用于风险评估周期的所有阶段，而且通常以不同的详细程度应用多次，以便帮助每个阶段做出所需的决策。评估周期各阶段对风险评估有不同的需求，可以应用不同的评估技术。表 2-2 给出了一些常用的风险评估技术的阶段适用性（ISO 31010：2009）。

表 2-2　风险评估技术 / 工具的阶段适用性分析

工具及技术	风险评估过程				
	风险识别	风险分析			风险评价
		后果	可能性	风险等级	
头脑风暴法	SA	A	A	A	A
结构化 / 半结构化访谈	SA	A	A	A	A
德尔菲法	SA	A	A	A	A
情景分析	SA	SA	A	A	A
检查表	SA	NA	NA	NA	NA
预先危险分析	SA	NA	NA	NA	NA
失效模式与效应分析	SA	NA	NA	NA	NA
危险与可操作性分析	SA	SA	NA	NA	SA
危险分析与关键控制点	SA	SA	NA	NA	SA
保护层分析法	SA	NA	NA	NA	NA
结构化假设分析	SA	SA	SA	SA	SA
风险矩阵	SA	SA	SA	SA	A
人因可靠性分析	SA	SA	SA	SA	A
以可靠性为中心的维修	SA	SA	SA	SA	SA
业务影响分析	A	SA	A	A	A
根原因分析	A	NA	SA	SA	NA
潜在通路分析	A	NA	NA	NA	NA
因果分析	A	SA	NA	A	A
风险指数	A	SA	SA	A	SA
事故树分析	NA	A	A	A	A
事件树分析	NA	SA	SA	A	NA
决策树分析	NA	SA	SA	A	A
蝴蝶结分析	NA	A	SA	SA	A
层次分析法	NA	SA	SA	SA	SA
在险值法	NA	SA	SA	SA	SA
均值 - 方差模型	NA	A	A	A	SA
资本资产定价模型	NA	NA	NA	NA	SA

续表

工具及技术	风险评估过程				
	风险识别	风险分析			风险评价
		后果	可能性	风险等级	
FN 曲线	A	SA	SA	A	SA
马尔可夫分析法	A	NA	SA	NA	NA
蒙特卡罗模拟法	NA	SA	SA	SA	SA
贝叶斯分析	NA	NA	SA	NA	SA

注：SA 表示非常适用；A 表示适用；NA 表示不适用

第三节　地下管线运行风险评估的发展与意义

一、地下管线运行风险评估的研究与应用现状

国内外不少学者或专业人员在城市地下管线风险评估方面进行了尝试，并取得大量的成果。

最初的地下管线风险评估用于埋地燃气管线，欧美国家从 20 世纪 70 年代开始埋地燃气管线风险研究，已经建立了一套完善的规范标准及与之相适应的软件系统，如美国 Optima 公司在纽约煤气集团、煤气研究院和几家燃气公司的资助下开发了从事风险控制与基础设施维护的管理系统——TUBIS（于京春等，2007）。

英国健康与安全委员会研制了地下管线风险管理软件包——MISHAP，英国伦敦煤气公司为其管线系统风险评估开发了"YRANSPIPE"软件包（闫凤霞和高惠临，2003）。英国健康与安全执行局（HSE）危险装置理事会特殊行业部下属的天然气与管线工作组于 2007 年 3 月制定了《2007~2012 年英国天然气供应与有重大安全隐患的管线业运营战略》。在此基础上，又于 2008 年 9 月出台了《2008~2013 年英国天然气供应与有重大安全隐患的管线业运营战略》[①]。

巴黎及其周边地区的地层蕴含着丰富的资源，长期过量的开采已使巴黎地下千疮百孔，加之各种市政管线、交通隧道的建设，这些自然侵蚀和人为挖掘形成的地下空洞所带来的隐患正日益凸现，使巴黎在市政建设方面面临着前所未有

---

① 英国健康与安全执行局网站，www.hse.gov.uk。

的严峻挑战。针对现状，巴黎市政府在多方面做出了努力，如技术手段、规章制度、公共场所建筑地基的加固工程、加强地层知识的普及和公共咨询服务体系的建设等。

目前，地下管线风险评估方法主要包括定性和定量两个方面。定性评估主要是针对管线事故特点和类别，借助指标体系进行风险评价；定量评估主要是针对管线自身特点，借助相关物理模型和计算方法，定量评估管线的风险。

我国地下管线风险评估研究主要集中在燃气领域，这为城市其他类型管线风险评估提供了重要基础。20世纪90年代初，我国高等院校和研究部门在引进利用国外技术的基础上，相继开展了管线风险管理技术的研究，取得了一定的研究成果，为发展和提高我国管线风险评估技术奠定了基础。政府部门为安全生产、应急管理制定的相关政策法规也为风险评估的研发提供了动力。大量研究都为城市地下管线风险评估事故可能性及其后果严重性程度的评估提供了重要的理论基础和数据支撑。2001~2003年国家"十五"攻关课题"城市埋地燃气管线重大危险源评价与风险评估技术研究"，提出了城市埋地燃气管线重大危险源辨识评价和风险评估方法，提交了相应的工具软件（王文和等，2010）。2007年，"十一五"国家科技支撑计划项目"城市市政管网规划建设与运营管理关键技术研究与示范"中开展了城市市政管线检测与安全评价研究（张秀华等，2013）。西气东输管线、陕京输气管线应用了英国Advantica公司的定量风险评价软件PIPESAFE进行风险评价。科研人员还应用Muhlbaur的评分系统法对乌鲁木齐和南京的天然气管线工程成功进行了风险评估（于京春等，2007；储小燕和沈士明，2005）。

2008年，北京市举办了第29届夏季奥林匹克运动会。自2007年2月开始，北京市市政管理委员会（北京市城市公共设施事故应急指挥部办公室）按照北京市应急办的部署，组织相关部门和专业企业，开展了奥运期间燃气、热力和地下管线的风险评估工作，最终共评估出燃气、热力及地下管线三个专业15项风险，其中高风险3项，中风险6项，低风险6项。为消除、控制风险并降低风险等级，2007年制定下发了《北京市市政管理委员会关于涉奥场所及周边燃气热力设施风险控制与专项清理整治行动工作方案》和《北京市市政管理委员会关于奥运期间北京城市公共安全风险控制与应急准备工作方案》，认真督促、指导、检查各专业企业开展奥运场馆周边设施的风险控制、风险监测与应急准备工作，建立起事故风险防控工作机制，采取了一系列有效措施和手段。经过6~7月两轮动态更新，燃气、热力及地下管线15项风险已降为14项，高风险事故由3项降为1项，中风险事故有2项降为低风险，1项低风险被消除，无新增风险，无综合叠加风险。对各类风险源专门制定了相关防范和监控措施，严防死守，确保不出问题。

2009 年 10 月 1 日，新中国迎来第 60 个生日。按照北京市应急办的要求，北京市市政市容管理委员会[①]针对 60 周年庆祝活动组织部署新中国成立 60 周年庆典期间城市燃气、热力、地下管线三个专项的突发公共事件风险评估工作，完成了风险评估工作方案及综合分类报告，共评估出 57 项风险（其中高风险 4 项，中风险 27 项，低风险 26 项），最终经北京市应急办确认，属于国庆庆祝重点区域的风险为 35 项（其中中风险 19 项，低风险 16 项）。为消除、控制风险并降低风险等级，北京市市政市容管理委员会制定下发了《北京市市政市容管理委员会在新中国成立 60 周年庆祝活动期间燃气供热及地下管线风险控制与应急准备工作方案》，认真督促、指导、检查各专业企业开展国庆庆祝活动期间各项设备设施的风险控制、风险监测与应急准备工作，建立起事故风险防控工作机制，采取了一系列有效措施和手段。经过 8 月 12 日和 9 月 12 日的两次动态更新，燃气、热力及地下管线风险中，其中 4 项中风险降为低风险（中风险为 15 项，低风险为 20 项），无新增风险，无综合叠加风险，各项风险均采取了严控措施。通过努力降低风险等级和风险控制工作，确保国庆 60 周年庆祝活动期间城市公共设施运行安全。

经过北京奥运会及新中国成立 60 周年庆祝活动的风险评估工作，北京市地下管线安全运行保障能力进一步提升。安全保障任务圆满完成的重要经验是把风险评估和隐患排查整改作为一个系统工程来管理，分级、分类，动态地控制风险源，排查治理安全隐患。同时，坚持关口前移、预防为主，把常态与非常态结合起来，全方位加强应急管理。全力做好城市地下管线为代表的公共设施突发事件的预防工作，健全监测、预测、预报、预警系统，做到"早发现、早报告、早处置"，全面提高抗风险能力，真正把各项预防措施落实到位。

但是目前城市地下管线风险评估尚有一些不足之处（韩朱旸，2010）。

（1）在定性评估方面，层次分析法和模糊综合评价法较为主观，在应用中仍摆脱不了评估过程中的随机性、评价专家主观上的不确定性及认识上的模糊性。这使评估过程带有很大程度的主观臆断性，从而使结果的可信度下降；事件树和事故树法能够分析事故发生的机理，但由于无法得到各类管线失效的基础数据，无法确定每一个顶事件或底事件的发生概率，不能通过直观、简便的形式和运算关系得到管段失效的可能性和后果，因此难以应用于失效概率计算和风险大小分析；灰色关联度法主要用于根据实际数据计算指标权重，但不能从实际的管线事故历史数据中提取风险评估所需的可能性指标和后果指标；肯特指数法多应用于城市外的长输管线。由于城市市政管线的运行环境较城市外的长输管线有较大不同，所以其指标不完全适用于城市地下管线风险评估；而肯特指数法权重的确定

---

① 2009 年 3 月，在原北京市政管理委员会基础上，设立北京市市政市容管理委员会。

带有一定的主观性，不能反映出不同事故类型和原因之间的重要性关系和耦合关系。

（2）定量评估方面，现有研究缺乏针对城市地下管线的完整的风险评估流程与思路，多为针对某一种事故后果的定量计算模型，并且尚没有通用的计算方法和分析模型，不能通过统一的思路计算出管线的风险；现有研究中针对不同事故后果的分析模型有很多种，计算方法和思路都有一定不同，缺乏普遍认可的分析和计算模型；现有研究尚未充分考虑失效在管线构成的网络中的传播，不能定量分析、计算管线失效所造成的人员伤亡和财产损失情况。

因此，需要进一步探讨城市地下管线运行风险特征，从风险识别、风险分析、风险评价各环节入手，研究适用的风险评估技术或工具，并用于实践指导城市地下管线管理乃至城市运行管理。

二、地下管线运行安全需要风险评估支撑

安全管理就是预防事故的发生。一般安全事故都具有以下特征。

（1）突然性。事件的发生和演变往往具有很大的意外性，在事先毫无征兆或者征兆很难被人们所获知的情况下产生，使得对其他方面的相互影响也需要及时研判，快速决策。

（2）蔓延性。人们一直努力避免一切事件的发生和发展，但是，无论怎样，相互影响都会在一定程度上发展蔓延，并带来一定的损失。

（3）危害性。相互影响的后果会对群众正常生活造成不利影响，甚至影响生命、财产安全及社会的稳定等。

除了这些特征之外，地下管线运行安全事故往往还具有以下的特性。

（1）模糊性。城市地下管线事故往往在预先判断和发生时刻的信息高度缺失，使得信息不全面、不充分，从而造成救助主体无法及时而迅速地采取最初应对措施，无法明确所需的救助资源并实现准确的资源调配。信息的高度缺失一方面指在事件出现时，人们除了知道事件正在发生这一事实之外，对相互影响的原因、范围和受体的具体情况等缺少认知；另一方面，人们对应该采取怎样的手段和策略来应对事件并阻止事件的发展和演化等缺乏必要的认知。

（2）规律性。发生事件的载体必定有其自身的内在规律。在什么条件下会造成风险因素的不断积聚，在怎样的情况下会诱发影响受体的爆发，以及这样的爆发又会沿着怎样的路径发展演化，都有一定的规律性可循。地下管线埋于地下，以线状构成网络影响着城市运行，网络结构有着源、流、汇、治的共有特征，了解并掌握这些主体的内在规律性必然会给监测及运行管理带来很大的便利。

（3）多维性。多维性主要指城市地下管线事故必然会涉及多个部门、行业或领域，同时会产生地下地上联动的影响。

（4）公众性。城市地下管线关系到城市的稳定运行，更关系到公众的正常生活。公众性强调的是受灾或受影响人群的规模不是个体，而是群体，且群体间存在一定的社会关系。

因此，根据风险管理的思路，采用风险评估的方法将在现代城市地下管线管理中发挥以下几个方面的作用。

（1）可以系统有效地减少城市地下管线事故。预测、预防事故的发生是城市管理的关键任务。对系统进行评价，可以识别存在的薄弱环节和可能导致地下管线事故发生的条件；通过系统分析还能够找出发生事故的真正原因，特别是可以查找出未曾预料到的被忽视的危险因素；通过定量分析，预测事故发生的可能性及后果的严重性，可以采取相应的对策措施，预防、控制事故的发生。

（2）可以系统地进行城市运行管理。现代城市问题的来源越来越复杂，其过程具有跨区域性、不确定性、转化性、动态性等特征，地下管线作为城市运行的"大动脉"，一旦发生问题将严重威胁城市公共安全。风险评估则是通过系统的分析、评价，全面、系统、有机、预防性地处理城市地下管线管理问题，而不是孤立、就事论事地去解决某一类管线自身的问题，从而实现城市的系统管理。

（3）可以用最少的投资达到最佳效果。对城市地下管线风险进行定量分析、评价和优化技术，为管理中的预测、预警提供科学依据。根据分析可以选择出最佳方案，使现代城市管理中各资源达到最佳配合，从而用最少投资得到最佳应急效果，大幅度地减少人员伤亡和财产损失事故。

（4）可以提升政府综合管理能力、维护城市安全稳定。通过城市风险评估的实施，使分析城市管理者学会对有效的资源进行合理的配置和布局，以使整体期望值损失最小，并得出决策者关于城市管理中的资源配置和布局的最优方案。在城市问题出现或突发事件发生后，加强了决策者采取措施进行决策的能力。

第三章　城市地下管线基本情况

第一节　城市地下管线的类别

一、城市地下管线的分类方式

地下管线是埋设在地下的管道及电缆的总称。按照其功能可以分为长输管线和城市地下管线两类，长输管线主要分布在城市郊区，其功能主要是为城市的经济和社会发展提供能源和能量供应。城市地下管线有广义与狭义之分。广义城市地下管线是指整个城市区域范围内，埋设于地表下方的各种管道和线缆设施的总称。其具体类型包括供水、排水（含雨水、污水）、电力、燃气、热力、通信信息、有线电视、照明、交通信号、长输油气管道、工业管道、军事管道等。狭义地下管线则是除了长输油气管道、工业管道、军事管道之外的，不以工业生产资料作为输送介质，不以满足军事需要为目的的各类管道与缆线设施（尚秋谨和朱伟，2013）。这里讨论的主要是狭义的城市地下管线，即主要分布在城建区内的城市道路下，其功能主要是承担城市的信息传递、能源输送、排涝减灾、废物排弃等任务，是发挥城市功能、确保社会经济和城市健康、协调和可持续发展的重要基础和保障。

城市化进程迄今已历经千年历史，在这个历史进程中，地下管线的建设始终伴随城市建设工作，中国地下管线建设历史悠久而长远。修建于北宋时期，位于江西赣州的福寿沟是罕见的成熟、精密的古代城市排水系统，很好地解决了城市内涝问题，成为中国地下管线工程建设的奇迹。在我国的一些大城市，地下管线工程建设也有着悠久的历史，如北京城早在 19 世纪中叶就建设有较完整的明暗结合的排水系统；上海市早在 1864 年就开始埋设第一条煤气管道，是我国最早使用煤气的城市；天津市在 1898 年开始埋设第一条自来水管道；一些省会城市在新中国成立前也都有部分地下管线，主要是给水、排水系统管线（杨印臣，2008）。新中国成立以来，尤其是改革开放以来，我国城市建设飞速发展，市政基础设施投资大幅增长，城市地下管线工程建设取得巨大成绩。随着城市化程度的不断提高，地下管线的种类越来越多，其数量也越来越大，使地下的各种管线密如蛛网，纵横交错。

根据不同的分类标准，城市地下管线可以划分为不同的类型。

1. 城市地下管线的结构形态不同

城市地下管线可以分为两种：①呈网状或环状结构的"地下管网"部分，简称城市地下管网；②经由特定分支与城市地下管网相连通，并主要呈树状结构的"支户线"部分，简称用户线。

2. 按城市地下管线的功能不同

（1）给水管道，包括生活用水、消防用水、工业用水、农业灌溉等输配管道。

（2）排水管道，包括雨水管道、污水管道、雨污合流管道和工业废水等各种管道。

（3）燃气管道，包括煤气管道、天然气管道、液化石油气等输配管道。

（4）供热管道，包括热水管道和蒸汽管道两种。

（5）电力电缆，包括动力用电（输电或配电）电缆、照明（路灯）用电电缆等。

（6）电信电缆，包括通信信息电缆、广播电视电缆，以及军用、铁路民航等专用电信电缆。

（7）工业管道，包括石油、重油、柴油、液体燃料、氧气、氢气、乙烯、乙炔、压缩空气等油气管道，氯化钾、丙烯和甲醇等化工管道，工业排渣、排灰管道等。

（8）长输管道，包括输电、通信、输水、输油、输气等主要分布于城市郊区的能源输送管道。

3. 按城市地下管线分布的地域范围大小不同

城市地下管线可划分为城域地下线与局域地下线。前者的地域分布范围通常跨越城市内部一个或数个区县行政辖区，后者的地域分布范围则往往局限在城市内部某一特定的区县行政辖区之内，其管线所能提供公共服务的业务范围通常不会越过本辖区行政边界（尤建新等，2006）。

4. 按城市地下管线所服务终端用户的计量方式不同

城市地下管线可分为可计量性管线（如供水、供热、供电、供气等）、非计量性管线（如排水、通信）。

5. 按城市地下管线敷设方式不同

城市地下管线可以分沟埋式、上埋式、隧道式等。

6. 按城市地下管线投资渠道的不同

城市地下管线可分为政府投资建设管线、企事业单位投资建设管线、房地产开发商投资建设管线。

7. 按城市地下管线产权特征的不同

城市地下管线可分为公用服务企业自有管线、用户产权单位自有管线、无主或权属不明管线。

8. 按管线材质的不同

城市地下管线可以分为金属管和非金属管两大类，金属管又分为不锈钢管、碳钢管、铸铁管、钢塑复合管等；非金属管分为塑料管、混凝土管、玻璃钢管等。常见的管线材质主要有钢管、铸铁管、塑料管和混凝土管。

二、不同分类的城市地下管线概述

（一）按城管地下管线的功能分类

城市地下管线按功能主要可分为排水管道、给水管道、热力管道、燃气管道、电信电缆和电力电缆等，每类管线按其传输的物质和用途又可分为若干种，见图3-1。

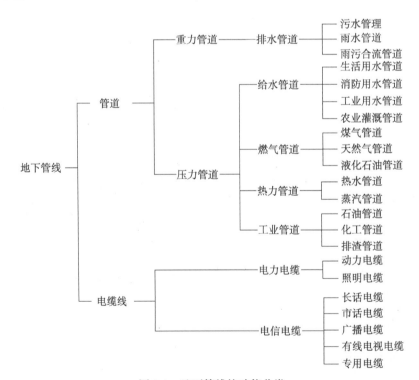

图 3-1 地下管线按功能分类

1. 给水管道

1) 种类和材质

给水管道可按水的用途分为生活用水、消防用水、工业用水、农业用水等配水和输水管道，在我国，使用最广泛的给水管道为铸铁（分承插口和法兰口两种）和钢管，其次为预应力混凝土管、石棉水泥管、聚乙烯（PE）塑料管。

2) 规格

给水管道规格目前为公称口径 DN15~DN2100。所谓公称口径，不是管道的内径也不是管道的外径，而是介于外径和内径之间并较接近内径的尺寸，一般有 如 下 规 格：DN15、DN20、DN25、DN40、DN50、DN100、DN150、DN200、DN300、DN400、DN600、DN800、DN1000、DN1200、DN1400、DN1600、DN1800、DN2000、DN2100。

公称口径所对应的外径见表 3-1。

表 3-1　给水管道规格表

公称口径	DN15	DN20	DN25	DN40	DN50	DN100	DN150
实外径 / 毫米	21.25	26.75	33.50	48.00	60.00	114.00	165.00
公称口径	DN200	DN300	DN400	DN600	DN800	DN1000	DN1200
实外径 / 毫米	220.00	322.80	425.60	630.80	836.00	1041.00	1246.00

通常，DN15~DN100 口径采用镀锌管，DN100~DN400 口径采用铸铁管，DN600~DN1200 采用钢管和预应力混凝土管两种，超过 DN1200 一般使用钢管。

2. 排水管道

排水管道按排水性质分为雨水管道、污水管道和雨污合流管道等。

1) 种类和材质

一般排水管道按管材分为钢筋混凝土管、混凝土管、钢筋混凝土渠箱、铸铁管、石棉水泥管、陶土管、陶瓷管、砖石沟等。钢筋混凝土管及混凝土管又有承插式、企口式和平口式等。

2) 规格

通常，排水管径小于 500 毫米时，采用混凝土管；当管径大于 500 毫米时，排水管的浇制一般配加钢筋制成钢筋混凝土管；管道设计断面大于 1.5 米时，一般现场浇制钢筋混凝土渠箱。预制混凝土管和钢筋混凝土管的规格如表 3-2 所示。

表 3-2　排水管道规格

通径 D/毫米	250	300	400	500	600	700	800	900	1000	2000
L/毫米	2000	2000	2000	2000	2000	2000	2000	2000	2000	2000
T/毫米	30	35	45	50	60	65	70	80	85	105
备注	无筋	无筋	无筋	无筋	有筋	有筋	有筋	有筋	有筋	有筋

注：L 为管长，T 为壁厚

3. 燃气管道

燃气管道按其传输的燃气性质分为煤气、天然气、液化石油气输配管道。燃气管道的材质多为钢管（主要是无缝钢管和焊接钢管），其次是承插口的铸铁管（用于低压煤气）和聚氯乙烯（PVC）塑料管，燃气管道直径一般为 15~1500 毫米（尤秋菊和朱伟，2010）。下面着重介绍地下工程经常碰到的煤气管线。

1）煤气管道的种类和材质

煤气管道通常有无缝钢管、螺旋钢管、铸铁管及高密度聚氯乙烯塑料管。一般而言，聚氯乙烯塑料管只用于小口径供气管，铸铁管只用于低压供气管道上，敷设在城市道路下面，多数为无缝钢管或螺旋钢管，管径小于或等于 DN150 时为无缝钢管，当管径大于或等于 DN200 时为螺旋钢管。

2）煤气管道规格

煤气管采用钢管时，其规格如表 3-3 所示，塑料管的规格基本与钢管配套对应。

表 3-3　煤气管道规格

外径/毫米	32	45	57	76	89	108	133
壁厚/毫米	3.5	3.5	3.5	4	4.5	5	5
外径/毫米	159	219	273	325	426	529	630
壁厚/毫米	5	6	6	6	7	7	8

4. 电信管线

城市电信电缆通常有市话电缆、长话电缆、广播电缆、有线电视电缆，以及军用、铁路民航等专用电缆。

1）种类和材质

电信电缆的敷设有直埋、穿管、管块三种方式，穿管埋设时一般使用单孔钢管和聚氯乙烯塑料管，其次为石棉水泥管、陶瓷管，管块用得最多的是预制混凝土矩形断面的管块，它是一种多孔组合式结构的钢管，有单孔、双孔、三孔、四孔、六孔、九孔、十二孔、二十四孔等形式。早期敷设的电信管多采用混凝土预制管块和石棉水泥预制管块。目前多采用硬聚氯乙烯管，个别地段（如过桥、穿越铁路、渠箱或障碍物时）使用铁管，引上管（如上杆、出入接线箱等）采用铸铁。

2）规格

混凝土预制管块和石棉水泥预制管块一般有单孔管块、双孔管块、三孔管块、四孔管块和六孔管块，埋设六孔以上管道者，一般采用上述管块组合。管块规格如表 3-4 所示。

表 3-4　管块规格

	各部分尺寸 / 毫米				
	宽	高	长度	管径	管孔间距
单管孔	140	140	600	90	25
双孔管	250	140	600	90	25
三孔管	360	140	600	90	25
四孔管	250	250	600	90	25
六孔管	360	250	600	90	25

钢管、硬聚氯乙烯管规格如表 3-5 所示。

表 3-5　钢管、硬聚氯乙烯规格

钢管 / 毫米		硬聚氯乙烯 / 毫米	
内径	壁厚	内径	壁厚
90	4	90	5
50	4	50	5

5. 电力管线

电力电缆按其功能可分为动力（输电或配电）电缆、照明（路灯）电缆、电车电缆，敷设在城市地下的电力电缆有交流电缆和和直流电缆两大类，电气化铁路、无轨电车及有轨电车为直流电缆（戴红，2005），其他部门如城市供电部门、工厂、企业、部队、铁路、民航、港口码头等专业部门敷设的电力电缆均为交流电缆。

目前，电力电缆的埋设有直埋和敷设在管道内两种，电力电缆的电压通常有220 伏、380 伏、1000 伏、6000 伏、10 千伏、35 千伏、110 千伏、220 千伏等种类。

1）电力管线的种类、材质

电力电缆的埋设，除直埋外，均敷设在电力专用管道内，目前常采用的电缆管道有预制钢筋混凝土槽盒、电缆沟、塑料管和电缆隧道。

2）电力管道的规格

电线槽盒的规格通常有如下三种。①二线盒：400 毫米 × 400 毫米。②三线盒：600 毫米 × 400 毫米或 400 毫米 × 400 毫米。③四线盒：800 毫米 × 400 毫米。

电缆沟的规格视敷设电缆数量和地形条件、路面宽度的实际情况而定，通常的规格如下：宽 1240~1660 毫米，净空 1400 毫米左右，深度 1200~1600 毫米。

6. 热力管道和工业管道

热力管道按其输送的介质分为热水管道和蒸汽管道两种，一般采用无缝钢管和钢板卷焊管。

工业管道按其输送的介质分类如下：①石油、重油、柴油、液体燃料、氧气、氢气、乙烯、乙炔、压缩空气等油气管道；②氯化钾、丙烯和甲醇等化工管道；③工业排渣、排灰管道，以及盐卤和煤浆等输送管道（田玉卓等，2008）。工业管道一般为钢管和塑料管。

（二）按敷设方式分类

地下管线按敷设方式大致可分为沟埋式、上埋式、隧洞式三类，如图 3-2 所示，分类的主要目的不是研究施工的工艺，而是因为地下管线的受力状态与管顶垂直土压力的大小直接取决于埋管时的敷设方式。

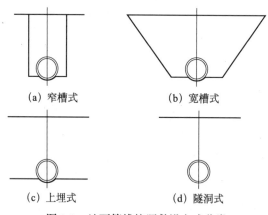

(a) 窄槽式　　　　　(b) 宽槽式

(c) 上埋式　　　　　(d) 隧洞式

图 3-2　地下管线按照敷设方式分类

1. 沟埋式

沟埋式是指在天然地面或老填土上开挖较深的沟槽，然后将管道放至沟底，再回填土料并分层加以夯实（奚江琳等，2007）。根据沟槽断面的形状又可分为窄槽式和宽槽式两种：埋管前沿管线开挖成很狭窄的矩形断面的沟槽称为窄槽式，如图 3-2（a）所示，这多数应用于较坚硬的原状土地带；若土质不够坚实或由于施工条件等的限制，需放坡开挖成较宽的梯形断面则称为宽槽式，如图 3-2（b）所示。宽槽埋管与窄槽埋管统称为沟埋式。

2. 上埋式

上埋式是指在开阔平坦的地面上直接铺设管道，然后再在上面覆土夯实的情况，如图 3-2（c）所示，又称为地面堆土埋管，如铁路、公路或堤坝下的预埋管道（如排水涵洞）等。

3. 隧洞式

在管道施工中，为了保证道路或渠堤的完整性，或为避免大开挖对地面建筑物的破坏及影响交通等问题，有时采用顶管法或盾构法。上述施工方法的特点是在距地面较深的地方取土，在施工中被扰动的土体仅局限于管道周围邻近的土体，如图 3-2（d）所示。此法多用于埋深较大、地质复杂、用明挖法很难实现的情况。例如，穿越铁路、公路的管涵，穿越城市建筑物或河道（土质为粉细砂或淤泥类土）的公路和地铁隧道等。隧洞式埋管当其管周土体稳定性较好时，可按"卸力拱"理论分析管周土压力；否则应按上埋式或沟埋式计算。

（三）按管线材质分类

管线材质指管线的材料和质地，反映了管线的成分、组织和性能。

1. 钢管

钢管是一种中空的钢质管道，钢管按制管材质（即钢种）可分为碳素管和合金管、不锈钢管等。碳素管又可分为普通碳素钢管和优质碳素结构管。合金管又可分为低合金管、合金结构管、高合金管、高强度管等。钢管具有承载应力大、可塑性好、便于焊接的优点，但一般耐腐蚀性较差，必须采取可靠的防腐措施。钢管广泛用于石油、化工、给排水、煤气、天然气、暖气等输送管道。

2. 铸铁管

按铸造方法不同，铸铁管分为连续铸铁管和离心铸铁管，其中离心铸铁管又分为砂型和金属型两种。按材质不同分为灰口铸铁管和球墨铸铁管。铸铁管广泛运用于给水、排水和煤气行业的输送，具有使用年限长、生产简便、成本低、耐腐蚀性良好等特点。

3. 塑料管

在非金属管中，应用最广泛的是塑料管。塑料管一般是以塑料树脂为原料，加入稳定剂、润滑剂等，在制管机内经挤压加工而成。主要用作房屋建筑的自来水供水系统配管，排水、排气和排污卫生管，地下排水管，雨水管，以及电线安装配套用的穿线管等。

塑料管种类很多，分为热塑性塑料管和热固性塑料管两大类。属于热塑性的有聚氯乙烯管、聚乙烯管、聚丙烯管、聚甲醛管等；属于热固性的有酚塑料管等。塑料管的主要优点是耐蚀性能好、质量轻、成型方便、加工容易，缺点是强度较低、耐热性差。

4. 混凝土管

混凝土管指用混凝土或钢筋混凝土制作的管道。用于输送水、油、气等流体。混凝土管分为素混凝土管、普通钢筋混凝土管、自应力钢筋混凝土管和预应力混凝土管四类。与钢管比较，采用混凝土管可以大量节约钢材，延长使用寿命，且建厂投资少，铺设安装方便。混凝土管常用于雨水、污水等重力流管道，也用于供水等压力管道。

（1）普通混凝土管指以混凝土为原料，采用震动成型或挤压成型的管道。按有无钢筋分为素混凝土管和钢筋混凝土管。

（2）自应力钢筋混凝土管采用钢筋混凝土预制而成，制作时采用离心法。具有耐久性和良好的抗渗性，不会腐蚀及腐烂。制管时钢筋用量较少，比钢管和铸铁管节省钢材用量，具有较高的耐压能力，常用于大型输水系统（佘翰武等，2008）。

（3）预应力混凝土钢管是在混凝土构件承受使用荷载前的制作阶段，预先对使用阶段的受拉区施加压应力，造成一种人为的应力状态。当构件承受使用荷载而产生拉应力时，首先要抵消混凝土的预压应力，然后随着荷载的增加，受拉区混凝土产生拉应力。这种管子配有纵向和环向预应力钢筋，因此具有较高的抗裂和抗渗能力。

第二节　典型地下管线及其系统介绍

一、燃气管线及燃气系统

燃气系统又称燃气供应系统，是城市中供应居民生活和生产用燃气的工程设施系统，是城市公用事业的组成部分。燃气供应系统主要有人工煤气供应系统、液化石油气供应系统和天然气供应系统，其中人工煤气供应系统由于受资源、环境条件的限制和国家能源政策的调整，已较少采用，逐步被液化石油气或天然气取代，需要利用地下管线输运的主要是指天然气供应系统（尤秋菊等，2009）。

天然气供应系统一般指的是城镇天然气供应系统。

城镇天然气供应系统是一个复杂的系统，由气源、输配系统和应用设施三部分组成，如图 3-3 所示。

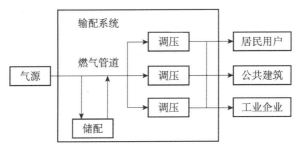

图 3-3　天然气供应系统

（1）气源。气源是指天然气从干线进入城镇管网的门站（又称"配气站"）。

（2）输配系统。输配系统是气源到用户之间的一系列天然气输送、分配和储存设施，包括燃气管线、天然气储配站、天然气调压设施。

（3）应用设施。应用设施由户内管道、燃气表和燃具等组成。燃气应用对象包括居民、商业和工业等。

城市燃气虽是一种优质燃料，但由于其易燃、易爆甚至具有一氧化碳等有毒成分，若管理和使用不当，极易引发爆炸、中毒和死亡事故。另外，由于城市燃气设施分布在人口、公共设施集中的区域，每一个环节都可能发生事故。事故一旦发生，不仅可能会造成严重的人员伤亡和财产损失，而且往往会引发社会不安全感、环境污染等问题。

燃气管道材料 90% 为钢材，少量为 PE（塑料）材料。承压种类主要为金属焊接、塑料管电熔焊接和少量的铸铁承插管。压力级制共分为高压 A、高压 B、次高压 A、次高压 B、中压 A、中压 B、低压等七种。铺设方式主要为直接埋地铺设，局部有架空管线。

二、供热管线及供热系统

供热系统是指由热源通过热网向热用户供应热能的系统总称。供热系统可分为局部供热系统和集中式供热系统。

局部供热系统指的是热媒制备、热媒输送和热媒利用三个主要组成部分在构造上都在一起的供热系统，如烟气供热（火炉、火墙和火炕等）电热供热和燃气供热等。

集中供热系统指的是热源和散热设备分别设置，用热媒管道相连接，由热源向各个房间或多个建筑物供给热量的供热系统。

1. 集中供热

以热水或蒸汽作为热媒，由热源集中向一个城镇或较大区域供应热能的方式称为集中供热。集中供热已成为现代化城镇的重要基础设施之一，是城镇公共事业的重要组成部分。

集中供热系统是由热源通过热网向热用户供应热能的系统的总称，由热源、热网（热力网）和热用户三大部分组成。

热源又称热力的生产，主要是指生产和制备一定参数（温度、压力）热媒的锅炉房或热电厂。热源是直接消耗能源、实现热能转换的部分，是供热系统能源效率最重要的组成部分。

在热能工程中，泛指从中吸取热量的任何物质、装置或天然能源。目前最广泛应用于供热系统的热源有区域锅炉房和热电厂，在此类热源内，使燃料燃烧产生热能，用以加热供热热媒（热水或蒸汽）。此外，可利用核能、太阳能、地热、电能、工业余热、垃圾焚烧产生的热能等作为集中供热系统的热源。

热网指的是由热源向热用户输送和分配供热介质的管线系统。热网是输送热媒的室外供热管路系统，是热源与热用户连接的纽带，起着输送和分配热源的作用（李秋华，2014）。在热媒输送中，还会由于水泵运行、管道散热、水力和热力工况分配不均匀等因素，形成能量消耗，所以热网运行工况也是供热系统能源效率的重要组成部分。

热用户指的是集中供热系统应用热能的用户。例如，建筑内供暖、通风、空调、热水供应，以及生产工艺用热系统等。热用户的建筑类型及用途，直接影响着供热负荷的大小，以及系统和设备投资。供热供暖系统及其设备形式和运行调节方式，不仅影响使用效果，也同样影响着供热系统能源效率。

2. 集中供热系统分类与组成

集中供热系统可按下列方式进行分类。

（1）按热媒不同，分为热水供热系统和蒸汽供热系统。

（2）按热源不同，分为热电联产系统、锅炉供热系统，另外还有以地源热泵、水源热泵、工业余热、核能、太阳能等作为热源的供热系统。供热所用能源包括煤炭、燃油、天然气、电能、核能、地热、太阳能等，集中供热所用能源仍以煤炭为主。

（3）按供热管道的不同，可分为单管制、双管制和多管制的供热系统。

三、供水管线及供水系统

供水系统（又称上水道工程或自来水工程）通常由水源、输水管渠、水厂和配水管网组成。从水源取水后，经输水管渠送入水厂进行水质处理，处理过的水加压后通过配水管网送至用户。

1. 分类

（1）按水源种类分为地表水（江河，湖泊，蓄水库，海洋等）和地下水（浅层地下水，深层地下水，泉水等）给水系统。

（2）按供水方式分为自流系统（重力供水），水泵供水系统（压力供水）和混合供水系统。

（3）按使用目的分为生活用水、生产用水和消防给水系统。

（4）按服务对象分为城市给水和工业给水系统，在工业给水中，又分为循环系统和复用系统。

2. 供水系统规划布置

城市供水系统要持续不断地向城市供应数量充足、质量合格的水，以满足城市居民的日常生活、生产、消防、绿化和环境卫生等方面的需要。因此，必须对给水系统进行通盘而周密的规划和设计。供水系统规划（又称给水工程规划）主要内容包括：估算城市用水量，确定水源和水处理方法，选定水厂位置，进行输水管渠和配水管网的布置等（刘书明等，2014）。制订规划时，要考虑分期建设的可能性，为城市远期发展的水源供应留有足够的余地；要合理利用已有的给水设施；要防止盲目开采，把各单位的自备水源纳入城市水源规划。

估算规划期内各种用水量，有两种方法：一种是按生活用水、工业用水等分项计算，另一种是按人口综合计算。生活用水量同气候条件、建筑物内的给水设备类型、生活习惯和管理制度等因素有关。中国南方城市的生活用水量一般比北方城市大。工业用水量则同工业发展水平有关。

常用的城市水源有地下水和地表水两类。中国北方城市的水源多以地下水为主，南方城市以地表水为主。地下水的水质通常比较好，经过消毒，即可达到生活饮用水的卫生标准。地下水源的取用量不能大于可开采量。过量开采会造成地下水位下降，导致地面沉陷（信昆仑等，2014）。地表水一般指江河、湖泊等的淡水。用地表水作生活用水时，一般经过混凝、沉淀、过滤和消毒等净化处理，使水质符合卫生标准。为保证城市正常供水，要注意研究地表水源枯水期流量对城市供水的保证率。上海、青岛、大连等沿海城市淡水资源不足，有些大型企业已用海水作为冷却用水。在缺乏淡水资源的国家，如科威特，用海水或苦咸水经脱盐淡化作为生活用水。

水厂位置要选择在地质条件和环境卫生条件较好、不受洪水威胁、交通方便、靠近电源的地方。

保护水源方面，城市水源上游要植树造林，保持水土，涵养水源。水源地区要设卫生防护地带。水源受到污染的应积极治理。沿海城市开采地下水，要防止海水渗入。

3. 输水管渠和配水管网布置

为保证城市安全供水，常采用两条输水管渠送水。如用一条输水管渠，则在用水地区附近设安全储水池。配水管网应根据城市地形、道路系统、用量较大用户的位置、用户要求的水压等进行布置。城市配水管网的形式有环状和枝状两种，环状管网供水可靠性好。配水管网的水压要满足城市一般楼房最高层用水的需要。少数高层建筑和水压要求高的用户可自设加压设备（何维华，2015）。如果城市地形起伏、高差很大，或者高层建筑数量多而且集中，可采用不同供水压力的管网系统分区供水。

城市用水紧张，已成为世界性的问题。节约用水的方法如下：加强经营管理；改革工厂的生产工艺，采用先进设备，降低水耗；实行水的循环利用和污水的再生回用，提高水的重复利用率；加强管网设备的维修管理，减少漏损等。美国、日本、法国等国已开始利用经过处理的污水作为工业生产、浇洒绿地和冲洗厕所之用。

四、排水管线及排水系统

城市排水系统是收集、输送、处理和排放城市污水和雨水的工程设施系统，是城市公用设施的组成部分。城市排水系统通常由排水管线和污水处理厂组成。在实行污水、雨水分流制的情况下，污水由排水管线收集，送至污水处理后，排入水体或回收利用；雨水径流由排水管线收集后，就近排入水体。

1. 排水系统历史发展

公元前 6 世纪，古罗马城建造了排水沟渠。中国战国时期的城市中已有陶制的排水沟渠，称"陶窦"。明清北京城有比较完整的排水沟渠系统。从 19 世纪起，伦敦等城市为了防止传染病蔓延，开始建设近代排水设施。中国 1949 年有排水设施的城市为 103 个。1983 年据 258 个城市统计，排水管线总长度为 26 448 千米。

2. 排水管线运输介质

人类在生活和生产中，使用着大量的水。水在使用过程中受到不同程度的污染，改变了原有的化学成分和物理性质，这些用过后的水称作污水或废水（王淑莹等，2015）。污水也包括雨水和冰雪融化水。城市排水按照来源和性质可分为生活污水、工业废水和降水（雨水和雪水），而城市污水是排人城市排水管道的生活污水和工业废水的总称。

生活污水指人们日常生活中用过的水，主要包括无塔供水设备从住宅、公共场所、机关、学校、医院、商店及其他公共建筑和工厂的生活间，如厕所、浴室、盥洗室、厨房、食堂和洗衣房等处排出的水。生活污水中含有较多有机物和病原微生物等污染物质，在收集后需经过处理才能排入水体、灌溉农田或再利用。

工业废水是指在工业生产过程中所产生的废水。工业废水水质随工厂生产类别、工艺过程、原材料、用水成分及生产管理水平的不同而有较大差异。根据污染程度的不同，工业废水又分为生产废水和生产污水。

生产废水是指在使用过程中受到轻度污染或仅水温增高的水，如冷却水，通常经简单处理后即可在生产中重复使用，或直接排放水体。生产污水是指在使用过程中受到较严重污染的水，具有危害性，需经处理后方可再利用或排放。不同的工业废水所含污染物质有所不同，如冶金、建材工业废水含有大量无机物，食品、炼油、石化工业废水所含有机物较多。另外，不少工业废水含有的物质是工业原料，具有回收利用价值。

降水即大气降水，包括液态降水和固态降水，通常主要指降雨。降落的雨水一般比较清洁，但初期降雨的雨水径流会携带大气中、地面和屋面上的各种污染物质，污染程度相对严重，应予以控制。由于降雨时间集中，径流量大，特别是暴雨，若不及时排泄，会造成灾害（范文等，2015）。另外，冲洗街道和消防用水等，由于其性质和雨水相似，也并入雨水。通常，雨水不需处理，可直接就近排入水体。

城市污水通常是指城市排水管道系统的生活污水和工业废水的混合物。在压力容器合流制排水系统中，还可能包括截流入城市合流制排水管道系统的雨水。城市污水实际上是一种混合污水，其性质变化很大，随着各种污水的混合比例和工业废水中污染物质的特性不同而异。城市污水需经过处理后才能排入天然水体、灌溉农田或再利用。

在城市和工业企业中，应当有组织地、及时地排除上述废水和雨水，否则可能污染和破坏环境，甚至形成环境公害，影响人们的生活和生产乃至于威胁到人身健康。

第三节　城市地下管线建设与管理的发展趋势

一、城市地下综合管廊建设

（一）基本情况

地下综合管廊又称综合管沟、综合管道、共同沟等，是指在城市地下建造一个隧道空间，将市政、电力、通信、燃气、给排水等各种管线集于一体，设有专门的检修口、吊装口和监测系统，实施统一规划、统一设计、统一建设和统一管理的市政公用设施（王艺静，2015）。它是市政基础设施建设现代化、管线集约化、智能化的标志，是未来节能的趋势和潮流。

综合管廊主要适用于交通流量大、地下管线多的重要路段，尤其是高速公路、城市主干道，以及规划的大型城市组团或建筑群内。据所容纳的管线不同，大致可分为干线综合管廊、支线综合管廊、缆线综合管廊、干支线混合综合管廊等四种（张继兵，2015）。

欧洲是地下空间开发利用的先进地区，特别是在市政设施和公共建筑方面更是如此。综合管廊发源地就是欧洲，最早见于法国。法国巴黎于1832年霍乱大流行后，隔年开始有规划地建设地下水系统和综合管廊系统；之后，英国、德国、西班牙等欧美其他国家，以及日本等相继建设综合管廊。日本最早于1926年开始了千代田综合管廊的建设，按照规划，到21世纪初，将达到526千米。日本的综合管廊技术比较发达，建成的里程最长，相应的建设法规也比较完善。综合管廊在世界各大城市的普及程度也越来越高。综合管廊工程在我国起步较晚，且建设初期投资较大，运营维护成本较高，并不经济，难以成为最优方案投资建设，地方财政难以承受，因此综合管廊在国内的发展受到各种制约。

国内最早的综合管廊出现在首都北京，1958年北京在天安门广场敷设了一条长1076米的综合管廊，之后各地陆续开始系统地规划建设综合管廊。近几年，在经历冰灾、洪水等严重自然灾害对市政管线的破坏，造成巨大的经济损失之后，综合管廊的优点及综合效益日益被人们认可和重视，各大中城市掀起了新一轮的建设热潮，开始着手建设综合管廊。

（二）建设情况

西方国家100多年前就开始了地下综合管廊的建设和使用。世界上最早的综合管廊出现在法国巴黎（1833年）。在第一次工业革命时期，法国巴黎在下水道建设中，创造性地在其中布置了煤气、电力等管线，形成了早期的综合管廊。经长期使用，证明综合管廊具有直埋方式无法比拟的优点，并逐步在世界部分地区流行和普及。之后，英国、德国、西班牙、苏联、匈牙利、欧美其他国家，以及日本等都相继建设综合管廊。

日本是目前世界上综合管廊建设最先进的国家。1963年，日本政府颁布的《关于建设共同沟的特别措施法》，规范和推动了地下综合管廊的建设。该法解决了一些综合管廊建设中的资金分摊与回收、建设技术等方面的关键问题（例如，地下综合管廊作为道路的合法附属物，由公路管理者负担部分费用进行建造等），使日本的综合管廊建设得到了大规模的发展。管沟内的设施在原来的通信、电力、煤气、上水管、工业用水、下水道6种管道的基础上又增加了供热管、废物输送管等设施。

我国第一条地下综合管廊建于1958年，在北京的天安门广场。之后随着我国经济实力的提高和城市化进程的加快，上海、广州、杭州等城市开始进一步探索综合管廊的建设。但各城市在综合管廊建设的时间、投资主体、工程造价等方面均有所不同。我国颁布的《城市工程管线综合规划规范》（GB50289—1998）中对宜采用综合管廊集中敷设管线的情况进行了规定：①交通运输繁忙或工程管线设施较多的机动车道、城市主干道，以及配合兴建地下铁道、立体交叉等工程地段；②不宜开挖路面的路段；③广场或主要道路的交叉处；④需同时敷设两种以上工程管线及多回路电缆的道路；⑤道路与铁路或河流的交叉处。⑥道路宽度难以满足直埋敷设多种管线的路段。我国2012年12月开始实施的《城市综合管廊工程技术规范》（GB50838—2012）是我国首部综合管廊方面的技术标准。

目前，综合管廊还仅在我国一些经济发达的城市和新区有所建设，尚未得到推广和普及。但随着传统的管线建设、管理方式暴露出更多的不足，越来越多的大中城市已开始着手综合管廊建设的规划，如重庆、南京、济南、沈阳、福州、郑州、青岛、威海、厦门、大同、嘉兴、衢州、连云港和佳木斯等。2013年9月，国务院印发的《关于加强城市基础设施建设的意见》中明确规定要"开展城市地下综合管廊试点，用3年左右时间，在全国36个大中城市全面启动地下综合管廊试点工程；中小城市因地制宜建设一批综合管廊项目。新建道路、城市新区和各类园区地下管网应按照综合管廊模式进行开发建设"。地下综合管廊即将得到大规模的应用。

（三）地下综合管廊的优点

地下综合管廊建设的一次性投资常常高于管线独立铺设的成本，但它具有传统直埋所不具备的优点。

（1）能避免道路重复挖掘。避免地下管线因埋设、检修、扩容导致的道路重复挖掘，保持路面的完整性，延长路面的使用寿命。同时减小对交通和居民出行造成的影响和干扰，确保道路交通畅通。

（2）能有效地缩短管线施工工期。避免盲目施工引起的各种管线的损坏，使管网故障率降低到最低程度。

（3）促进城市的可持续发展。能有效集约化地利用道路下的空间资源，为城市未来发展预留空间。

（4）能根据远期规划容量设计与建设，从而能满足管线远期发展需要。

（5）减少重复建设投资。由于管线增设、扩容较方便，管线可分阶段敷设，建设资金可分期投资，亦可减少重复建设投资。

（6）延长使用寿命。廊内管线不直接与土壤、地下水、道路结构层的酸碱物质接触，可减少腐蚀。

（7）保护市政管线系统。增强管线抵御台风、水灾、冰灾、泥石流等自然灾害破坏的能力，减少直接和间接的经济损失。

（8）美化了城市景观。可以让更多的架空线转入地下，同时减少了"马路拉链"的现象。

二、城市地下管线信息化建设

（一）现状及存在的问题

地下管线信息是指在城市规划区范围内，埋设在城市主干路、次干路、支路、社区道路及公共区域地下管线的走向、空间位置、基本属性、介质状态、生存环境及其附属物等信息，以及影响地下管线运行的内外部环境信息，是城市地下管线建设、运行管理过程中必不可少的信息，同时也是预防处置地下管线事故的重要因素。在对地下管线进行管理的过程中，地下管线信息是城市地下空间规划、城市建设、城市管理、城市应急和地下管线运行维护管理的基础。城市地下管网信息化是指在地下管线探测技术、数字测绘技术、计算机技术、网络技术、GIS 技术、数据存储技术和通信技术等的支撑下，通过建立城市地下管线信息共享数据库和共享平台，最终实现为日常管理和应对突发事件所进行的分析、决策提供准确有效的数据支持（卢晓龙，2015）。城市地下管网的信息化建设的目标是实现地下管线信息的应用与共享，主要包括城市地下管线普查探测、数据库和信息管理系统建立，以及地下管线信息动态更新机制的设置与实施。

但是，由于历史和现实的许多因素，我国城市地下管线信息管理滞后于城市的发展和国际同行业水平，目前依然存在着许多方面的问题。

（1）由于城市地下管线可分为给水、排水、燃气、热力、电信、电力、工业和综合管沟（廊）八大类管线，目前各专业地下管线数据分别由各权属单位负责日常的管理和维护，未完全建立专业的管线系统，加之各专业管线系统之间没有统一的数据标准，信息资料分散地分布在不同的单位和部门管理，不能进行数据的共享与交换，导致无法全面掌握地下管线的风险数据信息。

（2）由于地下管线属于隐蔽工程，埋伏较深且结构复杂，各类地下管线的数据量很大，现有的地下专业管网资料都是以图纸、图表等形式记录保存，不能提供准确的综合管线信息，无法满足城市建设、规划及城市管理部门对管网信息的要求，这在很大程度上制约了地下管网信息化建设的发展。

（3）由于地下管线数据是地下管线信息化建设的基础和核心，具有很强的实时性，随着城市建设的飞速发展，新建管线不断出现，因此，建立城市地下管线数据的动态更新机制，及时更新地下管网数据库，是实现地下管网信息化的重要条件（朱伟等，2014a）。但是，由于目前一些已经进行地下管线普查的城市缺少有效的动态更新机制，地下管网信息动态更新程度较低，给地下管线信息化管理带来了很大的影响。

（二）主要建设内容

地下管线信息化建设是在计算机软件、硬件、数据库和网络的支持下，利用GIS技术实现对城市地下管线及其附属设施的空间和属性信息进行输入、编辑、存储、查询统计、分析、维护更新、输出、分发和共享应用的计算机管理系统。采用信息化技术集中地下管线信息，研究和建立地下管网信息化综合管理系统，可以全面、直观地掌握各市政管线设施状况、资源配置情况，对地下管线的安全运行和发展具有重大意义（江贻芳，2012）。

一般来说，地下管线信息化建设应包括以下几个方面。

（1）地下管线数据库建设。建立城市地下管线数据库，通过把给水、排水、燃气、热力、电信、电力、工业和综合管沟（廊）等相关权属单位的专业管网和设施信息，按照统一的数据格式进行整合、叠加，形成面向市政综合管理的专题空间数据库；同时，系统应提供有效的数据动态更新机制，如不能有效进行动态更新，将造成前期大量投入无法发挥应有作用，因此，在对入库数据进行维护的同时，也要对重新铺设的管线数据进行更新，以实现系统数据库的实时更新，提高空间数据库的现势性，为用户提供更为准确、真实的数据参考。在北京市，按照国家现行法律法规，政府获取地下管线资料和数据的途径有两条：一是按照《北京市测绘条例》，城市地下管线、地铁、人防等地下隐蔽工程的建设单位应当在工程竣工验收后6个月内，向市测绘行政主管部门汇交测绘成果副本；二是根据《北京市城市建设档案管理办法》，地下管线建设单位在工程竣工后，应向北京市城建档案馆按时移交地下管线建设工程档案。

（2）信息化网络建设。综合运用计算机技术、网络技术和通信技术，构建覆盖城市应急指挥中心、政府与地下管线相关的各个职能部门、各专业管线公司等单位的高效、快速、通畅的信息网络系统。在纵向上，网络要连接城市应急指挥中心、政府与地下管线相关的各个职能部门、区（县）与地下管线相关的各个职能部门等三级；在横向上，网络要连接市级、区（县）级政府各个地下管线相关职能部门，形成整个城市地下管线信息互通互连、资源共享的基础信息服务网络平台。

（3）专业管线子系统建设。各类地下管线管理单位根据各自管理数据需求和业务特点，建设供水管网管理系统、供气管网管理系统、供热管网管理系统、燃气管网管理系统和排水管网管理系统等其他子系统作为地下管网日常管理、运行维护工具，为各类地下管线的风险管理提供专业支持。以北京市为例，在专业运行监控方面，各权属单位从生产系统运行和管理角度考虑，建立了具有行业特色的管线运行监控系统。电力、燃气等专业公司的信息化监测水平相对较高，监测覆盖范围广，局部监测能力达到国内先进水平；排水和供水公司实现了对管线液位、漏损等情况的在线监测；热力集团对重点地区和重点部位的运行参数可实时监测。

（4）法规、标准和技术平台建设。建立和完善有关地下管线竣工测量和信息共享的法律法规体系以规范地下管网信息的采集、收集、整理、分析，提高信息质量；建立和完善数据、信息交换和互操作协议等地下管线信息共享的技术标准；建立城市地下管线信息共享的技术平台，提高城市地下管线管理、科学决策，以及地下管网突发事件监测、应急反应、执法监督和指挥决策的能力。

总体说来，就是要同时建立各专业管线管理系统，健全地下管网数据库，完善地下管网信息相关标准，并及时实现地下管网信息的更新，从而将城市地下管网信息以数字的形式进行获取、存储、管理、分析、查询、输出、更新，实现地下管网的信息化综合风险管理。地下管线信息化建设是一个涉及多个部门和单位的复杂系统工程，只有经过各方共同努力，理顺各方关系，建立有力的协调机构，做好地下管线建设管理各个环节的工作，建立和完善地下管线数据库，制定地下管线动态更新的机制和规范，才能掌握和摸清地下管线的现状，建立起综合地下管线信息系统并科学地管理好地下管线的各种信息资源。与此同时，随着目前城市地下管线管理的立法工作已经列入国家法制工作计划，国家有关城市地下管线管理法规即将出台，这必将促进我国城市地下管线信息化的进程，实现地下管线信息化建设的快速推进。

三、发达城市地下管线管理的经验总结与分析

（一）美国

在美国，据美国全国交通安全理事会（National Transportation Safety Board，NTSB）统计，仅输送石油及天然气的地下管道就达150万英里[①]，如果加上运输

[①] 1英里=1.609 344公里。National Transportation Safety Board. Pipeline Purpose and Reliability.http://www.pipelinesafetyinfo.com/[2012-05-28].

其他危化品的管道，总共超过230万英里（2007年统计数据）[1]，再加上供水（至少80万英里[2]）、排水（60~80万英里[2]）、电力[3]、通信、有线电视等专业类别管线，全美的地下管线总长至少可达450万英里。可以说，对美国广大城市来说，其生命之源就在民众的脚下。

在地下管道管理组织机构方面，主要有美国交通部下属的"管道安全办公室"（Office of Pipeline Safe，OPS）、安全部下设的交通安全署（Transportation Security Administration，TSA）、联邦能源监管委员会（Federal Energy Regulatory Commission，FERC）、地下公共设施共同利益联盟（Common Ground Alliance，CGA）等。这些部门分工协作，构建了比较完善的地下管线运行管理网，尤其是地下公共设施共同利益联盟通过一个呼叫中心（811）、一个门户网站（www.call811.com）和一整套各方都要遵守的协同机制和流程来提供相关服务。其中，811号码成为全美施工挖掘前必须拨打的通用信息电话，是源于该联盟在2007年发起的一项防范施工挖掘破坏管线事故的运动。

1968年通过的《天然气管道安全法案》是美国与管道安全有关的第一部立法。随着管道系统的不断发展及公众对管道系统安全的日益关注，该法已被重新授权和修改了十几次。2002年12月签署公布的《管道安全改进法案》（*Pipeline Safety Improvement Act*, P. L. 107-355）及2006年12月签署公布的《管道检验、保护、强制执行和安全法案》（*Pipeline Inspection, Protection*，*Enforcement and Safety Act*, P.L.109-468）是两个较为重要的修正完善型法案。

美国管道安全制度体系建设的另一个特点就是基于技术领先的标准规范作为政府管理的强大支撑和执法依据。在美国联邦层面的法律体系中，通常会引用一些技术标准，从而使相关标准规范成为强制性的法律法规。美国机械工程师协会（American Society of Mechanical Engineers，ASME）、美国石油学会（American Petroleum Institute，API）、美国腐蚀工程师学会（National Association of Corrosion Engineers，NACE）、地下公共设施共同利益联盟等是通常能够颁布或推荐相关技术标准规范的具有重要影响力的相关组织机构。

在美国，一旦发生地下管线事故，各相关政府职能部门、责任公司均能敏捷应对，采取各种应急措施减少事故造成的不良影响。美国司法部和交通部还能够凭借法律授权针对管道安全问题动用司法强制手段，并要求在事后对管线进行综合改良，避免事故重演。

---

[1] PHMSA. General Pipeline FAQs. http://phmsa.dot.gov/about/faq[2012-05-28].

[2] NESC Media Room. Water and Wastewater Infrastructure Facts. http://www.nesc.wvu.edu/media/background.cfm[2012-05-29].

[3] 仅美国电力公司（American Electric Power Company）的输配线路就有22.4万英里。

（二）英国

英国是世界上最早建设地下管道系统的国家，伦敦多数上下水管道系统甚至还是维多利亚时代铺设的。

在管线作业的占道掘路方面，英国的相关法律规定得相当严格。首先，公共道路或地产必须向市政府申请，如果要掘路，一次长度不能超过 30 米。其次，政府同意，必须查明施工方位内其他单位管线的具体位置，防范施工破坏管线事故。不仅在施工过程中，而且在施工结束后 1 年内，任何因施工引起的问题，施工单位都要承担法律责任。最后，施工单位开挖道路埋设或维修地下管道，还不能干扰公共交通。因此，许多公司进行管道施工时先要与公共汽车公司进行协商，尽量将施工时间避开交通高峰。如果公共汽车不得不绕道行驶，则施工单位要负责提前贴出通知，用醒目的标志标明临时站牌的位置，并尽一切努力将施工的影响降低到最小的程度。此外，在施工地点周围安放的各种交通警示标志也都由施工单位按规定设置；如果设置不清楚，引发交通问题，施工单位要负责解决和赔偿。例如，如果因为施工导致居民无法在自己原有的车位上停车，施工单位必须负责为居民寻找一个新的车位，否则该居民如果因没车位而违章停车，施工单位得为其支付罚款（徐春昕，2005）。

不论是地下管线的规划、建设阶段，还是地下管线的运行（维护与管理）阶段，管线及其内部介质对环境的影响始终是英国规划部门、市政管理部门的考虑重点之一。例如，在雨水管理政策方面，采用了多层次全过程控制的管理模式，而可持续排放体系（SUDS）则是该模式的核心内容（李俊奇等，2010）。在英国，依据可持续排放体系从规划到建设的过程可以把与 SUDS 相关的法律规章分成三个部分：规划阶段相关的规定、建设与维护管理相关的规定、可持续排放体系的监管规定。又如，政府高度重视环境保护立法对石油天然气管道建设项目环境管理的积极作用，英国有关石油天然气管道的环境保护法律法规涉及如下四个方面：一是管道建设前的环境准入管理，包括环境准入条件；二是管道项目的环境影响评价；三是管道建设和运营过程中的环境管理；四是管道的安全退役。

2006 年，由专门负责公共设施事务管理的英国贸易产业部（Department of Trade and Industry，DTI）牵头诺丁汉大学、利兹大学及 19 家公司联合开发一种名为"VISTA"（Visualising Integrated information on buried assets to reduce streetworks，减少道路作业的地下设施可视化集成信息平台）的可视化集成系统，其主要目的是通过在电脑中绘制三维立体的综合管线视图，为有效减少因无法确知管线的确切位置而盲目掘路、重复掘路、无序掘路，提高挖掘中工作效率，以及为挖掘施工中的外力损坏管线事故的发生提供技术支撑。该项目历时 4 年，耗资 220 万英镑，由英国地形测量局（Ordnance Survey）负责项目的具体实施。

（三）法国

在法国，谈及地下管线，其最闻名于世的或许就是其下水管道了。法国从19世纪就全面开始建设其排水网络，至今已拥有近30万千米专门用于收集和输送污水的地下管道，尤其是巴黎那自1850年开始修建至今达2347千米的下水道，堪称世界上最完善、最现代化的下水道，是世界上唯一的一座"下水道博物馆"，也是巴黎乃至法国人的骄傲，还是全球各地游客的观光胜地。

在法国，仅在油气及化工类管道的管理方面就涉及多个法令及多个政府管理机构。为此，法国于2006年前后就开始酝酿推进统一立法工作，不断化解各类法律法规条文分散及相互之间存在一定程度的冲突问题，实现法律法规之间的协调统一。同时，为配合立法统一的进程，法国还积极推进有关机构的整合力度，增强不同机构之间的协调关系，以实施更有效的政府监管活动。当前，油气及化工类管道的安全管理事务主要归口法国生态能源及可持续发展部下设的环境与可持续发展总理事会负责。

据统计，在法国及欧洲大部分国家，大约半数以上的管线安全事故均由施工破坏导致，因此，施工作业破坏地下管线是目前法国各类管线安全事故发生的主要原因。针对此现象，法国内政部牵头联合多个部门制订了一个新的行动方案，实施了一系列相关措施，具体包括：设立专职部门，帮助施工单位掌握管线网络的确切位置；建立一个观察机构，负责管理信息的传递及宣传活动；施工前，施工单位必须通过勘测手段，弄清管道确切位置；有关人员或机构必须根据周边环境制定一份安全事项书，供市政府及其他施工单位参考；在管线周边施工时，必须采用相应的特殊技术，以符合周边管线环境的安全防护要求；加强施工前及施工过程中应急预案编制，制定相应的预警和消防措施，做好各种准备，如随时停工及做好其他相应的工作安排，从而增强施工现场的事故应急处理能力；将天然气管线事故的管理纳入《法国国家市政安全预案》（ORSEC）中；突发事故发生时，要明确人员责任，将管线安全事故造成的破坏降到最低；加强对相关施工作业人员（尤其是重型机械的驾驶人员）的培训与教育，特别是天然气管线相关安全法令条例的宣传普及；对现行管理法令进行修改和完善。

（四）日本

基于对自身国土面积及大都市圈日渐聚集状况的认识，日本已经从单一的地下管线管理逐步转向整个地表以下空间的综合开发与管理。可以概括地讲，日本是目前有关城市地下空间开发利用立法最为完善的国家，其在开发利用规划的整体化与系统化、工程设计施工技术应用、国家行政综合协调推进管理等方面均处于世界领先水平（龚解华等，2005）。在地下空间综合开发利用与综合管理方面，日本建立了比较完备的法制体系，从《宪法》、《民法》到《建筑基准法》、《道路法》、《城市公园法》、《轨道法》、《地方铁道法》，从《下水道法》到《共同沟特别措施法》、《大深度地下公共使用特别措施法》均反映出日本在法制建设方面健全的思索与步伐。

日本是一个岛国，经常要面临暴雨、台风等自然灾害带来的巨大降水，日本多数大城市因而都极为重视城市内涝的防范问题。首先，日本各城市均重视城市排水系统的投资建设，力求城市区域内的排水管网全覆盖。其次，通过科学合理的城市规划确保下水道的"先天性"能力，如日本各地政府很重视在城市规划过程中充分利用城市水系（保留河道和湖泊等），为城区蓄洪溢洪留足空间，同时，积极倡导减少城市地面的硬化面积等举措，降低屋顶及路面水流对排水管道的压力。再次，长期维持高水平的财政投入，以细节性的日常维护手段保障排水管道通畅。例如，东京下水道局通过宣传少油健康的食谱，告诫民众不要将烹饪产生的油污直接倒入下水道，以免腐蚀排水管道。

（五）德国

德国自 19 世纪初期开始在城市内铺设地下管道，截至 2005 年，德国管道总长度达 190 万千米，96% 的家庭和公共管道相连。就排水管道而言，如果不计私人住宅的连接管，德国公共排水管道长度总计达 445 954 千米。据 2001 年对 77 236 千米排水管道的调查，德国排水管道主要是混凝土管、钢筋混凝土管和陶土管，但陶土管主要用于 DN800 以下的排水管道。另据资料显示，通过对 124 家管道运行管理部门的调查，估计德国目前有 90 万千米私有排水管道，约是公共排水管道长度的 2 倍（唐建国等，2003）。

德国各城市均成立由城市规划专家、政府官员、执法人员及市民代表等组成的"公共工程部"。通过该平台，各利益相关方可以对相关建设工程的多个方面，如管道设施的规划、布局情况，新建管道与周边现有管道设施的匹配情况，管道设施维修保养的政府资金投入情况等，进行讨论。对于较大的地下管道工程，还必须经议会审议。议会审议采取听证会的形式，由市长办公室提前 10 天通知所有可能受影响的住户、建设运营商、所涉地段的产权人等利益相关方。只有听证会上与会各方达成一致意见，这些工程才能被审批通过。

为保证管网的安全运行，德国往往通过强化或完善立法，以及制定体系化的标准、规范对管网的各类主体实行政府监管，规范其行为。例如，基于欧盟的相关政策，实施天然气输气、配气业务与管网运营业务之间的相互分离，实现管网运营的相对独立，推行管网第三方准入政策，通过突破管网和地域的局限促进天然气的自由流通，这样，在保证天然气市场上游价格完全放开的同时，又能对管道运输、储气和配气等环节实施严格的价格和利润率监管。又如，德国通过一系列的政策法规标准实施雨污水管理，以有效防范城市内涝和保护城市环境。例如，最早于 1995 年通过的《室外排水沟和排水管道》（*Drain and sewers outside buildings*,EN752-1）及其修订版 EN752-2、EN752-4 均对雨污水的排放标准、应具备的基本设置等多方面做了详细的规定。还如，在德国工业标准中，对有关燃气技术领域所用的管道材料、阀门管件材料，检测、施工安全及调节设备，以及燃气仪表等都做了相应规定。

在德国，非政府的行业组织在某些方面承担了较多的管理职能，在城市地下管线的安全平稳运行的过程发挥了不可或缺的积极作用。例如，德国排水管道的统计调查工作就是由德国污水技术联合会（ATV-DVWK）推动实施的。该联合会于 1984 年就开始对德国境内的排水管道进行全面调查，以全面掌握排水管道的状况及排水管道的相关投资需求。从 1987 年开始每 4 年对排水管道设施进行一次调查和统计，从 1995 年开始每 3 年进行一次调查和统计。该联合还通过制定相关标准来规范本行业相关主体的行为，如管道的检修频率、修复方式等。例如在《除构筑物外排水系统状态统计、分级、评价》（ATV-M149）中，对排水管道状况提出了具体的分级标准，即按管道修复整治的紧迫程度，将排水管道的状况分为 5 级。0 级，需要立即整治修复；1 级，短期内需要整治修复；2 级，中期内需要整治修复；3 级，长期内需要整治修复；4 级，不需要整治修复。又如，在德国气、水科学技术联合会制定的燃气规范中，包括了大约 100 种围绕燃气设备的建设、运行和维护的工作手册、操作手册和指南。

四、国内主要城市地下管线运行管理的经验与问题

（一）北京市

当前，北京市地下管线综合运行管理的基本工作格局可以概括为：按照"综合协调管理、部门分段负责、行业分工监管、属地区域监管、企业主体履责"管理模式，实现对地下管线安全运行的全面监管[①]。从框架性的制度安排层面看，北京市已经在总体上初步界定和明确了本市地下管线综合运行管理涉及的各类相关权利义务主体、利益关系主体及其职责配置。换句话说，北京市地下管线综合运行管理制度设计层面的总体现状是：管理组织体系框架、管理内容体系框架、管理职责体系框架已经初步搭建，但各种体系的完善优化及用于保障各种体系正常有效运行的配套机制之建立健全，尤其是对各同一体系内部及不同体系之间各

---

① 参见北京市人民政府办公厅 2012 年 12 月 20 日发布的《北京市人民政府办公厅关于加强施工安全管理防止发生破坏地下管线事故的通知》（京政办发 [2010]47 号）。

类主体、要素的相互关系形成科学的认识与有效的处理，对各类问题本质与产生根源进行深刻分析并科学把握，从而设计并推行一整套用于完善优化体系、建立健全机制的追求目标、推进整体思路、实施步骤、保障措施等法律法规体系和政策方案，是当前和今后一段时期内北京市地下管线综合运行管理工作中所必须面临和完成的繁重而急迫的任务（邓楠等，2014）。

近年来，基于地下管线综合运行管理及建设服务型政府的相关认知、理念，作为北京市地下管线运行阶段综合协调管理的北京市市政市容管理委员会在现有制度框架下，积极开展一系列探索性、开创性的工作，取得了一系列成效，其所承担的综合协调管理职能日益得到各政府部门、各地下管线权属企业及社会公众的广泛认知。主要有以下举措。

（1）开展了地下管线基础信息统计调查。当前，管理基础薄弱是全国各城市在地下管线管理中普遍存在的现象，而地下管线基础数据不全、不准、滞后是管理基础薄弱的主要表现。北京市针对因地下管线家底不清、情况不明等问题给地下管线综合运行管理造成困扰的实际情况，从 2010 年 5 月开始着手开展全市地下管线基础信息统计调查的有关工作，并一直坚持每年进行更新。

（2）编制实施消隐年度计划项目库及五年计划项目库。从 2007 年起，相关部门就开始组织编制《北京市年度地下管线维修消隐工程计划汇编》，并据此协调北京市发改委、北京市规划委、北京市建设委员会、北京市交通管理局、北京市交通委路政局，开辟绿色通道，对相关管线维修消隐工程进行打捆申报，从而简化地下管线维修消隐工程行政审批手续、提高行政效率，为地下管线权属单位消除隐患创造了便利（张晓军等，2015）。

（3）搭建服务平台防范施工损坏地下管线事故。多部门协同建设挖掘工程地下管线安全防护信息沟通系统，实现了工程项目情况、管线基本情况和配合联系人的信息公示。各工程建设单位开工前在平台发布工程建设信息，各管线单位在 5 个工作日内回复施工区域是否有本单位权属管线和资料查询联系方式；工程建设单位与管线单位联系，查询相关地下管线资料，进行现场确认，共同做好施工管线配合工作，保障工程顺利实施和地下管线运行安全。

（4）积极探索运用科技手段支撑管理水平的提升。近年来，北京市市政市容委组织实施了重点路段地下管线埋设周边环境综合检测。采用地质雷达等无损检测技术，重点对已投入运营的轨道交通线路周边地下管线周边土体密实程度、管线敷设规范、沿线施工降水井情况进行检测，加强监控预警，防患于未然，对发现的薄弱环节，通报相关政府部门和地下管线权属单位，从而较好地实现了及早发现、及时处置安全隐患，保障地下管线运行安全和交通安全的目的。

（二）上海市

上海市的地下管线建设始于晚清。经过 100 多年的建设积累，尤其是改革开放以来，上海进入社会经济的大发展时期后，地下管线容量、规模随着城市人口的增长和城市规模的扩大而与日俱增。当前，上海市设施种类复杂、数量众多、分布范围广，几乎涉及城市中心区全部道路，延伸至街坊弄堂。

上海市在加强地下管线规划管理及防止在各类建设工程中发生施工破坏管线而引发管线安全事故方面，形成了类别齐全、配套衔接的政策法规体系。例如，2011 年 5 月 26 日，上海市城乡建设和交通委员会发布《上海市挖掘城市道路管理规定》（沪建交〔2011〕513 号）：上海市城乡建设和交通委员会（简称市建设交通委）是本市掘路管理的行政主管部门。上海市道路管线监察办公室（简称市道监办）具体承办本市建设工程掘路施工面积总量控制、建设工程综合掘路计划事务和负责道路管线施工安全监察管理。上海市市政工程管理处（简称市市管处）负责本市掘路管理的具体工作，并负责职责范围内城市道路掘路的行政许可和行政处罚。区、县市政工程行政管理部门负责其职责范围内的掘路管理，在业务上接受市建设交通委的指导。区、县市政工程管理机构承办其职责范围内掘路管理的具体事务。

上海市相当重视地下管线基础信息的测绘工作。自 1987 年起，上海市就积极探索如何实现地下管线基础信息的有效管理问题，继《上海市城市建设档案管理暂行办法》《上海市测绘管理条例》等政策法规出台后，上海市不断制定发布了其他多项配套性的规章制度。2009 年，上海市政府出台了《关于进一步加强本市测绘工作的实施意见》，其第十三条（建立完善地下管线地理信息更新维护机制）明确要求：加强对地下管线地理信息的管理，由上海市测绘管理办公室牵头，协调市、区建设管理部门和相关公用管线管理单位建立地下管线地理信息数据库更新维护机制。通过开展地下管线普查和地下管线跟踪测量，建立准确和实时的上海地下管线地理信息数据库，保障地下管线正常运行和城市公共安全。但由于现行体制下普遍存在的管理条块分割、执法监督不力等问题，许多措施没有得到有效实施。管线信息依然存在"新账不断，老账逐年增加"的状况。地下管线的档案资料仍普遍存在不完整、不准确，管线跟测工作未能有效开展等现象，因缺乏科学有效的地下管线地理信息获得、保存及更新维护机制，给城市管理和社会生活带来了诸多安全隐患。

2012 年 4 月，上海市推出地下管线跟踪测量网上报检平台，通过设置合同登记、开工复验、施工通知、资料送检等流程，对地下管线跟测项目进行监控，直观反映了上海市区域地下管线报检动态情况，实现了报检信息公开、透明、对等，为及时开展管线跟测监督检查与管理提供了有力保障，并尽快建成地下管线跟踪测量报检和送检信息的网络对接，实现规划管理部门与测绘管理部门对地下管线管理信息的同步化；建成覆盖全市、标准统一、互连互通、共享有序的地下管线跟踪测量成果信息数据库，实现动态获取、更新与发布，为特大型城市规划和建设管理提供先行的经验和示范。

（三）天津市

天津市最早的城市地下管线建设始于天津租界内，至今已近 200 年。截至 2011 年，天津市的城市地下管线总长已超过 4.8 万千米，种类涉及供水、排水、燃气、热力、电力、电信、输油、输气、工业物料，以及人防、地铁等 11 大类地下管线。

天津市针对城市地下发展及管理中的突出问题，从技术应用、制度完善等多个方面采取了多项积极举措，以加强地下管线的安全运行管理。

1996~2002 年，天津市累计投入 300 亿元，对城市地下管网进行改造。2005 年又完成了自来水旧管网改造 200 千米，燃气旧管网改造 202 千米，供热管网 200 千米（常悦，2006）。推进全市地下管线信息的集中统一管理。2006 年年初，以集中统一管理全市地下管线信息为目标，开始筹建地下空间规划管理中心，并依托该中心着手全面查清全市地下管线的基础信息，包括管道的类别、位置、埋深等。同时，借助相关技术手段，开发天津市"地下综合管网数据信息系统"，将铺设模式各异、分属不同单位的"蜘蛛网"逐渐统一在一个数字平台上，从而逐步改变以往地下管线信息底数不清和管线施工混乱的状况（常悦，2006）。经过两年多的努力，天津市外环线以内 371 千米^2 范围内、埋深在 15 米以内的所有地下管线已完成信息普查，相关管线的基础信息也已纳入地下综合管网数据信息系统。

从 2010 年 10 月 1 日起，天津市环城四区地下管线信息也纳入了集中统一管理。2011 年 3 月，天津市地下空间规划管理信息中心承担完成了"天津市地下管线信息动态管理决策支持平台建设"项目，该项目被列为住建部科学技术计划的示范项目。截至 2011 年年初，天津市地下空间规划管理信息中心已经累计完成 2.3 万余千米各类管线基础信息数据的接收工作。

当前，天津市地下综合管网数据信息系统、天津市地下管线信息动态管理决策支持平台已经在天津市城市的建设发展中显示出重要的服务支撑作用。随着天津市地铁建设的全面展开，既保障地铁工期的顺利推进，又确保地铁施工区域内涉及的各类地下管线安全平稳运行，避免城市发展与地下管线保护之间的矛盾，是城市管理者必须有效应对、处理的关键性问题。为此，天津市地下空间规划管理信息中心积极借助地下综合管网数据信息系统、地下管线信息动态管理决策支持平台先期全面搜集、摸清停车场、地铁线路、地铁站点等区域内地下管线信息，并及时提供给地铁规划、建设方，大力支持了地铁项目。

（四）重庆市

重庆市人民政府早在 1998 年颁布的《重庆市城市建设档案管理办法》（市政府 38 号令）中，就明确要求重庆市城建档案馆加强对地下管线工程档案的统一接收、归档和管理工作。2002 年 7 月，重庆市建设委员会制定印发了《重庆市城市地下管线工程档案管理办法》（渝建发 [2002]98 号），明确市建设行政主管部门主管全市地下管线工程档案工作，市城建档案馆具体负责全市城市地下管线工程档案的收集、管理、利用和监督指导等日常工作；要求建设单位在办理施工许可手续时，与城建档案馆签订管线档案归档承诺书，工程竣工覆土前必须进行竣工实测，工程竣工后要向城建档案馆移交档案。

20 世纪 80 年代末至 90 年代初，重庆市对主城部分地区的地下管线进行了一次普查。1998 年又在部分地区开展了一次地下管线普查。这两次普查共完成给水、排水、电力、电信、燃气等综合地下管线长度约 1500 千米，基本上满足了当时普查区域城市规划和建设管理的部分需要。但由于当时地下管线管理体制及探测技术条件的局限，普查工作没有覆盖全市范围，普查成果也不能满足现代计算机信息系统管理的要求。

为了充分发挥城市基础设施的作用，保障城市功能正常运转，确保国家财产和人民生命安全，2005 年 2 月至 2006 年 12 月，重庆市又开展了一次地下管线普查，完成了主城九区面积 340 多千米^2 的地下管线普查工作，取得了各类管线点 43 万多个、管线长 10 240 千米的探测成果。普查工作结束后，重庆市地理信息中心对管线数据进行了清理、检查和入库，建立了全市地下管线信息管理系统。随着城市建设的快速发展，探明新开发城市区域地下管线情况，已是城乡统筹规划建设、城市应急救灾管理的迫切需求，2009 年 3 月，经市政府同意，市规划局启动了主城区地下管线普查二期工作，对 10 多处新开发区域，专门针对开展了补充普查，涉及面积 200 多千米^2，管线总长约 4000 千米。

重庆市高度重视地下管线档案信息化建设和管理工作，为了确保管线数据的及时更新，决定建立相应的数据更新机制，实现管线信息资源的动态管理。为此他们对地下管线规划报建、放线、验线、竣工测量、数据归档与更新等做了具体规定，要求各建设单位在进行规划报建时，必须提供实测的现状图；在领取施工许可证时要提交与有测绘资质单位签订的放线及竣工测量合同；在竣工验收时必须提交经过测绘质量监督检查站检查验收的管线竣工图。通过上述环节的控制，实现了对地下管线数据库的动态维护与更新，促进了城市规划管理工作的加强。

重庆市多年来十分重视地下管线档案的收集工作。重庆市贯彻落实《城市地下管线工程档案管理办法》有关情况的通报中就指出，目前已收集保存了 1989 年第一次地下管线普查形成的地下综合管网普查图 1303 张，管线总长度 8162 千米；接收了 1983 年至 2007 年 11 月建设的 146 个管线工程的档案，管线总长度 2919 千米。此外，还保存了 1946～1982 年形成的老市政公用工程档案包括给水、排水、电力、电信、气管线竣工档案共 391 卷。

五、城市地下管线管理的发展趋势

从国内外城市地下管线管理的经验看，可以用"六化"加以总结城市地下管线管理的发展趋势，具体包括"综合化"、"法制化"、"精细化"、"信息化"、"社会化"和"生态化"。

1. 管理综合化

由于城市地下管线的种类、权属企业、行政管理部门繁多，且各种类别的管线运行特点、各利益主体的诉求均各不相同，实施综合管理成为推进地下管线有效管理的基本价值选择。在推进地下管线管理综合化方面，法国、英国、德国的经验值得学习借鉴。

法国推进了统一立法基础上的机构整合。为化解各类地下管线管理相关法律法规条文分散及相互之间存在一定程度冲突的问题，法国于 2006 年前后就开始酝酿推进统一立法工作，以实现法律法规之间的协调统一。例如，继 2006 年、2010 年专门针对油气及化工类管道的监管审批问题进行统一立法后，2012 年 5 月又颁布了一个新法令，对油气及化工类管道的申报、审批及其他安全监管事项的统一立法问题又做了进一步明确和规范。同时，为配合立法统一的进程，法国还积极推进有关机构的整合力度，增强不同机构之间的协调关系，以实施更有效的政府监管活动。

德国、英国实施地下管线规划、建设、运行（维护管理）的综合化管理模式。德国通过颁布《城市建设法典》等涉及地下管道建设管理的有关法律法规，对地下管线系统的规划、建设、运维与安全监管等相关事务实施统一管理。英国在雨水管理政策方面，建立了以"可持续排放体系"（SUDS）为核心的"多层次全过程控制管理模式"，对地下管线的规划、建设及维护管理实施综合管理。

2. 管理法制化

在市场经济发达国家，运用并实施严格而完备的法律法规体系，以有效监管各种市场主体的相关行为，是一种普遍的政府管制手段。地下管线管理领域亦如此。尤其在自由主义传统盛行、极力反对政府干预的美国，地下管线管理法制化的特征更为突出。

从 1968 年颁布的第一部与管道安全有关立法《天然气管道安全法》到 2002 年的《管道安全改进法案》和 2006 年的《管道检验、保护、强制执行和安全法案》，再到 2011 年的《管道运输安全改进法》，美国建立了多层次、严密细致的油气管道法律法规体系，规范了联邦政府、州政府和管道运营商在管道安全管理中的权利与义务关系。

英国、法国、德国、日本在地下管线管理方面也有着较为完备的法制体系。例如，日本在地下管线管理方面的相关法律法规就有 10 多部，包括《建筑基准法》《下水道法》《共同沟特别措施法》和《大深度地下公共使用特别措施法》等。

3. 管理精细化

随着社会需求的多元化，管理的精细化是现代社会的一个重要趋势。在地下管线管理精细化方面，日本、法国的相关举措很好地体现了管理精细化理念。

作为负责下水道管理机构的东京下水道局（该局是东京都政府仅有的三家主要公营企业之一，全面负责东京都的水循环系统），为引导民众保护地下管线，专设介绍健康料理的教室和网页，向民众宣传少油健康的食谱，告诫民众不要将烹饪产生的油污直接倒入下水道，以免腐蚀排水管道。为有效防范井盖伤人毁物事件的发生，日本有关部门将井盖类案件细分为八类，并提出了具体的处置原则与处置办法。

法国为防范井盖偷盗行为，从加强敏感场所设施保护、潜在犯罪人群的监管、控制金属废品销售渠道等多个方面采取了相应措施。例如，通过身份验证加强金属废品回收行为，规范市场，任何出售、转售铸铁类废品的人，必须出示并登记身份证件。又如，加强民用井盖的编号备案管理，通过明示该物品属于市政财产，给偷盗者的销赃制造麻烦。

4. 管理信息化

地下管线的埋地属性带来了地下的隐蔽性及对路面一定程度上的依附性，给地下管线维护管理带来了诸多困难。因此，地下管线基础图档的管理，不仅对地下管线权属单位至关重要，对各类涉及挖掘的地面工程（尤其是道路作业）之安全施工也极为重要。随着地下管线规模的不断扩大，其图档资料也必然增加，因此地下管线管理的信息化，尤其是图档资料的信息化就显得尤为迫切。

在美国，20 世纪 90 年代就提出数字化管道的概念，通过管道信息管理系统，为管道管理部门和生产管理人员提供各类与管道相关的图形和属性信息。之后，管道安全办公室（Office of Pipeline Safe, OPS）建立了国家管道地图系统（National Pipeline Mapping System, NPMS），提供了管道和液化天然气设施的地理空间数据公共查询途径。不过，2001 年 9 月 11 日发生恐怖袭击之后，为防止管道数据外泄，该系统现只允许政府官员和管道运营商进行查询。另外，管道安全办公室于 2007 年建立了管道安全执行信息网，专门记录和分析全美范围内各类管道企业、社会单位有关管道安全方面的违规和罚款情况，并适时向公众发布安全防范信息。

在英国，为有效减少因盲目掘路、重复掘路、无序掘路而引发的地下管线事故，提高挖掘中工作效率，英国贸易产业部（Department of Trade and Industry，DTI）于 2006 年组织诺丁汉大学、利兹大学及 19 家公司联合开发一种名为"VISTA"的可视化集成系统。该项目历时四年，耗资 220 万英镑，由英国地形测量局负责项目的具体实施。通过绘制的三维立体综合管线视图，能为各类道路作业提供全方位的技术支撑。

5. 管理社会化

政府、企业、公民社会是当代社会体系的三大板块，通过公民社会的相关公共管理行为，能够有效弥补部分政府失灵、市场失灵现象，从而优化整个社会体系的运行状态。国外普遍借助各种社会化的管理手段来提升地下管线管理水平。

一方面，国外积极借助各类行业协会组织开展"行业自治性管理"。例如，美国机械工程师协会、美国石油学会、美国腐蚀工程师学会等通常能够颁布或推荐相关技术标准规范，其相关行业自律性标准还可能被美国政府提升为联邦、州的强制性标准。德国污水技术联合会（ATV-DVWK）除推行全国性的地下排水管道统计调查工作外，还发布《除构筑物外排水系统状态统计、分级、评价》（ATV-M149）等标准，实施排水管道的维护管理。

另一方面，国外相关国家均重视运用各种非营利的非政府组织，搭建各种利益相关者的沟通交流平台，以尽量实现公共利益与私人利益的相互统一。例如，美国的地下公共设施共同利益联盟（Common Ground Alliance, CGA）、英国的全国地下设施团体（National Underground Assets Group, NUAG）、德国的"公共工程部"等都是一个涵盖管道规划、建设及保护过程中的各利益相关方，并由各方开展互动的"管理社会化"平台。通过该平台，政府监管机构、地下管线专业公司、管线施工单位、公众（民意代表）、规划专家、执法人员等各方，围绕地下管线管理各环节中的各种利益诉求研讨、辩论，以便最终采取一致行动，这既能保证政府维护公共利益的目的，又能兼顾企业及公民权益在最大程度上获得保障，还能获得企业、公民对政府相关管理行为的认可程度，增强政府施政合法性。

6. 管理生态化

管理生态化是指各类地下管线，尤其是输送燃气、油料、化工物品等危险物品类管道因达到使用年限而必须"废弃"时，基于环保目的而采取的管理行为，以达到保护环境与生态的目的。

在地下管线管理生态化方面，国外往往通过立法或设立相应的政府监管机构来保障公共环境的安全与发展。例如，美国依据《公共设施监管政策法案》（*Public Utilities Regulatory Policy Act*）设立的联邦能源监管委员会就肩负天然气及液化天然气有关设施废弃的项目审批（核准）事宜；法国 2012 年颁布的《燃气、碳氢化工类公共事业管道的申报、审批及安全法令》也对暂时或永久停止使用管道的安全监管及环境保护行为做了明确的规定；英国有关石油天然气管道的环境保护法律法规也对管道的安全退役有明确的规范。

结合我国当前城市地下管线管理的现状，通过仔细比较与国外的相关经验，我国城市地下管线急需在如下几个方面加强工作。

1）抓紧明晰综合管理的内涵与定位

当前，我国社会各界及各有关政府部门对实施地下管线综合管理的必要性与重要性的认识已基本达成一致。例如，住建部城建司 2011 年、2012 年的工作要点及住建部部长姜伟新均强调要"加强城市地下管线综合管理工作"。然而，我国对地下管线综合管理的内涵与职能定位均不甚清晰，例如，北京市定位于"运行阶段"的综合管理模式，而住建部则倾向于针对规划、建设、运行多阶段的综合管理，这在一定程度上阻碍了我国城市地下管线综合管理工作的有力、有序推进。

因此，必须在现阶段已经明确综合管理价值取向的基础上，抓紧明晰城市地下管线综合管理的具体内涵、职能定位、管理目标，以便确定今后管理中可以采取的方式手段、实施步骤等。

2）强化推动国家层面的立法工作

有法可依是实施有效的城市地下管线管理的重要前提，然而，我国至今还没有一部专门用于规范地下管线管理过程中各有关主体权利义务关系的国家层面法律法规。因此，为了有力调整、有效理顺地下管线管理中涉及的各专业管线权属单位、行业性的行政主管部门、综合性的行政管理部门，以及地下管线其他主体（如物业管理单位）和社会公众等众多利益相关者之间的相互关系，必须借鉴参考国外在地下管线管理法制建设方面的成功经验，积极开展国家层面的城市地下管线管理的专门立法工作，构建与《城乡规划法》《建筑法》等法律法规相配套、相衔接的地下管线管理的法律规范。

3）充分发挥行业协会组织的"行业管理"作用

我国各城市地下管线管理领域目前的行业管理模式在很大程度上仍然只是从计划经济时代沿袭而来的"行业性行政主管部门"管理模式，各类"自治型"行业协会组织的积极作用基本上被相关政府组织有意无意地忽视，类似国外行业组织的开展数据统计调查、制定行业内管理规范、推动企业或行业标准上升为城市或国家的强制性标准等有效"补位"政府管理的功效就更是难觅了（刘晓倩，2015）。

近年来，作为全国范围内地下管线管理领域层次最高的行业性组织，中国城市规划协会地下管线专业委员会从管线信息化系统建设、推动地下管线普查探测技术标准出台方面发挥了很大的作用（江贻芳，2012），但总体上，与国外相关行业协会组织在地下管线管理中的作用相比，还有进一步发挥的空间。此外，我国地下管线领域的行业协会组织数量也还有增长的空间。

4）着力改善公民参与管理的状况

相比于国外，我国城市地下管线管理工作的公民参与程度相当低。这种现状既与我国总体上缺乏公民参与的政治文化传统与社会氛围有关，也与某些政府部门基于地下管线信息保密的考虑而拒绝公民参与地下管线管理有关。观念意识的制约，带来了制度上对公民参与地下管线管理的设计不足。为此，必须从参与主体、参与客体、参与渠道等多个角度，着力改善地下管线管理中的公民参与状况。从参与主体角度看，必须着力运用各种宣传手段提升公民参与意识与参与能力，增强公民参与管线管理的主动性和自觉性；从参与客体看，必须着力提供各种机会，大力提升政府施政的透明度，及时公布或反馈各类应当公开或允许公开的政务信息，从而扩大地下管线管线中的公民参与空间；从参与渠道角度看，除传统媒体、各类热线电话等途径外，可参考国外相关经验，开展关键公众接触、召开听证会、举行公民大会、设立咨询委员会、实施公民调查等，拓宽公民参与的渠道。

5）加大力度提升信息化管理水平

改革开放以来，我国地下管线的信息化管理工作有了长足的进步，有些城市通过全市范围内的地下管线普查数据而建成的地下管线综合信息系统对地下管线管理工作的有效实施发挥了极大作用。然而，信息系统中数据不全、不准、滞后，以及与各类地面建筑物、构筑物（包括房屋、道路）等信息综合不够、联系不紧密等情况，制约了信息化手段对管理支撑作用的发挥，造成信息系统的巨额投资与管理收益之间的严重失衡。

因此，基于信息化是未来城市地下管线有效管理的趋势，当前必须通过提高地下管线基础档案的进馆率、综合管线信息与路面设施之间联系的紧密程度、健全数据更新机制等措施，不断提高地下管线的信息化管理水平。

6）积极探索全生命周期的精细化管理模式

从英国、美国、法国等国的管理生态化中，可以发现我国在地下管线到达使用年限而必须废弃时政府相关工作不够到位；从法国、日本的管理精细化中，可以引发我们对我国当前地下管线领域内各种粗放型管理方式的反思。

因此，有必要构建一个基于地下管线全生命周期的精细化管理模式。地下管线其实也像人的生命一样，有一个随时间推移而孕育、诞生、成长、衰老、消亡的过程，这个过程可称为"地下管线的生命周期"。因此，一个完整的地下管线管理过程是针对地下管线全生命周期的管理，具体包括投资、规划、建设、运行、退出等管理阶段。在我国当前，前四个阶段均有相关的行政管理主体及相关的制度安排，但对退出环节的管理，不论是管理主体还是制度安排，都还基本是"空白"状态。同时，针对每个阶段都存在不同程度上的粗放式管理特征，积极吸收国外在精细化管理方面的成功经验，逐步推进地下管线各个阶段的精细化管理。

第四章　城市地下管线运行风险识别

第一节　地下管线事故与原因分析

地下管线事故分类方法有多种，包括从事故的表现形式出发的分类、从事故的原因出发的分类，以及根据事故影响范围和事故严重程度的分类等。具体分类情况如下。

（1）根据事故的表现形式不同，可以将地下管线事故分为火灾、爆炸、坍塌、水害、中毒或窒息、断气、断水、断电、断通信、管线破损、水体污染等。这种分类方法主要适用于单管线事故，而综合管线事故（或称多管线事故）往往会同时发生以上事故中的多种事故，有时还可能伴随着地下管线领域的其他事故的发生。

（2）根据事故原因可以将事故分成系统自身原因、自然环境影响、外力破坏三大类。引起地下管线事故的原因有很多种，但基本可以概括为此三类，这种分类方法主要用于综合管线管理领域。

（3）按照地下管线事故影响范围和事故严重程度，可以将地下管线事故分成特别重大（Ⅰ级）、重大（Ⅱ级）、较大（Ⅲ级）和一般（Ⅳ级）四个级别。

根据对不同功能的地下管线事故情况的统计和原因调查，下面分别分析各类管线的事故特点和产生的主要原因。

一、供水管线

供水管线可能发生的事故有爆管和漏水。供水管线分布于整个城市，系统庞大且隐蔽性强、外部干扰因素多，且管线自身材料质量和安全质量差异较大，使得供水管线常因为各种原因发生破裂从而导致供水事故。这些事故损坏给水设备，中断供水，直接威胁到社会生产和人民生活，甚至造成巨大的损失，产生不良社会影响。爆管事故还可能首先导致管线局部水质降低，如不迅速加以有效控制，不符合水质标准的水经过管线传输作用，水质污染范围迅速扩大，最终可能导致大范围的水致疾病爆发。据资料显示，在过去的十几年中，美国24%的水致疾病爆发与水处理过程无关，而与水管线系统的水质污染有关。例如，在密苏里州的卡布尔区，从1989年12月到1990年1月20日间，居民和旅游者中发生了240例痢疾，6例死亡，其原因就是管线爆裂和水表更换引起的管线水质污染。

通过对大量供水管线事故统计分析得出，事故的原因主要有地面基础问题、施工破坏、老化腐蚀、车辆破坏、材质损伤、人为蓄意破坏（偷盗管线附件）及其他因素。事故表现为管线跑水造成区域停水、交通阻断、路面塌陷等。

管爆管漏现象是城市供水安全的一大隐患，不断发生的爆管特别是特大型爆管对城市安全供水威胁较大，经济损失严重。城市供水管线的覆盖面广，造成供水管线爆裂的因素很多，主要包括管线材质、管线施工质量、管线基础、管线接口方式、管线腐蚀与结垢、气囊和水锤现象、地质条件、地表荷载、管线老龄化、温度与季节变化，以及其他等因素。

（一）爆管

1. 管线材质问题

过去通常用铸铁管作为管材，使用最多的是灰口铸铁管。各种管材中，以铸铁管爆管频率最高。而预应力钢筋混凝土管、钢管的爆管现象较少。在铸铁管中，连续浇铸铸铁管爆管现象最多，球墨铸铁管发生爆管现象较少（朱洁，2015）。目前美国、德国、日本等发达国家的球墨铸铁管使用率达90%以上，而我国的使用率还比较低。

2. 管线施工质量

通过对实时事故现场调查发现，施工质量是导致管线爆、折事故的另一主要因素。当存在地层土质差异发生不均匀沉降，或受到不均匀扰动而引起径向位移时，也会发生爆管。例如，管线周围施工路径上出现土质差异，施工过程采用局部刚性基础处理，回填土未经夯实或回填不均匀，管线沉降不均等。钢管维修通常采用焊接方式，需要破坏部分原防腐层以形成电流回路，但完工时破坏点和焊接口却未采取任何修复措施，极易形成点蚀或焊口因腐蚀而开裂。道路承载发生变化，也会造成爆管，如开挖施工中直接导致管线破损，路面剥离造成管线埋深不足，大型机械在管线上方通过，工程施工造成地面沉降，道路下管线净距不足，在附近敷设其他管线或建造构筑物，施工，降水等。

3. 管线压力变化

自来水压力的升高对自来水管线安全也有很大影响。目前自来水管线的漏水主要体现在管线接口处漏水、管线破损点漏水及管线爆裂跑水等，其中尤以管线爆裂跑水危害最大，不仅严重影响自来水系统的正常运行，而且对周围设施的破坏性很大。根据地形的差异、用户的差异，各地区的自来水管线压力差别很大，较高的地区甚至达到 0.8~0.9 兆帕，较低的地区有 0.2 兆帕，同样的管线在不同压力下漏水或损坏的程度也不同，压力越高就越容易出现漏水，并且漏水量也大。

4. 管线基础下沉

根据以往事故的教训，有众多因素引起管线基础下沉进而致使管线发生爆、折事故。①管线敷设或维修时基础处理不当、加固不当或扰动原状土，都将导致管线基础强度不一致，从而产生不均匀沉降；②季节变化引起地表土壤的收缩、膨胀和翻浆致使地基的强度弱化；③供水管线或其他相近市政管线的冒、跑、滴、漏使管线地基浸水变软，强度剧降；④地表荷载的挤压和震动使管线底部原状土无法承受而下沉。

5. 管线接口方式

铸铁管常采用承插式接口方式，有刚性接口和柔性接口两种。普通灰口铸铁管多为石棉水泥砂浆抹灰刚性接口，墨铸铁管多为橡胶圈柔性接口。刚性接口的缺点是接口坚硬，不具备抗弯、抗拉、抗剪切能力，在外力作用下对管线扭转、振动、移位的抵抗能力差。接口容易受拉而产生渗漏，引起管线不均匀沉降，致使爆管发生。

6. 管线腐蚀与结垢

城市供水管线的外腐蚀主要是土壤腐蚀。钢管腐蚀主要是电化学腐蚀，与地下水水质、土壤成分有密切关系。一旦防腐层过薄或受到破坏，就会在管线局部形成电化学腐蚀点，导致钢管线的强烈腐蚀，特别是未进行防腐处理的焊缝往往是电化学腐蚀集中的地方。管材防腐层失效主要包括防腐层受外力破损、防腐层黏接力降低、防腐层老化剥离、防腐层内部积水、燃气中水分和硫含量较高。

管线水质和水温的变化可能使管线中滋生细菌和藻类，形成生物性结垢，减少管线有效管径。微生物的存在也会加快管线内防腐层的脱落。管线结垢，可造成过水断面减小，通水能力降低，管线阻力增大，管线超负荷运行，易引起爆管。管龄过长的管线，腐蚀和结垢交互作用，会造成管壁疲劳，更加剧爆管的危险。

7. 气囊与水锤作用

对于距离长、管径大、起伏多的输水管，如排气阀和泄水阀设置不足或性能不合格，以及阀门安装不当或失灵，会使管线局部积存空气，形成气囊。气囊的运动造成管内压力振荡，对管壁形成连续冲击，会造成管线损坏。在城市供水管线系统中，水锤现象会频繁出现。对于一些管线长、水压大、流速快的供水管线，在启停泵、快速关闭阀门、突然停电时，极易产生水锤，导致爆管，尤其那些已经受到其他因素影响，造成一定损坏或抗压性能降低的管线，在水锤突发时就极有可能发生爆管。

8. 地质条件

冬季寒冷，地表土层通常形成季节性冻土，较深土层中所含水分向地表土层迁移并形成冰晶体使得土层膨胀，引起埋设在土层冻结深度附近的管线发生侧向位移而导致爆管事故。次年温度上升后，地表土层解冻融化，冰晶体随之融化使地表土层中含水量大大增加，土层处于饱和状态，土质软化，强度明显降低。此时在地表荷载的作用下，容易导致路面开裂甚至翻浆，路面的破坏是每年5月份事故率剧增的根本原因。

9. 地表荷载

埋地的供水管线不可避免地承受一定的地表荷载。在地表荷载的作用下，管线震动和位移使相近管线产生碰撞或砟压而导致管线破裂的事故时有发生。在动荷载作用下土壤产生巨大的扰动，使土壤结构发生变化，管线也随之震动。由于灰口铸铁管材的脆性，震动产生的拉压力往往导致管线发生几何变形和渗漏，引起周边土质变软，进而引起地面塌陷和接口渗漏。

10. 管线老龄化

对于管龄较长的老管线，口径越小，爆管越频繁。无论管材如何均存在此现象，这主要是由结垢严重所引起的，口径越小，结垢对通水能力降低影响越大，造成超压爆管。相同管材的管线，管龄越长，爆管概率越大，这与结垢、腐蚀严重有很大关系。

11. 温度与季节变化

不同季节温差较大，金属管线对温度变化非常敏感。地下管线同时受土壤环境温度和管线水温度变化的影响，会产生膨胀或收缩。刚性接口管线中，因温度变化而产生温度应力，造成管路爆裂。在低温严寒期爆管会更多地发生。在温差大的东北、西北地区，管线因未及时保温而经常出现爆裂事故。爆管还与气温骤降、回暖密切相关，霜冻、雨雪过后气温回升时，爆管现象也会大量发生。

12. 其他

除这些影响因素外，还有管线基础、用户用水不均、第三方破坏等很多条件都会造成管线的爆裂和破损。许多管线事故是由供水管线的维护不当而造成的。日常巡检和听漏不及时，造成渗漏、暗漏发现延迟，致使小型事故演变为大型爆管、折管漏水事故。当市政建设施工危及供水管线时，现场无管线维护人员的监督和协作，以致出现管线被随意砑压、碾压、侧向位移和不均匀沉降等问题。管线的附属设施，如阀门和水表等，没有定期检测和养护，造成严重锈蚀、闸阀无法正常启闭，都是管线爆、折事故的隐患所在。

（二）漏水

造成管线漏水的因素很多，即使是某一处漏水，也可能是多方面因素共同作用的结果。漏水在形式上与爆管不同，爆管发生突然，造成的损害也明显，容易被发现；而漏水就不同，从漏点到地面有一个过程，如果地面结实，旁边又有一个下水道、电缆沟等设施，漏点就不容易被发现，形成暗漏，这样会造成水资源的流失。但在发生的原因上，漏水与爆管却大同小异。

1. 管龄过大

20世纪80年代建造的城市供水管线能够承受的水压普遍偏低于0.2，而20世纪80年代后期，尤其到了20世纪90年代的后期，随着某些地区工业的发展、人口增长、供水需求量越来越大，许多供水单位在原来的管线条件下，将出厂水压提高到0.48~0.6，致使这些旧管线的漏水现象日趋严重。

2. 管材质量问题

根据经验，在相同条件下，各种管线易裂可能性由大到小排列为镀锌管＞铸铁管＞石棉水泥管＞延性铁管＞钢筋混凝土管＞钢管。我国常用的灰口铸铁管，其管身较脆，铸铁时管壁厚薄不均，承口大小不一，刚性接口方式，埋于地下的水管，在力学上形成一根较长的承重梁，受气候的变化、负荷加大的影响，小口径水管常会发生折断，大口径水管常会发生环向爆管的承口破裂，特别是冬季来临时，拉断水管的现象尤为明显；而钢管收缩性能差，冬季气温降低引起水管收缩，容易使某一处水管焊缝拉开，导致漏水；混凝土管若施工质量较差，容易形成裂纹而导致漏水（侯本伟，2014）。

3. 施工质量问题

（1）设计质量不佳，管线敷设缺乏统筹规划设计，与城市道路改扩建未接轨，导致一些原位于人行道内的管线，随着城市道路的扩建，已位于车行道下方，而管线设计的埋深较浅，浮土压力和地面车辆负荷作用于管线上，管线长年受外力挤压的影响，地壳变化极易发生漏水。

（2）施工质量不良，基础不好，不采取规范的修平，水管平卧在沟槽里，使承口作力的管线两边密实度不均匀，都将导致承口变形或管身断裂，有时甚至连柔性接口都能变形漏水。施工时遇到障碍物就绕行，管线呈蛇形状，超越了承口的承受弧度，导致橡胶圈变形，同时也给日后施工造成难度和错觉。有些水管施工时未达到设计施工深度，埋设过浅，造成水管在外力反复作用下变形漏水。

（3）没有按加强防腐层要求操作，镀锌管的镀锌层破坏处没有做特别处理。当管线内壁遇到软水或 pH 偏低的水，就可能造成腐蚀，使管壁减薄、强度降低而形成管裂漏水隐患。

（4）安装时未履行水管的性能。如水泥管大头只能接受"O"形橡胶圈软接口的力度，在水泥管与钢制件接口时，若用水泥管做大头，采用水泥石棉刚性接口的方式，年久它就会产生一个膨胀系数，违反了它的性能，强行把它变成硬接口，水管承受不了自然就会破裂。

（5）废弃管线拆除不彻底，城市拆迁、道路变迁、用户变更、水管改造使许多支管上无用户，这些水管急待报废，报废时需从干线接口处拆除，否则将留下漏水隐患，也为盗水制造了条件。

（6）法兰同管子不垂直，两法兰片不平行，垫圈太薄或位置不正，拧紧螺丝时未按对角线法则操作或少上螺栓等，使法兰受力不均而引起水量外渗或漏流。

（7）阀门质量低劣，型号不一，闸阀窨井的着力点砌在管线上，一些闸阀窨井为了操作需要埋设在入口处，有用砖砌筑的也有用混凝土浇筑的，由于受车辆冲击窨井下沉，井盖受力的传入，地下管线漏水。

4. 温度变化影响

管线虽然是在一定的温度下敷设的，但是在温度不断变化的条件下工作的。夏季敷设的管线甚至是在超过环境温度的情况下被连接在一起的，管线的温度变形伸长达到最大值。在这种情况下工作的管线，常年受到收缩受拉应力的影响。一根 5 米长的铸铁管在敷设时温度为 26℃，冬季最低温度为 1℃ 时，经计算可知变形为 1.5 毫米，变形应力为 3.6 千克 / 毫米^2，对于温度变化大的地方，温度是造成供水管线频繁发生破损乃至爆管漏水的主要原因之一。

5. 其他因素

（1）其他工程的影响：当水管附近挖渠、打桩、降低地下水位，或在管位上堆放重物时，均可能会引起地下管线的损坏。

（2）水压作用：水压过高，水管壁受力相应增加，造成漏水与爆管的概率也就加大。

（3）水锤破坏：机泵突然停车或阀门关闭过快，使水流速度突然变化，可能引起水锤现象。因水锤产生很高的压力，当管线过长、开关闸门越快，水锤引起的压力增加值就越大，使供水管爆裂。

二、排水管线

地下排水管线的用途是在重力的作用下把污水（生活污水、生产污水）或雨水等输送到污水处理厂或江河湖海中去。过去由于我国的环保意识不强，对城市排水管线建设投资不够重视，加上考虑到原材料较易获得、价格较低、制作简单方便等原因，城市排水管材绝大多数是用价格低廉的传统材料制作的，主要是混凝土管、铸铁管、陶土管及用砖石砌成的暗渠。由于混凝土管材的使用寿命短，化学性质不稳定，连接不严，易泄漏，不但对资源造成浪费，而且对地下水造成了二次污染；铸铁管线也有施工不便、材料和施工费用昂贵等诸多缺点。现在运行的城市排水管线中，长期承受管材内外压力、土壤中微生物、地下水中有害物质（如氢化物、硫化物等）的侵蚀，以及由地面传来的各种荷载等的综合作用，大部分排水管已年久失修，造成管线腐蚀、接头渗漏极为严重，管线破损、坍塌、堵塞时有发生，维护成本大大增加。排水管线的渗漏对城市环境和城市地下水的污染极为严重，已成为城市地下水质最大的污染源之一，被称为"城市杀手"，因此对城市老旧排水管线的更新改造任务十分艰巨。排水管线泄漏是一个十分普遍而又难以彻底解决的问题。由于过去国家不够重视，排水管线所采用的管 95% 以上是用传统材料制作（如混凝土管等）的，管线质量和施工质量比供水管差很多，管线破损和接头渗漏情况更为严重。

排水管线泄漏破坏了城市基础设施、建筑物地基，造成了地基塌陷、滑坡等地质灾害和环境地质污染，并且凡是排水管线事故，均会导致排水管线的泄漏。排水管线泄漏的基本原因有：地下排水管线腐蚀、设计施工缺陷、管材质量差、管线淤积、第三方破坏、不可抗力因素等。其表现形式大多为管线破损引起的泄漏和管线堵塞。

（一）地下排水管线腐蚀

根据各大城市地下供排水管线腐蚀调查，我国大部分城市地下管线已近寿命期，供排水管线腐性环境恶劣，防腐层老化，腐蚀泄漏日趋严重，达 30%，年损失在 400 亿元以上，已成为困扰我国城市建设和社会安定的重要问题。

影响腐蚀防护系统有效性的因素很多，主要包括：沿线腐蚀环境、设计、腐蚀防护产品质量、施工安装质量、运行维护措施、有效性检测评价和根据检测评价结论采取预防措施等。埋地管线受所处环境的土壤类型、土壤电阻率、土壤含水率、微生物、氧化还原电位等因素的影响，会造成管线电化学腐蚀、化学腐蚀、微生物腐蚀、应力腐蚀和干扰腐蚀等。其中腐蚀的类型包括如下几类。

1. 土壤是多种介质的综合体

城市环境中的地质状况与野外环境完全不同。在城市地区因大面积施工改变了土壤的成分和结构，又加上工业区域、商业区域、生活区域排放和泄漏污水更使土质劣化，使金属管线的不同部位和薄弱环节处于不同污染环境中，因此造成了腐蚀电池作用，加速了腐蚀侵害，特别是局部腐蚀的因素增加，情况特别严重。

2. 异种金属接触

地下金属管线庞杂、由多种金属组成，除碳钢、铸铁管材外，还有铜、锌、铝、铅等构体。它们在土壤中都具有不同的自然极化电位，它们之间通过土壤介质的作用形成由管线的密集交叉布局产生的异种金属腐蚀原电池，从而加速腐蚀破坏酿成泄漏事故。

3. 杂散电流的腐蚀

在城市，工业区内满布大小不一的交直流用电单位和设备；在民用住宅区、商业区一般电器的接地都以自来水管线和燃气管线为接地极线。工矿企业的接地在土壤地表发散电流，造成临近管线的杂散电流腐蚀，这种杂散电流流入管线的部位形成阴极区，流出管线的部位形成阳极区，从而遭受腐蚀特别严重。

4. 细菌密集腐蚀

现代社会，环境污染问题日趋严重，城市中各种污染源形成产生的细菌密集生成区中，某些细菌的生命活动能严重破坏金属管线的表面保护膜而加速腐蚀性，因此管线腐蚀的部位经常在细菌密集的管底和管线侧面发生。长期作用，形成腐蚀泄漏破坏事故。

5. 环境造成浓度差腐蚀

城市水泥地面、柏油地面阻碍空气进入土壤中，该地区的土壤含氧量少，与自然状态的绿化带土壤形成浓度差腐蚀电池，加速管线的腐蚀破坏。

（二）市政各部门协调监督不到位

凡是比较大的泄漏事故，大部分是缺乏协调监督的人为原因造成的。道路施工各自为政，地下管线互相干扰，是排水管线漏水的另一原因。没有牵头部门，施工时往往缺乏相互协调，在施工过程中或完工后遇有外力或重压，极易发生事故。

目前，排水管线的实施一般是随着道路工程的建设一同进行的，科学实施管理也很重要。经常遇到这样的工程实例：排水管线由一个单位施工，而道路工程由另一个单位做，从管理上隶属两个机构，管理不方便经常发生纠纷，不是因为排水管沟井壁周围开挖或回填不好影响路面，就是因为碾压路面压坏了管线，这不仅造成人力、物力的浪费，影响工程进度，而且工程质量也难以保障，所以在工程发包时最好管段与路段对应实施，同一段的路基、路面、管线施工由一个单位承包实施（高琦，2014）。

（三）施工缺陷

1. 施工不慎导致管线损坏

在场地开挖、平整，道路修筑、碾压等过程中，施工单位对地下管线详细位置不了解导致碰伤、压坏、挖断管线。

2. 管线施工质量不良

（1）管线基础不好。管沟沟底不平或不结实，导致不均匀沉陷，以致损坏接头。

（2）接口质量差。管接口填料及施工质量差，管线在外力作用下产生破损或接口开裂。主要原因是石棉水泥接口的石棉含量太高或捻打不实，或者承插管转接角太大；也可能是采用橡皮垫圈接口的球墨铸铁管在放垫圈时没有将接口清扫干净，导致垫圈偏心和扭曲等。

（3）法兰连接不规范，如使用老化了的橡胶圈，没有按法兰盘孔数布满螺栓，或者在上螺栓时没有按对角的方式紧固，导致受力不均等。

（4）管线防腐不好。没有按加强防腐层的要求操作，或者镀锌管的镀锌层破坏处没有做特别处理。

（5）管线埋深不够。在交通频繁区域，经常有重型车辆经过，若管线埋深小于1米，而又没有套管或钢筋混凝土保护，则管线被压坏的概率很大。

（6）检查井施工质量差，井壁和与其连接管的结合处渗漏。

（7）管下地基未进行过地基处理。若直接在污水管上修筑路基，会因污水管地基承载力不足而导致路基不均匀下沉，致使污水管变形，严重的会导致污水管断裂损毁。为避免上述情况的发生，必须对大直径的污水管地基进行加固处理，特别是深厚层软土地基更应加固处理。

（8）防冻胀措施不可靠。有些地方地处冻土带。水分在冬季冰冻过程中，体积增大（冻胀），产生冻胀力，迫使土粒发生相对位移，这种现象称土的冻胀；季节性冻土层到了春夏，冰层融化，地基沉陷，这叫融陷。过大的冻融变形，势必造成管线的损坏。因此，在季节性冻土地区，除了应满足一般地基要求外，还要考虑冻胀和融陷对建筑物的影响。

（四）管材质量

管材质量差，存在裂缝或局部混凝土松散，抗渗能力差，产生漏水。管材质量包括：管材选料不当或存在缺陷，阀门、法兰、弯头等存在缺陷，安全附件缺陷等，当管材存在质量问题的时候，若在施工检查及现场管理过程中未被发现或者是视而不见，这将给排水管线留下很大的安全隐患。

（五）第三方破坏

第三方破坏与最小埋深、人在管线附近的活动状况、管线地上设备状况、管线附近有无埋地设施、管线附近居民素质、管线沿线标志是否清楚、沿线巡视频率等有关。第三方破坏在整条管线的风险评价上占有重要位置。根据美国运输管理部统计，美国诸多管线事故中，第三方破坏占40%左右。

（六）设计方面因素

设计方面因素与管材的选材、安全系数、疲劳因素、水击可能性、水压试验状况、土壤移动状况（滑坡、上凸、下陷、土壤结冰、土壤膨胀）及城市的发展情况等有关，若设计不合理会给排水管线日后的运行带来巨大的隐患。其中主要包括如下几个方面。

1. 坡度分配不合理

由于国内没有很好的水力计算软件，目前大范围的排水管线规划设计大都采用经验估算方式进行设计，难以做到整个系统的优化，造成上下游管渠坡度分配不合理，水流流态不好，管渠淤积严重，泵站建设过多。

2. 钢筋混凝土管接口选择不当

用于排水的混凝土管的管口形式常用的有平口管、企口管和承插口管。管口形状不同，接口的方法也不同。管线接口一般分为柔性接口、刚性接口、半柔性接口三种。对于接口要求强度较高、严密性闭水性较好的污水管线宜采用柔性或半柔性接口。若钢筋混凝土管接口选择不当，必会造成接口的腐蚀破坏，强度不足，进而造成排水管线的泄漏。

3. 环刚度选择不当

环刚度是埋地排水管抗外压负载能力的综合参数，为保证塑料埋地排水管在外压负载下安全工作，环刚度的选择是设计中的关键之一。环刚度的选择不仅取决于外压负载的情况，还取决于铺设后管线周围土壤（回填材料）的情况。根据世界各国的经验，塑料埋地排水管在外压负载下是否能够安全使用的因素中，铺设情况是最主要的。若环刚度选择不当或排水管外的荷载发生了变化，将会造成管线的破裂、坍塌。

4. 管径管材的选择和坡度的设计不当

受管线基础和安装工艺的影响，以往污水管线采用的钢筋混凝土管在建成后往往不能保证其系统的密封性，闭水试验失败现象时有发生，同时会造成易腐蚀、管线泄漏等事故。

管径的选择应在城市总体规划的基础上，结合城市远景规划，适当放大管径，尽量减少300毫米及以下管径的管段，在满足充满度和设计流速的前提下方便清淤，并满足城市的长远规划，否则，会造成排水管线的溢流、淤塞现象。

原则上，排水管线应根据地形选择排水坡度。有些城市地形高差较大，局部地段地面坡度达到5%～10%，若在设计中处理不当将会造成管线流速过大而对下游管线产生的冲刷破坏。

（七）操作因素

操作因素分施工误操作、运行误操作和维修误操作等，这些都可以造成排水管线的泄漏。

（八）排水过流能力不足

1. 管线连接及管径不尽合理

随着城市的发展，部分区域功能的改变造成了排水量的变化，使一些路段排水过流能力不足，如原规划为两三层的低层建筑区，后改建为多层甚至高层建筑，使小区实际规模翻了几番，致使道路下排水管线难以承受增加的排水量。而部分现状管线管径不合理。雨水管径普遍偏小，过水能力不足，导致汛期常出现溢水、积水现象；污水支管管径偏大，干管管径偏小，难以充分发挥管线系统的工程效益。

2. 淤积

管线建设多年未进行过全面的清通工作，管线内淤积严重影响排水。故应委托相关部门对市内的排水管线进行一次全面清通，以解决现时雨季的排涝积水问题。

部分管线覆土厚度偏小，导致两侧街坊支管难以顺畅接入；另外，现状管渠普遍淤积严重，致使管渠设计过水能力得不到充分利用。

（九）水文地质、自然灾害因素

（1）管线错位、沉陷、脱节和断裂。现在所使用的塑料管的接口为柔性接口，易产生波动；对于市区内居民小区土质偏差、地下水位偏高的情况，会使塑料管采用的砂基不断受到破坏，导致管材受力不均匀，再加上地下塑料管（如硬聚氯乙烯管即 UPVC 管）长期受到静力荷载和动力荷载的作用，因此管线及管材本身产生变形、沉陷，甚至脱节、断裂。处理的方法有几下种：管线变形、沉陷则会破坏坡度，因此一经发现必须积极采取措施，对错位管线的地基可采用矽条形管基法加固。管线脱节、断裂轻则会导致污水大量渗漏，污染环境；严重时则会隔断污水的排放路径，使上游污水外滋。

（2）北方大部分城市的地下水位普遍较低，大量的污水通过渗漏的方式，直接影响了地下水资源，给环境带来了极大的隐患。同时受雨季或污水排放的影响，使管线外部附近的土壤极易流失，给道路的安全带来了威胁。

（3）北方地区的地表水资源紧缺，城市饮用水近 2/3 都是采自地下水，过度和长期开采地下水直接导致城市局部地面沉降和地下管线的受力情况产生变化，由于地下排水管线在建设施工过程中大都属于直接搭接，并不采取任何加固防范措施，一旦某处局部管线失去足够的支撑平衡就会直接导致排水渗漏甚至是地面坍塌事故。

（4）发生地质灾害如，地震、地面沉降、坍塌、土壤腐蚀性、水土流失、风沙、泥石流等时，均可能造成地下管线严重破坏，大大影响城市人民生活，而且还常常引起和扩大次生灾害，造成很大损失。

（5）洪水一般都由暴雨引发，在丘陵或山地，短时间的大强度降雨，有时能引起山洪暴发，形成洪水径流。在局部地区，如冲沟、洼地或河流，洪水很强的冲蚀能力，可形成侵蚀沟或造成崩塌而使管线暴露，对管线的安全运行构成威胁。

（十）管线淤积、堵塞

（1）坡度偏小、流速偏低及交叉井等因素。由于多数市政干管属于改造工程，所以当新建的污水管与原来已建的地下管线发生冲突时，并且相差不大时，常会采用降低坡度的方法使新建污水管通过原建管线，导致坡度偏小，产生了流速偏低的现象（姜驭东，2015）。当降低坡度还无法通过时，常采用增设交叉井法。以上方法虽保证了管线施工的正常进行，却破坏了管中污水重水流的水力条件，使流速小于设计流速（即 $V<0.6$ 米/秒），从而使污水中的杂质下沉，产生淤积，堵塞。

（2）施工中清理不净，接口处有砂浆挤入下水道，造成下水道的沉淀和淤积，久而久之，就会发生堵塞。

（3）建筑垃圾和生活垃圾等进入下水道，卡死管线而造成堵塞。

（4）有大量含有脂肪的污水排入管线，使排水断面减少而堵塞。

（5）绿化中，一些植物的须根伸入管线及菌类植物在管线中的生长，久之形成堵塞。

（6）管线的内管壁产生结垢。含铁或石灰质的水长时间沉积于管线表面，形成硬质或软质结垢。

（十一）设计标准偏低

污染物成分的变化，导致许多管线已经被严重腐蚀并出现了渗水。另外，雨水管线设计标准偏低，总体排水能力未进行科学评估，设施老化和维护经费不足，导致排水管线渗漏严重，总量难以估计，遇有中雨或大雨多处积水，影响地面交通和环境。例如，2004 年 7 月 10 日，北京莲花桥地区短时暴雨造成桥下严重积水阻断三环主路交通就是最典型的事例。

（十二）管理手段落后

许多地方由于资金不足，缺少对地下管线的日常养护，维修滞后；缺乏科学有效的监测和管理手段，无法预知事故的发生，从而头疼医头，脚疼医脚，势必给日后带来无法预测的安全隐患。

同时，现在一直是沿用传统的技术档案和图纸，依靠经验对地下排水管线进行改建、扩建和清通。发现地表积水、塌方后就实施工程抢修，发现经常出现地下管线事故的地段就进行管线更换。对地下管线的排水过程大多是凭借图纸和经验进行估计，对地下各种管线的确切位置大多也是凭借图纸和经验进行估计，建设者和管理者谁也说不清管线的确切位置和实际排水过程；各污水处理厂是上游来多少水就处理多少水，缺乏整个管线监控和中央调配措施，造成部分污水处理厂达不到满负荷运行，设备闲置，同时又有大量未经处理的污水直接排入表面水体。更为严重的是，缺乏现代高科技管理手段对地下管线出现初期渗漏进行探测或利用科学布点监控地下管线水流变化，将事故处理在萌芽状态。

（十三）承载压力增加

随着时代的发展，交通流量的增加及地面、地层等各种物体的影响，比如埋有管线路面上行驶的车辆由初期的马车、人力车、自行车到现在的轿车、公共汽车、载重汽车等对地面超载压力的大幅增加，导致埋深和缺失日常维护的排水管线承受压力超出原有设计能力，致使地下管线破裂、渗透，甚至出现地面塌方。

三、燃气管线

燃气管线由于其介质燃气的易燃易爆特性，发生事故造成的危害更大。根据某市对地下燃气管线事故的统计来看，管线泄漏事故约占 82%，燃气管线的泄漏事故主要是由施工破坏和腐蚀穿孔引起的。施工破坏主要是施工方层层转包造成的盲目施工，而腐蚀穿孔主要是管线自管理用户的水平有限致使管线老化，年久失修，所以要从施工破坏和腐蚀穿孔的角度来防止管线的泄漏。上述两类原因要占到整个泄漏事故的 85%（尤秋菊等，2011）。

从大量事故分析报告的统计结果可知，管线泄漏的主要原因有管线内、外腐蚀，施工违章，焊接缺陷，材料缺陷和第三方破坏等；导致管线破裂的因素主要有第三方破坏、超压、焊接缺陷和腐蚀等。有时单一因素即可引起管线事故，但更多的管线事故是由多种因素联合作用引起的。

（一）介质因素——燃气

由燃气物化性质和危险有害特性，可以看出燃气固有的危险有害因素主要有如下几种。

1. 易燃性

燃气属于易燃气体，当其在作业场所或储存区弥漫、扩散或聚积，在空气中只要有较小的点火能量就会燃烧，具有较大的火灾危险性。

2. 易爆性

燃气与空气组成混合气体，其浓度处于一定范围时，遇火即发生爆炸，爆炸危险较大，因此，应十分重视燃气的泄漏、积聚，以防止爆炸事故的发生。

3. 毒性

燃气一般具有一定的毒性，即使是天然气，虽然属低毒性物质，但是长期接触可导致神经衰弱综合征。甲烷属于单纯窒息性气体，其浓度较高时人易缺氧窒息、中毒。空气中甲烷浓度达到 25%~30% 时，人易出现头昏、呼吸加速、运动失调等症状。

4. 热膨胀性

燃气的体积会随着温度的升高而明显膨胀，如果高压储存管线遭受暴晒或靠近高温热源，管线内的介质受热膨胀造成管线内压增大而膨胀，可能发生压力容器爆炸，引起天然气泄漏。

（二）载体因素——管线

燃气管线可能发生的事故如下：由超压引起燃气管线破裂而发生物理性爆炸事故；发生物理爆炸后或发生大面积的破裂泄漏，使得燃气有可能形成气云团，遇上点火源的时候才有可能形成蒸气云爆炸；发生有限孔洞的泄漏，在泄漏口形成射流，遇点火源则可产生喷射火；由于燃气的泄漏，当燃气达到一定浓度的时候，人畜会窒息、中毒。

1. 泄漏

燃气管线的泄漏，是燃气行业面临的一个严重问题。泄漏现场勘查表明，在引发管线泄漏的诸多因素中，外界因素占2/3以上，是引发泄漏的主要起因。其主要表现在：其他专业的工程在煤气线位附近施工时，由于施工单位普遍是安全意识淡于生产意识，忽视同煤气管理部门联系监护事宜，在马路和地面的各种开挖中，使各类燃气管线频繁被损，形成煤气管理部门对地下燃气管线管理上的被动与失控，从而引发了一系列的人为损坏燃气设施的泄漏事故。

1）设计不合理

管线系统设计质量的好坏对工程质量有直接的影响，在燃气管线工程设计中，由于设计者对现场考察不详尽或者燃气管线周围与其他构筑物、管线、管沟标识不清，造成设计方案不完善留下隐患。影响设计质量的因素不仅有主观的，也有客观的。例如：工艺流程、设备布置不合理；系统工艺计算不正确；管线强度计算不正确；管线、站区选址不合理；材料选材设备选型不合理；防腐蚀设计不合理；管线不直，柔性考虑不周；结构设计不合理；防雷、防静电设计缺陷等，这些因素都会可能影响到管线的质量，从而在日后的运行过程留下缺陷，产生泄漏的危害。

2）施工质量问题

在燃气管线漏气事故原因的统计中，工程质量差造成的漏气事故占总数的44%；城建施工造成的漏气事故占总数的22%；井盖丢失、汽车碾压造成的漏气事故占总数的19%；产品质量造成的漏气事故占总数的9%，由此可见施工质量的重要性。在施工验收及现场管理不力的情况下，管线施工中所产生的工程质量问题如下：施工单位不按设计技术要求施工，用劣质材料，甚至偷工减料，管线不做防腐或防腐达不到技术要求，造成管材缺陷和施工缺陷。管材缺陷是指管材选材不当，阀门、法兰、弯头等存在缺陷，安全附件缺陷和应力作用下的疲劳损坏。施工缺陷是指焊接缺陷、埋深不够、穿越障碍不符合要求、防腐层受外力破损等。同时，管线施工队伍技术水平低，管理失控，强力组装，焊接缺陷，补口、补伤质量问题，管沟、管架质量问题，检验控制等问题，都会留下泄漏的隐患。

3）疲劳失效

管线内的压力一直处于变化之中，管线内部会产生不规则的压力波动和振动，从而引起交变应力；管线在制造和施工过程中，不可避免地存在开空或支管连接，焊缝存在错边、棱角、余高、咬边、气孔、裂缝、未熔合等内部缺陷将造成应力集中。随着交变应力的作用，在几何不连续或缺陷部位将产生疲劳裂纹，会逐渐扩张并最终导致天然气泄漏。

4）埋地管线的腐蚀性危害

腐蚀失效是管线的主要失效形式之一。所处环境的土壤类型、土壤电阻率、土壤含水率、微生物、氧化还原电位等因素，会造成管线电化学腐蚀、化学腐蚀、微生物腐蚀、应力腐蚀和干扰腐蚀等。腐蚀既有可能大面积减薄管线的壁厚，导致过度变形或爆破，也可导致管线穿孔，引发漏气事故。据有关资料报道，虽然我国城市埋地燃气管线安全运行故障种类较多，故障原因也比较复杂，但从统计分析的结果来看，约有三分之一的运行故障和安全事故与管线金属腐蚀有关。

腐蚀包括阴极保护失效、管材防腐层失效。阴极保护失效主要包括阴极防护距离小、阴极保护电位高、材料失效、存在杂散电流。管材防腐层失效主要包括防腐层受外力破损、防腐层开裂与管线黏接力下降、防腐层老化剥离、防腐层内部积水、燃气水分和硫含量较高。

5）外力引起的危险危害

外力破坏包括自然灾害破坏和人为破坏。自然灾害破坏主要指在台风、地震、暴雨、洪水、地基坍塌等情况下，发生泥石流、土层移动、坍塌等，造成管线暴露、悬空及位移，受外力而破坏。人为破坏主要指第三方破坏和违规作业。第三方破坏是指不在管线单位的巡检及监督管理下野蛮施工，挖破管线、沿线违章骑压管线、运移土层造成坍塌致使管线暴露及悬空等破坏。违规作业是指在管线单位的巡检及监督管理下但不按方案操作、操作错误和违章操作等造成破坏。

（1）其他单位违章施工，在施工前不与燃气公司联系，导致在马路和地面开挖中，引发一系列人为损坏燃气管线和设施的现象，从而导致燃气泄漏。

（2）建筑基础施工中，大面积开挖使燃气管线失去基础支撑，导致燃气管线断裂或损坏而发生漏气。

（3）重型汽车在埋有燃气管线的上方行驶，使燃气管线经受不住车辆的冲击、挤压和频繁振动等不均匀受力而断裂漏气。

（4）工程用机械（如挖掘机、铲土机、打桩机、钻机等）在施工中未搞清地下燃气管线分布就野蛮施工，造成施工机械损坏地下燃气管线和设施，导致燃气泄漏。

（5）违章营业用房占压燃气管线。摊群市场的商亭占道等违章建筑物、固定物长期占压管位，使燃气管线长期在荷载的作用下，因受压产生缓慢沉陷，引发断裂，导致燃气外泄。

6）季节因素

在北方地区，冬春季是各种潜在不安全因素引发事故的集中突发期。主要表现为季节性的气候变化所产生的温度影响，引起土层的不均匀胀缩、升降，导致管线系统受剪切力破坏，且这种破坏具有突发性，工程上又难以预料剪切部位，还由于低温增加了管线的脆性,容易产生温度应力破坏,这就促使事故发生率呈上升趋势。最有代表性的是设在冰冻线以上的老管线因埋深不够,受季节性冻土影响,在土层冻胀与融陷的剪切力作用下,脆性断裂,外泄燃气渗入相邻管线,窜入周围建筑物内,酿成事故(韩朱旸,2010)。

季节因素引发燃气管线泄漏多发生在北方地区,严寒的冬季和春天解冻的季节,是燃气管线特别是铸铁管线发生漏气事故的高发期。这主要表现在因季节性气候变化,低温使管材脆性增加,在温度变化的作用下,引起埋地管线附近土层的冰冻或解冻、膨胀、升降,导致燃气管线受外力作用而损坏,且这种管线断裂或裂缝具有突发性,这种事故往往难以预料发生的具体时间和管段部位。具有代表性的是设在冰冻线以上的庭院管,某些管段因埋深较浅,受季节性冻土影响,在土层冻涨与融陷的不均匀作用下,最容易造成该管段脆性断裂,外泄的燃气渗入相邻的下水管线、暖气或电缆沟,窜入周围的建筑物内,酿成事故。

7)其他原因

违章检修作业可能会造成泄漏;安全距离不足,导致其他专业的各种地下管线工程对燃气管线的损坏;管理不到位,使得管线压力过高引发超压爆炸或局部爆裂;管线没有保温层,导致管线热胀冷缩而破裂发生泄漏;人工煤气转换为天然气后,旧有的青铅水泥接口铸铁管极易因接口麻丝填料干燥而松动,导致燃气泄漏,等等。

2. 爆炸(物理爆炸、化学爆炸)

超压引起燃气管线破裂而发生物理性爆炸事故。

物理爆炸事故的原因主要有如下几种。

(1)设计方面:结构合理与否,材料选用是否正确,管线的壁厚是否恰当等,都将可能是造成事故的因素。受压容器的结构虽然简单,但其部件的受力情况较为复杂,特别是在开孔附近及其他结构不连续处,容易产生应力集中。

(2)制造方面:受压客道的使用条件比较苛刻,需承受大小不同的压力荷载,受压管线又大多是焊接结构,制造时留下的微小缺陷、工艺要求、热处理及允许偏差的不当、检查与验收的疏忽等因素也都将为压力管线的事故留下隐患。

(3)运行与管理方面:受压管线的技术档案、安全操作规程、定期的检验与维护保养、管理与操作责任制等将直接决定系统能否安全运行。

(4)安全泄压方面:由于压力管线较容易发生超载,而一旦超载就会迅速造成破坏事故,所以安全泄压装置及安全泄放量将影响系统的安全性。

受压容器和管线内气体的压力与固体不同,它并不是产生于气体本身的重量,其作用力也不仅仅作用于容器的底面,而是遍及容器及管线的整个周壁,一旦发生危险,其破坏力是相当大的。管线内的燃气处于压缩状态,系统一旦破裂,燃气产生降压膨胀,瞬时释放出较大能量,在形成预混系前,发生物理爆炸,这些能量除了很少一部分消耗于将容器进一步撕裂和将容器或其碎片抛出外,大部分产生冲击波,不但使整个设备毁坏,而且毁坏其波及范围内所能破坏的人和物。

发生物理爆炸后或发生大面积的破裂泄漏,使得燃气有可能形成气云团,遇上点火源的时候才有可能形成蒸气云爆炸。其中,点火源主要有如下几种。

第一,明火。明火主要是指设备、设施维修过程中的焊接、切割动火作业、现场吸烟、机动车辆排烟带火等。

第二,电气设备缺陷及故障产生点火源。电气设施缺陷及故障主要有以下几种表现。①电器设备设施设计、选型不当,防爆不合要求及设备本身存在缺陷等条件易引发火灾爆炸事故。②运行过程中电气设备的正常运行遭到破坏,发热量增加,易引发电气设备火灾。③配电设备没有相应的防护措施,或爆炸危险区域设置无防护的电气设备,在正常工作状态及事故状态下产生电火花和电弧而引发火灾爆炸事故。

第三,静电。设备在进行运营作业时,都有积聚静电荷的倾向,若防静电措施没有落实或效果不佳,静电荷得以积聚,当积聚的静电荷放出能量大于可燃混合物的最小引燃能时,并且在放电间隙中气体混合物处于爆炸极限内时将引发火灾爆炸事故。此外,人体带静电也可引发火灾爆炸事故,特别是人们穿化纤衣服而又穿胶鞋、塑料鞋之类的绝缘鞋时,由于行走、工作、行动等的摩擦,极易带上引发火灾、爆炸事故的静电。据日本消防厅《火灾年报》公布的数据,1972~1977 年静电火花引起着火 661 起,其中前三位的火灾起因及其比例如下:粉尘摩擦产生电火花占 31.62%,气体从管子中喷出产生的电火花占 14.22%,液体在管中流动产生的电火花占 13.46%。

第四,雷击及杂散电流。防雷设施不齐全、露天设施及建构筑物防雷接地措施不力等情况有可能在雷雨天气里引发火灾爆炸事故。此外,杂散电流窜入危险场所也是火灾爆炸事故发生的原因之一。

第五,其他原因。人为灾害和自然危害引发的火灾事故、机器通风散热不良、邻近建筑烟囱的飞火、邻近建筑的火灾、手机电磁火花及撞击火花都会成为点火源。

3. 火灾(喷射火)

发生有限孔洞的泄漏,在泄漏口形成射流,遇点火源则可产生喷射火。

4. 窒息中毒

燃气泄漏达到一定浓度的时候,使得人畜窒息、中毒。

四、供热管线

通过对大量供热管线事故案例进行统计分析，可以将地下供热管线事故危险因素分类概括为设备腐蚀、管线焊接质量缺陷、外力破坏、支架损坏、施工问题等。其中设备腐蚀占所有事故的72%，管线焊接质量缺陷造成的管线事故占14%，外力破坏造成的管线事故占5%，如图4-1所示。

由此可见，设备腐蚀是供热管线事故的首要原因，主要包括波纹管腐蚀、放风管腐蚀、管线腐蚀、未做穿墙套袖、节门腐蚀、泄水腐蚀等因素，其具体事故比例见图4-2。

通过对事故的统计分析结合相关资料信息研究得出，造成供热管线事故的主要原因分为管线及设备腐蚀、焊接工艺不精、外力破坏和设计缺陷等。

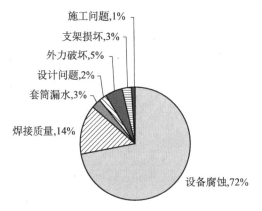

图4-1　地下供热管线事故原因分类比例

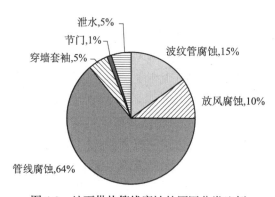

图4-2　地下供热管线腐蚀的原因分类比例

1. 管线及设备腐蚀

管线及设备腐蚀漏水主要是由管线设备老化、长期受外来水浸泡，导致保温层脱落，进而腐蚀管线及设备造成的。通过研究分析，外来水的主要来源包括以下几个方面。

（1）管线周边污水、绿地水、雨水、冲刷马路、自来水管线泄漏，造成小室内出现结构性漏水，腐蚀小室设备。

（2）外来水从管沟处流入，腐蚀沟内管线。

（3）外来水从小室井盖处流入小室内，造成井口正下方管线设备腐蚀。

（4）直埋管线长期受周围潮湿环境影响，外来水渗入直埋管线保温层内，造成直埋管线腐蚀漏水。

2. 管线未按标准施工

部分事故是由于管线未按标准施工出现问题的。例如，管线末端盲头或穿墙套管处管线未包保温层、加装套管导致腐蚀；沟盖板不严或防水施工不完整造成的外来水侵入导致的腐蚀；管线施工方铺设直埋管线时，在管线穿墙部位未做穿墙套袖，仅采用穿墙套管或光管穿过，导致直埋管线穿墙部位受外部潮湿土壤影响腐蚀漏水。应当针对上述问题制定标准规范，给施工单位提出具体要求，加强检查验收。

3. 设备自然老化

在高温、高压、外界环境湿度较高的情况之下，设备的老化是难以避免的。在运行检查的过程中，应当针对各种复杂环境情况，对老旧设备进行重点检查，采取有效措施避免紧急事故的发生。

4. 外力破坏

在市政建设工程或房屋建筑施工中，施工方术与供热管线单位取得联系进行查阅图纸或组织现场勘察的情况时有发生，由野蛮施工造成误砸、误挖供热管线，导致供热管线设备断裂、变形，无法保证正常供热等情况。由于此类事故最不可预见，应当建立统一的协调机制，依靠其运行工作，获悉相关信息，确保对施工方进行及时告知与提醒，避免事故发生。

5. 设计缺陷

设计直埋管线一端为复式拉杆，一端为轴向波纹管，中间未设固定支架。管线在投入运行一段时间后，两端补偿器间锚固点失效，造成芯管被拉出，补偿器损坏。此外，补偿量不够或固定支架位置不合理也可能导致地下供热管线事故。

6. 焊接工艺问题

由于焊接工艺存在缺陷，焊接时焊口对接位置存在偏差、未做底焊或未按要求做坡口，管线在持续高温、高压运行期间，造成焊口开裂泄漏。

7. 设备缺陷

常见的设备缺陷有免维护套筒漏水、金属软管断裂等。免维护直埋套筒在一次管线上属于新型设备，在安装初期，容易出现漏水现象，应结合在使用中的问题，要求生产厂家改进免维护直埋套筒工艺，对泄漏严重的加橡胶密封圈或进行更换。金属软管不锈钢与钢管连接部分存在加工缺陷，导致该金属软管被撕裂。

8. 操作不当造成的破坏

在管线施工建设、维修保养及其他作业过程，未按照安全规程要求合理操作，也会造成管线的破坏。

五、电力管线

城市电网系统分布于整个城市，实施架空电线入地改造以后，部分城市供电电缆进入地下，虽在一定程度上增加了电缆的安全性，但也增加了系统的隐蔽性，使得事故隐患更加不易发现。同时，随着地下空间的利用力度加大，也使得地下管线的干扰因素大大增加，这些都从一定程度上给地下电缆线路安全带来了一定的影响。

据某城市电力部门统计，10 年间共发生地下电缆故障 40 起，其中，产品质量问题造成的电缆故障 19 次；施工质量引起的电缆故障 6 次；外力造成的故障 8 次，其他原因 7 次，如图 4-3 所示。

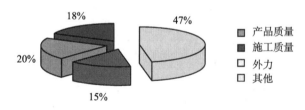

图 4-3 电力管线事故原因分析图

总的来看，目前北京市地下电力管线事故的表现形式为电力管线断裂引起的供电中断。由于城市很多重要设施，如地铁、医院都需要电力的供给，一旦电力系统出现故障，会带来严重的次生衍生灾害损失。电力管线的事故特征表现在如下几个方面。

（1）地下电力管线及其附属设施受破坏严重，经常被盗，严重影响了电缆的安全运行。

（2）相邻工地施工对电力隧道的影响，给管线运行带来安全隐患。

（3）地下电力管线受地质灾害和地震的影响较大，常常出现管线损坏和变形，导致停电。

（4）管线负荷急剧增加导致过载、过热，隧道环境恶化，出现积水，产生有害气体或发生火灾等，都会影响到管线的安全运行。

（5）地下管线管理方式和控制手段薄弱，无法及时了解电缆及其附属设施的运行情况。

六、通信管线

通信线路本身危险性并不大，但是一旦发生事故，其损失也是严重的。比如，2002 年 12 月 3 日发生在北京的通信光缆被施工挖断的一次事故，造成直接经济损失 143 万元，间接损失严重。

根据对某城市一年的通信管线事故统计，施工破坏造成通信管线事故 42 起，自来水跑水导致路面塌陷引起通信管线事故 4 起，其他原因引起路面塌陷导致通信管线事故 3 起，热力管热水进入通信管线引起事故 1 起，如图 4-4 所示。

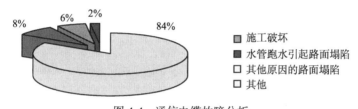

图 4-4　通信电缆故障分析

造成通信管线事故的原因主要有以下几种。

（1）市政施工安全隐患（道路改扩建、地铁施工、勘探钻孔等）。

（2）施工所造成的各种土层沉降（地铁施工直接造成的土层沉降、各种施工造成的土层沉降等）。

（3）其他地下管线的影响（天然气泄漏、自来水管跑水等）。

（4）自然灾害（地震、洪水等）。

（5）人为安全隐患（井盖丢失等）。

从以上的事故案例及问题分析中可以总结出，通信管线可能引发的事件表现形式为通信阻断、社会纠纷等。

七、生存环境

地下管线生存环境是指地下管线安全运营需要的稳定的自然载体。这个环境根据管线种类不同而异。由于自然环境、施工质量、施工扰动等原因会在地下管线生存土层形成一定量的小范围非密实区，非密实区受到土层自然固结、施工扰动、地下水、大气降水、地面交通荷载等影响，由原来的相对稳定体演化为如大范围非密区、水囊、空洞等严重非稳定体存在于地下管线周边，当遇到强降雨、地面超载交通等影响时，既有地下管线会产生过大的变形或位移，造成管体环向破裂或轴向折断，使管线接口脱出或损坏，最终导致地下管线事故，其过程如图4-5所示。这里专门对对两类典型的生存环境风险进行分析。

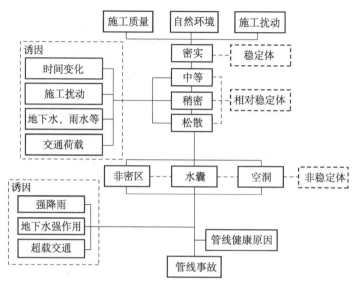

图 4-5　生存环境影响地下管线演化示意图

（一）地下空洞

地下压力减少或地下深处一些岩浆陷落，而陷落后的不充实地层或不稳定的层面来不及被地质转变补充，引起上覆土层或杂石层的断裂或塌陷而形成地下空洞。

地下空洞的形成很复杂，原因众多。一般认为，城市地下空洞的形成主要有以下几个方面的原因。

（1）地质、地下水作用，如北方某城市第四系土层（包括黏土、砂土等）厚度多为几十米或上百米，由于长期地质运动形成裂隙，经地下水的冲刷，裂隙越来越大形成空洞或大面积的松散土层。

（2）长期震动作用。城市的大型机械、道路上的大型车辆使道路下的地层长期处于震动状态，加之地下水位的下降，地下空隙、裂隙等压力降低，深层空隙、裂隙有扩大"上浮"现象，使道路下形成空洞。

（3）基建施工影响，如地铁隧道、建筑深基坑等，施工中由于地层扰动，大量地下水渗出，使其上部或周围疏松土层中的泥沙大量被带走，逐渐形成空洞。

（4）管线施工的影响。管线开挖施工回填碾压不实，非开挖施工封堵注浆不严，使地下水沿管线流动。带走泥沙使管线上方疏松地层部位形成空洞。

（5）道路施工中碾压不实，形成松散层。由于长期的震动和碾压，在刚性路基下部土层逐渐下沉形成空洞，柔性路基局部区域形成塌陷。

（6）地下管线破损，如给、排水管线破损造成漏水，冲刷周围土层使管线附近形成空洞。

（二）管线占压

管线占压是指在地下管线上方或附近存在着建筑物、构筑物或者堆积物等，造成管线承受载荷增加，可能导致管线发生变形或破裂的现象。

占压物包括以下几类。

（1）建筑物。建筑物主要是指供人居住、工作、学习、生产、经营、储藏物品及进行其他社会活动的工程建筑，包括工业建筑、民用建筑、园林建筑等。常见的管线建筑物的表现形式为管线上方违章搭建房屋。

（2）构筑物。构筑物是指不具备、不包含或不提供人类居住功能的人工建造物，比如水塔、水池、沼气池、围墙、立柱等。

（3）堆积物。堆积物是指地面存在的、可以移除的堆载物品，如渣土、建筑材料、垃圾、管线等。

管线占压形式包括以下几类。

（1）压线占压。压线占压是指建构筑物等占压物直接占压在管线上方，占压物边界的投影在管线上方。

（2）近线占压。近线占压是指建构筑物等占压物边界的投影在管线一侧，但管线与占压物之间的水平净距或垂直净距不能满足规范中的相关要求。

管线占压物的存在，使得管线所承受的应力增加，在其他因素（如车辆碾压、土体腐蚀等）的影响下，更容易导致管线出现变形或破裂等现象，导致管线事故的发生。同时使得难以对被占压管线进行巡查和维修。在正常的安全巡查过程中，管线巡查人员无法对存在占压的地下管线实施正常的检查，以至于不能及时发现管线自身存在隐患，同时也不利于管线的维修。因而，如果地下管线长期被占压，很容易导致管线发生破坏，一旦发生破坏，可能造成严重的后果。特别是对于燃气管线，一旦发生破坏，将导致燃气外泄，引发中毒、火灾、爆炸等重特大事故，造成重大的损失。

管线占压的原因主要有三类。

（1）违章搭建。一些单位或个人受利益驱使，在地下管线上方或附近私搭乱建一些建构筑物，对管线安全隐患置之不理，造成管线上方占压物长期存在。

（2）监管不到位。管线巡查人员在巡查过程中监管不到位：①管线巡查人员在巡查过程中疏于管理，等再次巡查时管线上或附近已有建构筑物；②管线巡查人员对所巡视区域的管线位置不清，有建房现象不能及时加以制止。

（3）历史原因。由于历史因素，后建的建构筑物常常建于管线的上方，或者后建的管线穿越建构筑物的下方，造成管线占压现象，难以进行处理，往往长期存在。

第二节　基于事故树分析的地下管线事故原因识别

一、原因分类

基于事故致因理论中对事故原因的分析，结合城市地下管线事故的特点和客观实际情况，从人、物、管理和环境四个角度出发，把地下管线事故原因分为如下四类。

1. 人的不安全行为

人的不安全行为指地下管线系统内的工作人员违反法律、法规、条例、标准、规定、制度等可能给地下管线安全带来威胁的行为，如操作错误、忽视安全、忽视警报，造成安全装置失效，使用不安全设备，物品存放不当，冒险进入危险场所，不安全装束，对易燃易爆等危险物品处理错误等。

2. 物的不安全状态

物的不安全状态指管线设施、设备及附件等有缺陷或失效，工作人员工具、防护措施、安全装置有缺陷或损坏等。

3. 管理原因

管理原因主要是指作业组织不合理，责任不明确或责任制未建立，技术措施、设计方案、操作规程、管理制度不健全，违章指挥或纵容违章作业等。

4. 环境类危险因素

这里的环境指的是相对地下管线系统来说的外部环境，包括自然环境和人为环境两方面。其中自然环境方面的危险因素指土壤、大气、冻害等；人为环境方面的危险因素指第三方施工、外界人员偷盗、破坏管线等。

根据系统分析理论，用安全系统分析中的事故树分析法，将系统失效（地下管线事故）事件作为顶上事件，按照演绎法，从顶上事件开始，运用逻辑推理，分析事故起因的中间事件与基本事件的关系，进而识别地下管线运行风险中的事故原因。

二、供水管线

1. 供水管线爆管事故树

根据供水管线爆管事故的特点，画出管线爆管事故树，见图 4-6。

2. 供水管线漏水事故树

根据供水管线漏水事故的特点，画出管线漏水事故树，见图 4-7。

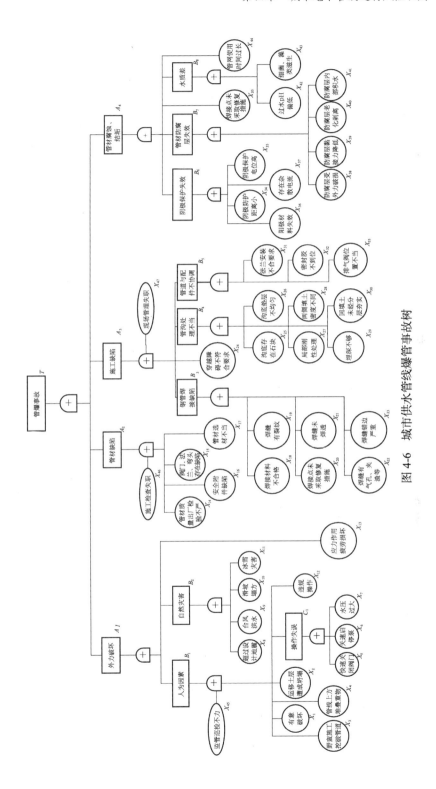

图 4-6 城市供水管线爆管事故树

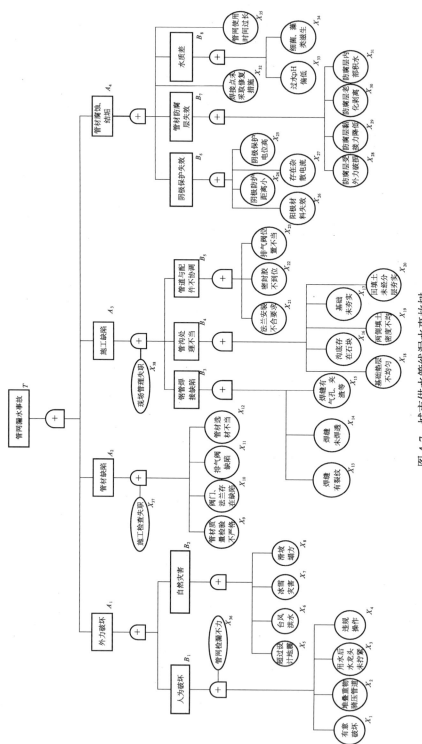

图 4-7 城市供水管线漏水事故树

3. 地下供水管线事故基本原因识别表

通过以上供水管线事故树的分析，结合事故原因分析，可得到地下供水管线事故基本原因识别表（表4-1）。

表4-1 地下供水管线事故基本原因识别表

一级指标	二级指标	基本原因
人的因素	缺乏安全意识	有分散注意力行为
		忽视警示标志
		不使用安全防护用品
	缺乏安全知识	操作错误
		不使用安全设备
		冒险进入危险场所
	缺乏安全技能	操作错误
		物品存放不当
		维修不到位
		造成安全装置失效
	群众素质不高	爱护公共财产意识不强
		有贪图小便宜心态
物的因素	设计、技术缺陷	施工设计缺陷
		管线自身材质缺陷
		市政供水环网设计缺陷
	焊接、施工缺陷	焊缝有裂纹
		焊缝未焊透
		焊缝错边严重
		焊缝有气孔、夹渣
		预留管段接头未用盲板焊死
		防变形措施缺陷
		阀门、接口、法兰施工缺陷
		局部刚性处理
		管线地基未加固处理
		两侧填土密度不同
		管线埋深不够

一级指标	二级指标	基本原因
物的因素	焊接、施工缺陷	密封胶老化、不到位
		焊接点未采取修复措施
		管线穿越障碍处理不当
		排气阀位置不当
	设备、设施、工具附件有缺陷	管材质量检验不严格
		管材选材不当
		阀门、法兰存在缺陷
		排气阀失效
		设备设施强度不够
		刚度不够
		弯头质量未达标
		稳定性差
		密封不良
		应力集中
		应力持续存在
		外形缺陷
		管线超龄服役
		事故检测设备落后
		维修工具落后
	安全设施缺少或有缺陷	防护装置设施缺陷
		支撑不当
		防护距离不够和其他防护缺陷
	安全标志缺陷	无标志
		标志不规范、标志选用不当
		标志不清、位置不当
	管材防腐缺陷	防腐层施工质量缺陷
		防腐层黏接力降低
		防腐层老化剥离
		防腐层内部积水

续表

一级指标	二级指标	基本原因
物的因素	管材防腐缺陷	阴极防护距离过小
		阴极保护电位高
		阳极材料失效
		存在杂散电流
		过水 pH 偏低
		细菌藻类滋生
		有机物、泥沙残积管线
管理因素	制度、规程方面	缺乏岗位安全责任制
		安全管理规章制度不健全
		日常监管巡检不力
		施工检查、现场管理制度不健全
		安全操作规程不健全
	组织、指挥方面	作业组织不合理
		管理单位与施工单位脱节
		安全管理机构不健全
		安全管理人员不足
		地下管线部门各自为政，协调统一机制不健全
		无突发事件应急工作小组
		缺乏应急事故预案
		发现问题迟缓
		处理事故不及时
		指挥者对管线资料了解不全
	安全培训、教育方面	缺乏安全教育
		缺乏爱岗敬业精神培训
		缺乏岗位安全技能培训
	操作、管理方面	水压控制过大
		阀门启闭操作失误
		泵启停失误

续表

一级指标	二级指标	基本原因
管理因素	操作、管理方面	管线老化更换不及时
环境因素	自然环境	地基下沉
		土壤腐蚀
		坍塌
		年温差变化大
		自然灾害（地震、洪涝、台风、滑坡塌方、冰雪等灾害）
环境因素	人为环境	故意敲打、挖断管线
		外力野蛮施工
		地面开挖回填不实
		运移土层造成塌方
		车辆碾压
		偷盗设施设备
		恐怖袭击
		违章建筑施工
		违章道路施工
		管线上方堆叠重物
	管线交互影响	管线间安全距离不足
		其他管线介质进入管线（如排水等管线泄漏可能引起地面沉降）
		管线间事故影响

三、排水管线

1. 地下排水管线泄漏事故树

根据以上对地下排水管线泄漏事故原因分析和地下排水管线泄漏的特点，画出地下排水管线泄漏事故树，如图 4-8 所示。

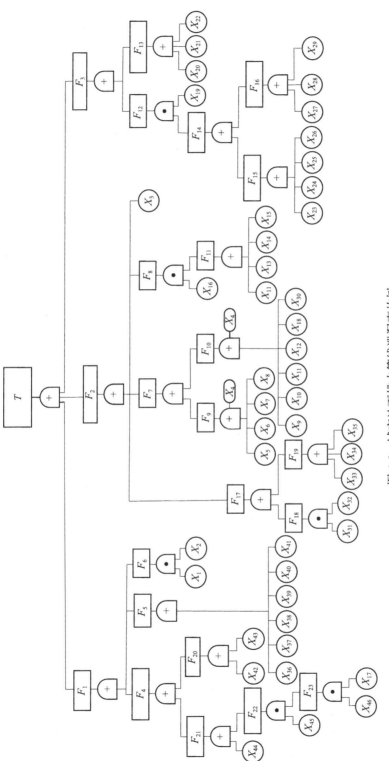

图 4-8 城市地下排水管线泄漏事故树

图 4-8 中各事件符号代表的事件内容见表 4-2。

表 4-2　排水管线泄漏事故树中符号代表的事件

符号	事件	符号	事件	符号	事件
T	排水管泄漏	X_1	管线坡度设计不合理	X_{25}	运移土层造成坍塌
F_1	溢漏	X_2	地形坡度大	X_{26}	有意破坏
F_2	渗漏	X_3	管线老化	X_{27}	不按方案操作
F_3	外力破坏	X_4	施工检查及现场管理失误	X_{28}	操作错误
F_4	过水能力不足	X_5	管材选料不当	X_{29}	违章操作
F_5	堵塞	X_6	阀门、法兰、弯头等存在缺陷	X_{30}	防冻胀处理不当
F_6	管线坡度过大	X_7	安全附件缺陷	X_{31}	承载压力增加
F_7	安全缺陷	X_8	应力作用下的疲劳损坏	X_{32}	设计承载力不足
F_8	防腐失效	X_9	埋深不够	X_{33}	地质、土质差
F_9	管材缺陷	X_{10}	穿越障碍不符合要求	X_{34}	长期受动静荷载作用
F_{10}	施工缺陷	X_{11}	防腐层受外力破损	X_{35}	过度和长期开采地下水造成地基沉降
F_{11}	管材防腐层失效	X_{12}	管线地基未加固处理	X_{36}	管线坡度过小造成大量淤积
F_{12}	人为破坏	X_{13}	防腐层黏接力降低	X_{37}	施工清理不净
F_{13}	自然灾害	X_{14}	防腐层老化剥离	X_{38}	建筑垃圾和生活垃圾等进入管线
F_{14}	违章破坏	X_{15}	防腐层内部积水	X_{39}	大量含有油脂、有机物的污水进入管线
F_{15}	第三方破坏	X_{16}	防腐验收及检测不到位	X_{40}	绿化中的植被须根伸入管线
F_{16}	违规作业	X_{17}	油脂、有机物和泥沙质沉淀物等进入管线	X_{41}	菌类植物在管线内生长
F_{17}	管线变形	X_{18}	阀门、接口、法兰连接施工质量差	X_{42}	管径设计不合理
F_{18}	管线破裂	X_{19}	监管巡检不力	X_{43}	排水量增大
F_{19}	管线错位、沉陷和脱节等	X_{20}	地震灾害	X_{44}	内管壁产生结垢
F_{20}	管径过小	X_{21}	洪水、滑坡、泥石流等灾害	X_{45}	常年不清理管线
F_{21}	管线截面减小	X_{22}	地基不均匀坍塌等自然意外灾害	X_{46}	上下游管线坡度分配不合理
F_{22}	淤积	X_{23}	野蛮施工挖破管线		
F_{23}	管线内有障碍物	X_{24}	沿线管线占压		

2. 地下排水管线事故基本原因识别表

通过以上排水管线事故树的分析，结合事故原因分析，可得到地下排水管线事故基本原因识别表，如表4-3所示。

表 4-3 地下排水管线事故基本原因识别表

一级指标	二级指标	基本危险因素
人的因素	缺乏安全意识	有分散注意力行为
		忽视警示标志
		不使用安全防护用品
	缺乏安全知识	操作错误
		不使用安全设备
		冒险进入危险场所
	缺乏安全技能	操作错误
		违章操作
		不按方案操作
		物品存放不当
		造成安全装置失效
	人员素质低	工人受教育年限低
		工人平均工龄少
		工人持证上岗率低
		管理人员受教育年限短
		管理人员平均资历低
物的因素	设计、技术缺陷	施工设计缺陷
		管线设计承载力不足
		管径设计不合理
		管线坡度设计不合理
		管线自身材质缺陷
	施工缺陷	埋深不够
		穿越障碍不符合要求
		防腐层施工中受损
		管线连接处安装不符合要求
		沟槽开挖回填不好基础沉降
		管线防腐、防变形措施缺陷
		防冻胀处理不当
		管线地基未加固处理
		检查井施工质量差
		阀门、接口、法兰连接施工质量差

续表

一级指标	二级指标	基本危险因素
物的因素	施工缺陷	施工检查及现场管理失误
	管材、设备、设施、工具附件有缺陷	设备设施强度不够
		刚度不够
		稳定性差
		密封不良
		应力集中
		外形缺陷
		管材选材不当
		管材质量不合格
		安全裕量不足
		阀门、法兰、弯头等存在缺陷
		安全附件缺陷
		应力作用下的疲劳损坏
		设备设施强度不够
		季节温度的变化而伸缩缝不足
		管线超龄服役、管线老化
	管线淤积、堵塞	管线坡度过小造成大量淤积
		施工清理不净
		建筑垃圾和生活垃圾等进入管线
		有大量含有油脂、有机物的污水和泥沙沉淀物等进入管线
		绿化中的植被须根伸入管线
		菌类植物在管线内生长
		常年不清理管线
		上下游管线坡度分配不合理
		内管壁产生结垢
	安全设施缺少或有缺陷	防护装置设施缺陷
		支撑不当
		防护距离不够和其他防护缺陷
	安全标志缺陷	无标志
		标志不规范、标志选用不当
		标志不清、位置不当
	腐蚀失效	防腐验收及检测不到位
		防腐层受外力破损
		防腐层黏接力降低
		防腐层老化剥离
		防腐层内部积水

续表

一级指标	二级指标	基本危险因素
管理因素	制度、规程方面	缺乏岗位安全责任制
		安全管理规章制度不健全
		安全操作规程不健全
	组织、指挥方面	作业组织不合理
		安全管理机构不健全
		安全管理人员不足
	职能部门方面	职能部门管理混乱，各自为政
		管理手段落后
		管理范围不明确
	安全培训教育方面	缺乏安全教育
		缺乏岗位安全技能培训
	消防管理方面	防灭火设施和报警设施不健全
		消防管理制度、教育培训制度和上级对消防工作检查制度不健全
	定期检查检测情况	是否具有定期检查制度，定期检查具体实施情况
		监管巡检不力
	应急处置预案方面	没有事故应急预案，应急救援体系不完善
		急救援演练的次数少和效果差
环境因素	水文地质、自然灾害因素	地基下沉
		土壤腐蚀
		坍塌
		地质、土质差
		地形坡度大
		自然灾害（地震、滑坡、泥石流、水土流失、崩塌、洪涝灾害等）
	人为环境	管线占压
		外力野蛮施工（进行开挖地基、钻孔、顶管、埋管、取土等工作）
		地面开挖回填不实
		车辆碾压
		偷盗设施设备
		运移土层造成坍塌
		有意破坏
		恐怖袭击
	外界情况	动物破坏
		管线防护措施不足
		地形起伏变化大
		排水量增大
		管线承载力增加
		过度和长期开采地下水造成地基沉降

续表

一级指标	二级指标	基本危险因素
环境因素	外界情况	地面建筑物抗破坏能力不足
	管线交互影响	管线间安全距离不足
		其他管线介质进入管线（如自来水等管线泄漏可能引起地面沉降）
		管线间事故影响

四、燃气管线

1. 燃气管线泄漏事故树

根据管线燃气泄漏事故的特点，画出管线燃气泄漏事故树，见图 4-9。根据现场调查和资料收集情况统计，管线泄漏原因可以归结以下三点。

（1）第三方破坏对燃气管线的安全影响最大，如人员破坏、市政施工、违章占压、交通车辆破坏等都是较为严重的破坏管线的因素。

（2）腐蚀因素是管线泄漏的又一重要因素。管线的长期运行，必然引起管线的腐蚀，造成穿孔或破裂，从而发生燃气泄漏事故。

（3）燃气管线的设计、制造、安装质量的缺陷也是管线泄漏的一个重要原因。燃气管线的缺陷，如材质缺陷、管线变形、施工的焊接缺陷等对管线的强度及抗腐蚀能力等均产生极大的影响。

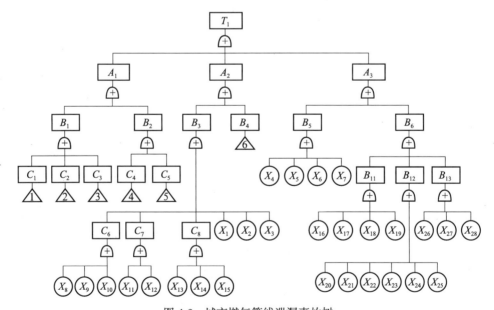

图 4-9　城市燃气管线泄漏事故树

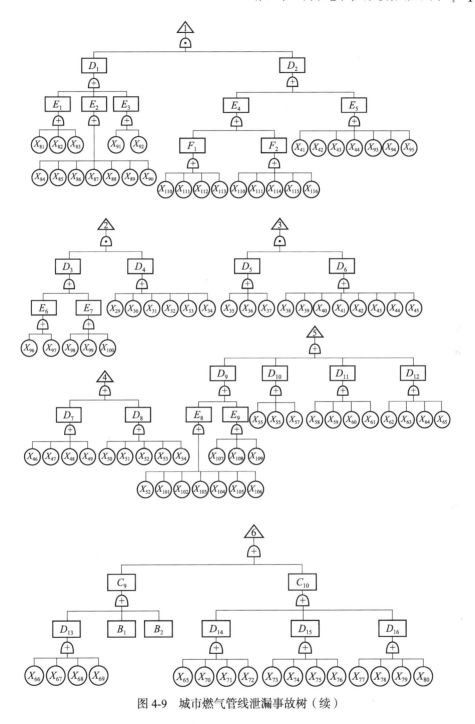

图 4-9　城市燃气管线泄漏事故树（续）

该事故树中各事件符号代表的事件内容见表 4-4。

表 4-4　管线泄漏事故树中符号代表的事件

符号	事件	符号	事件	符号	事件
T_1	管线泄漏	D_{13}	设计失误	X_{21}	螺栓预紧力不均匀
A_1	管线穿孔	D_{14}	土层沉降	X_{22}	螺栓预紧力不足
A_2	管线破裂	D_{15}	安装应力大	X_{23}	垫片安装不正确
A_3	相关附件泄漏	D_{16}	严重憋压	X_{24}	垫片老化
B_1	管线腐蚀	E_1	化学腐蚀环境	X_{25}	垫片压紧不足
B_2	管线缺陷	E_2	电化学腐蚀环境	X_{26}	阀体选用不当
B_3	第三方破坏	E_3	微生物腐蚀环境	X_{27}	阀体严重腐蚀
B_4	机械破坏	E_4	阴极保护失效	X_{28}	阀体制造缺陷
B_5	调压器泄漏	E_5	防腐涂层失效	X_{29}	燃气成分未定期检测
B_6	阀门泄漏	E_6	酸性介质	X_{30}	内防腐层施工质量差
C_1	埋地腐蚀	E_7	管线内积水	X_{31}	缓蚀剂失效
C_2	内腐蚀	E_8	焊接工艺缺陷	X_{32}	管线内衬脱落
C_3	大气腐蚀	E_9	焊接材料缺陷	X_{33}	内涂层老化破损
C_4	管线质量缺陷	E_1	外加电流保护失效	X_{34}	清管效果差
C_5	施工不当	E_2	牺牲阳极保护失效	X_{35}	大气中存在腐蚀性气体
C_6	施工破坏	X_1	洪水/地震等自然灾害	X_{36}	大气湿度较高
C_7	违章占压	X_2	人员无意破坏	X_{37}	大气温度较高
C_8	交通车辆破坏	X_3	蓄意破坏	X_{38}	套管内支撑物垮塌
C_9	管线承压能力低	X_4	内部超压	X_{39}	套管内进水
C_{10}	管线承受大应力作用	X_5	薄膜或导压管振动破坏	X_{40}	套管破裂
C_{11}	填料与阀杆间泄漏	X_6	薄膜老化	X_{41}	涂层的修补、更换不及时
C_{12}	法兰泄漏	X_7	密封垫片损坏	X_{42}	涂层检测频率低
C_{13}	阀体泄漏	X_8	管线线路不明确	X_{43}	涂层老化剥离
D_1	土壤腐蚀环境	X_9	违章施工	X_{44}	涂层遭到外力毁损
D_2	外防腐失效	X_{10}	施工失误	X_{45}	涂层施工质量不合格
D_3	内腐蚀环境	X_{11}	未及时发现	X_{46}	杂质含量偏高
D_4	内防腐失效	X_{12}	未及时处理	X_{47}	晶粒大小不均匀
D_5	腐蚀性的大气环境	X_{13}	沟底不平整	X_{48}	热处理不当
D_6	保护措施失效	X_{14}	未采取必要保护措施	X_{49}	选材不当
D_7	材质缺陷	X_{15}	未按实际交通强度设计	X_{50}	变形不均匀
D_8	卷制工艺差	X_{16}	阀杆受外力变形	X_{51}	壁厚不均匀
D_9	管线焊接	X_{17}	阀杆受到严重腐蚀	X_{52}	焊接缺陷严重
D_{10}	管线安装	X_{18}	阀杆磨损	X_{53}	焊后热处理不合格
D_{11}	管线监检	X_{19}	填料装填不规范	X_{54}	管线椭圆度不符合要求
D_{12}	管沟施工	X_{20}	螺帽松脱	X_{55}	强制性安装

符号	事件	符号	事件	符号	事件
X_{56}	管段间错口大	X_{77}	安全阀堵塞	X_{98}	燃气未经脱水处理
X_{57}	附件连接错误	X_{78}	操作人员的失误	X_{99}	管线埋在冰冻线之上
X_{58}	未按规定进行返修	X_{79}	防误操作硬件措施不完善	X_{100}	管线内排水设计不合理
X_{59}	未进行压力试验	X_{80}	操作规范不完善	X_{101}	焊后未清渣
X_{60}	未进行缺陷评定	X_{81}	土壤 pH 低	X_{102}	焊接质量较差
X_{61}	监检单位无资格保证	X_{82}	附近倾倒腐蚀性液体	X_{103}	未进行焊接预处理
X_{62}	埋深不够	X_{83}	土壤有污水渗入	X_{104}	坡口尺寸不正确
X_{63}	边坡角度不合格	X_{84}	管线附近埋有其他金属	X_{105}	焊接工艺参数选择不当
X_{64}	沟底不平整	X_{85}	土壤中存在显著的氧浓差	X_{106}	焊接方式选择不当
X_{65}	回填土不合要求	X_{86}	土壤含 SO_2 或其他硫化物	X_{107}	焊前未进行除锈烘干
X_{66}	阀门布置不合理	X_{87}	土壤电极电位低	X_{108}	焊条药皮脱落
X_{67}	安保系统设计不合理	X_{88}	土壤电阻率小	X_{109}	焊接材料选择不正确
X_{68}	系统设计安全系数小	X_{89}	土壤含盐量高	X_{110}	测试桩间距过大
X_{69}	管线设计安全系数小	X_{90}	土壤含水量高	X_{111}	保护间距过大
X_{70}	管线附近存在地下空腔	X_{91}	存在促进腐蚀的微生物	X_{112}	保护电位小
X_{71}	管线上方交通载荷过大	X_{92}	存在深根茎植物	X_{113}	保护电流密度小
X_{72}	管底未夯实	X_{93}	外力挖掘毁损	X_{114}	未考虑管线附近的金属构筑物
X_{73}	路面与土壤压力过大	X_{94}	管沟回填对涂层毁损	X_{115}	阳极材料选择不当
X_{74}	管线强度设计错误	X_{95}	涂层施工毁损	X_{116}	阳极材料失效
X_{75}	管线遇热受到膨胀应力	X_{96}	燃气含 CO_2		
X_{76}	管段间错口大	X_{97}	燃气含 H_2S		

接下来列出事故树的计算方法。

求最小割集：

$T_1 = A_1 + A_2 + A_3 = B_1 + B_2 + B_3 + B_4 + B_5 + B_6$

$= X_1 + X_2 + X_3 + X_4 + X_5 + X_6 + X_7 + X_8 + X_9 + X_{10} + X_{11} + X_{12} + X_{13} + X_{14} + X_{15} + X_{16} + X_{17} + X_{18}$

$+ X_{19} + X_{20} + X_{21} + X_{22} + X_{23} + X_{24} + X_{25} + X_{26} + X_{27} + X_{28} + X_{46} + X_{47} + X_{48} + X_{49} + X_{50} + X_{51}$

$+ X_{52} + X_{53} + X_{54} + X_{55} + X_{56} + X_{57} + X_{58} + X_{59} + X_{60} + X_{61} + X_{62} + X_{63} + X_{64} + X_{65} + X_{66} + X_{67}$

$+ X_{68} + X_{69} + X_{70} + X_{71} + X_{72} + X_{73} + X_{74} + X_{75} + X_{76} + X_{77} + X_{78} + X_{79} + X_{80} + X_{101} + X_{102} + X_{103}$

$+ X_{104} + X_{105} + X_{106} + X_{107} + X_{108} + X_{109} + X_{81}X_{41} + X_{81}X_{82} + X_{81}X_{83} + X_{81}X_{44} + X_{81}X_{93} + X_{81}X_{94}$

$+ X_{81}X_{95} + X_{81}X_{110} + X_{81}X_{111} + X_{81}X_{112} + X_{81}X_{113} + X_{81}X_{114} + X_{81}X_{115} + X_{81}X_{116} + X_{82}X_{41}$

$+ X_{82}X_{42} + X_{82}X_{43} + X_{82}X_{44} + X_{82}X_{93} + X_{82}X_{94} + X_{82}X_{95} + X_{82}X_{110} + X_{82}X_{111} + X_{82}X_{112}$

$+ X_{82}X_{113} + X_{82}X_{114} + X_{82}X_{115} + X_{82}X_{116} + X_{83}X_{41} + X_{83}X_{42} + X_{83}X_{43} + X_{83}X_{44} + X_{83}X_{93}$

$+ X_{83}X_{94} + X_{83}X_{95} + X_{83}X_{110} + X_{83}X_{111} + X_{83}X_{112} + X_{83}X_{113} + X_{83}X_{114} + X_{83}X_{115} + X_{83}X_{116}$

$+X_{84}X_{41}+X_{84}X_{42}+X_{84}X_{43}+X_{84}X_{44}+X_{84}X_{93}+X_{84}X_{94}+X_{84}X_{95}+X_{84}X_{110}+X_{84}X_{111}$

$+X_{84}X_{112}+X_{84}X_{113}+X_{84}X_{114}+X_{84}X_{115}+X_{84}X_{116}+X_{85}X_{41}+X_{85}X_{42}+X_{85}X_{43}+X_{85}X_{44}$

$+X_{85}X_{93}+X_{85}X_{94}+X_{85}X_{95}+X_{85}X_{110}+X_{85}X_{111}+X_{85}X_{112}+X_{85}X_{113}+X_{85}X_{114}+X_{85}X_{115}$

$+X_{85}X_{116}+X_{86}X_{41}+X_{86}X_{42}+X_{86}X_{43}+X_{86}X_{44}+X_{86}X_{93}+X_{86}X_{94}+X_{86}X_{95}+X_{86}X_{110}$

$+X_{86}X_{111}+X_{86}X_{112}+X_{86}X_{113}+X_{86}X_{114}+X_{86}X_{115}+X_{86}X_{116}+X_{87}X_{41}+X_{87}X_{42}+X_{87}X_{43}$

$+X_{87}X_{44}+X_{87}X_{93}+X_{87}X_{94}+X_{87}X_{95}+X_{87}X_{110}+X_{87}X_{111}+X_{87}X_{112}+X_{87}X_{113}+X_{87}X_{114}$

$+X_{87}X_{115}+X_{87}X_{116}+X_{88}X_{41}+X_{88}X_{42}+X_{88}X_{43}+X_{88}X_{44}+X_{88}X_{93}+X_{88}X_{94}+X_{88}X_{95}$

$+X_{88}X_{110}+X_{88}X_{111}+X_{88}X_{112}+X_{88}X_{113}+X_{88}X_{114}+X_{88}X_{115}+X_{88}X_{116}+X_{89}X_{41}+X_{89}X_{42}$

$+X_{89}X_{43}+X_{89}X_{44}+X_{89}X_{93}+X_{89}X_{94}+X_{89}X_{95}+X_{89}X_{110}+X_{89}X_{111}+X_{89}X_{112}+X_{89}X_{113}$

$+X_{89}X_{114}+X_{89}X_{115}+X_{89}X_{116}+X_{90}X_{41}+X_{90}X_{42}+X_{90}X_{43}+X_{90}X_{44}+X_{90}X_{93}+X_{90}X_{94}+X_{90}X_{95}$

$+X_{90}X_{110}+X_{90}X_{111}+X_{90}X_{112}+X_{90}X_{113}+X_{90}X_{114}+X_{90}X_{115}+X_{90}X_{116}+X_{91}X_{41}+X_{91}X_{42}$

$+X_{91}X_{43}+X_{91}X_{44}+X_{91}X_{93}+X_{91}X_{94}+X_{91}X_{95}+X_{91}X_{110}+X_{91}X_{111}+X_{91}X_{112}+X_{91}X_{113}$

$+X_{91}X_{114}+X_{91}X_{115}+X_{91}X_{116}+X_{92}X_{41}+X_{92}X_{42}+X_{92}X_{43}+X_{92}X_{44}+X_{92}X_{93}+X_{92}X_{94}$

$+X_{92}X_{95}+X_{92}X_{110}+X_{92}X_{111}+X_{92}X_{112}+X_{92}X_{113}+X_{92}X_{114}+X_{92}X_{115}+X_{92}X_{116}+X_{29}X_{96}$

$+X_{30}X_{96}+X_{31}X_{96}+X_{32}X_{96}+X_{33}X_{96}+X_{34}X_{96}+X_{29}X_{97}+X_{30}X_{97}+X_{31}X_{97}+X_{32}X_{97}+X_{33}X_{97}$

$+X_{34}X_{97}+X_{29}X_{98}+X_{30}X_{98}+X_3X_{981}+X_{32}X_{98}+X_{33}X_{98}+X_{34}X_{98}+X_{29}X_{99}+X_{30}X_{99}$

$+X_{31}X_{99}+X_{32}X_{99}+X_{33}X_{99}+X_{34}X_{99}+X_{29}X_{100}+X_{30}X_{100}+X_{31}X_{100}+X_{32}X_{100}+X_{33}X_{100}$

$+X_{34}X_{100}+X_{35}X_{38}+X_{35}X_{39}+X_{35}X_{40}+X_{35}X_{41}+X_{35}X_{42}+X_{35}X_{43}+X_{35}X_{44}+X_{35}X_{45}$

$+X_{36}X_{38}+X_{36}X_{39}+X_{36}X_{40}+X_{36}X_{41}+X_{36}X_{42}+X_{36}X_{43}+X_{36}X_{44}+X_{36}X_{45}+X_{37}X_{38}$

$+X_{37}X_{39}+X_{37}X_{40}+X_{37}X_{41}+X_{37}X_{42}+X_{37}X_{43}+X_{37}X_{44}+X_{37}X_{45}$

由以上计算可以看出,该事故树的最小割集有294项。由各割集可以判断各基本事件的结构重要度如下:

$I_\phi(1)=I_\phi(2)=\cdots=I_\phi(28)=I_\phi(46)=I_\phi(47)=\cdots=I_\phi(80)=I_\phi(101)$

$=I_\phi(102)=\cdots=I_\phi(109)>I_\phi(41)=\cdots=I_\phi(44)>I_\phi(93)=\cdots=I_\phi(116)>I_\phi(35)=$

$I_\phi(36)=I_\phi(37)>I_\phi(97)=\cdots=I_\phi(100)>I_\phi(29)=\cdots=I_\phi(34)$

$>I_\phi(38)=\cdots=I_\phi(40)=I_\phi(45)$

根据管线泄漏事故树可以看出,影响管线安全运行、引发管线泄漏事故的原因是多方面的,其中主要表现在管线自身的质量、施工质量和外界环境因素的变化等方面。由事故树的结构重要度分析,可以看出 X_1(自然灾害)、X_2(人员无意破坏)、X_3(蓄意破坏)、X_4(内部超压)、X_{109}(焊接材料选择不正确)等 72 个基本事件对于顶上事件 $T1$(管线泄漏)发生的概率影响大。

2. 燃气管线火灾爆炸事故树

该事故树中的顶事件是燃气管线的火灾爆炸,它包括物理爆炸、火灾爆炸和喷射火等内容。燃气管线火灾爆炸事故树如图 4-10 所示,各事件符号代表的事件内容见表 4-5。

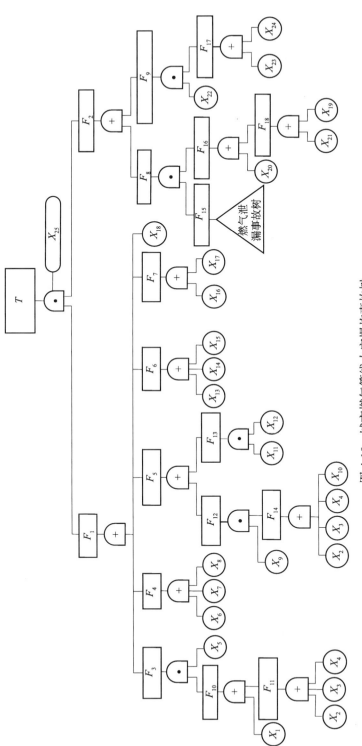

图 4-10　城市燃气管线火灾爆炸事故树

表 4-5　地下燃气管线火灾爆炸事故树中符号代表的事件

符号	事件	符号	事件	符号	事件
T	燃气管线火灾爆炸	F15	燃气泄漏	X12	作业中与导体接触
F1	点火源	F16	未及时发现	X13	使用电子通信工具
F2	气源的存在	F17	安全阀失效	X14	未使用防爆电器
F3	雷电火花	F18	报警仪失效	X15	防爆电器损坏
F4	明火	X1	未安装避雷设施	X16	使用铁质工具
F5	静电火花	X2	接地电阻超标	X17	穿带钉子的鞋
F6	电火花	X3	引下线损坏	X18	外界来火源
F7	撞击火花	X4	接地端损坏	X19	人为破坏
F8	泄漏气源	X5	雷击	X20	未及时巡检
F9	物理爆炸流出气源	X6	使用未带阻火器的汽车	X21	未定期检验
F10	避雷失效	X7	违章动火	X22	压力超限
F11	避雷器故障	X8	吸烟	X23	安全阀弹簧损坏
F12	管束静电	X9	静电聚集	X24	安全阀造型不当
F13	人体静电	X10	未设静电接地	X25	达到爆炸极限
F14	接地失效	X11	未穿防静电服工作		

3.　地下燃气管线事故基本原因识别表

随着城市燃气事业的发展，管线的不断扩大和延伸，城市燃气管线的规划、建设和管理有许多方面跟不上需求，各种对管线及用气安全构成威胁的因素也越来越多。给管线输配系统的正常运行及安全供气带来困难。

通过以上危险因素辨识、燃气管线事故树的分析和系统安全工程知识的应用，可得到地下燃气管线事故基本原因识别表，如表 4-6 所示。

表 4-6　地下燃气管线事故基本原因识别表

一级指标	二级指标	基本危险因素
人的因素	缺乏安全意识	有分散注意力行为
		忽视警示标志
		不使用安全防护用品
	缺乏安全知识	操作错误
		不使用安全设备
		冒险进入危险场所

续表

一级指标	二级指标	基本危险因素
人的因素	缺乏安全技能	操作错误
		违章操作
		不按方案操作
		物品存放不当
		造成安全装置失效
	人员素质低	工人受教育年限低
		工人平均工龄少
		工人持证上岗率低
		管理人员受教育年限低
		管理人员平均资历低
物的因素	设计、技术缺陷	施工设计缺陷
		管线自身材质缺陷
	焊接、施工缺陷	焊接材料不合格
		焊缝表面处理不合格
		焊缝有裂纹
		焊缝未焊透
		焊缝错边严重
		焊缝有气孔、夹渣等
		埋深不够
		穿越障碍不符合要求
		防腐层施工中受损
		管线连接处安装不符合要求
		沟槽开挖回填不好基础沉降
		管线防腐、防变形措施缺陷
		管螺纹的加工质量不符合规范要求
		施工检查及现场管理失误
	管材、设备、设施、工具附件有缺陷	管线转弯弯头使用多
		管材选材不当
		管材质量不合格

一级指标	二级指标	基本危险因素
物的因素	管材、设备、设施、工具附件有缺陷	安全裕量不足
		阀门、法兰、弯头等存在缺陷
		安全附件缺陷
		应力作用下的疲劳损坏
		设备设施强度不够
		刚度不够
		稳定性差
		密封不良
		应力集中
		外形缺陷
		季节温度的变化而伸缩缝不足
		管线设施超龄服役
	腐蚀失效	防腐验收及检测不到位
		防腐层受外力破损
		防腐层黏接力降低
		防腐层老化剥离
		防腐层内部积水
		阴极防护距离小
		阴极保护电位高
		阳极材料失效
		存在杂散电流
		管内积水
		燃气水分不合要求
		燃气含腐蚀性成分
	安全设施缺少或有缺陷	防护装置设施缺陷
		支撑不当
		危险区域防爆电器不防爆
		静电接地不可靠
		防雷装置失效

续表

一级指标	二级指标	基本危险因素
物的因素	安全设施缺少或有缺陷	防护距离不够和其他防护缺陷
	安全标志缺陷	无标志
		标志不规范、标志选用不当
		标志不清、位置不当
	报警仪失效	未定期检验
		人为破坏
	物理爆炸	压力超限
		安全阀弹簧损坏
		安全阀造型不当
		调压器失灵
管理因素	制度、规程方面	缺乏岗位安全责任制
		安全管理规章制度不健全
		安全操作规程不健全
	管理水平	燃气管线的调度、监控、信息系统水平不高
		系统缺乏辅助决策分析、应急方案和管线查询功能
	职能部门方面	职能部门管理混乱，各自为政
		管理范围不明确
	组织、指挥方面	作业组织不合理
		安全管理机构不健全
		安全管理人员不足
	安全培训教育方面	缺乏安全教育
		缺乏岗位安全技能培训
	应急处置预案方面	没有事故应急预案，应急救援体系不完善
		应急救援演练的次数少和效果差
	消防管理方面	防灭火设施和报警设施不健全
		消防管理制度、教育培训制度和上级对消防工作检查制度不健全
	定期检查检测情况	是否具有定期检查制度，定期检查具体实施情况
		监管巡检不力

续表

一级指标	二级指标	基本危险因素
环境因素	自然环境	地基下沉
		土壤腐蚀
		坍塌
		自然灾害（地震、滑坡、泥石流、崩塌、洪涝灾害）
	外界情况	动物破坏
		管线防护措施不足
		地形起伏变化大
		地面建筑物抗破坏能力不足
	人为环境	管线占压
		外界野蛮施工（进行开挖地基、钻孔、顶管、埋管、取土等工作）
		地面开挖回填不实
		车辆碾压
		沿线违章骑压管线
		运移土层造成坍塌
		偷盗设施设备
		有意破坏
		恐怖袭击
	管线交互影响	管线间安全距离不足
		其他管线介质进入管线（如排水、自来水等管线泄漏可能引起地面沉降）
		管线间事故影响

五、供热管线

1. 供热管线失水事故树

根据供热管线失水事故的特点，画出管线失水事故树，见图4-11。

2. 供热管线火灾事故树

根据供热管线火灾事故的特点，画出管线火灾事故树，见图4-12。

3. 地下供热管线事故基本原因识别表

通过以上供热管线事故树的分析，结合前面的事故原因分析，可得到地下供热管线事故基本原因识别表，如表4-7所示。

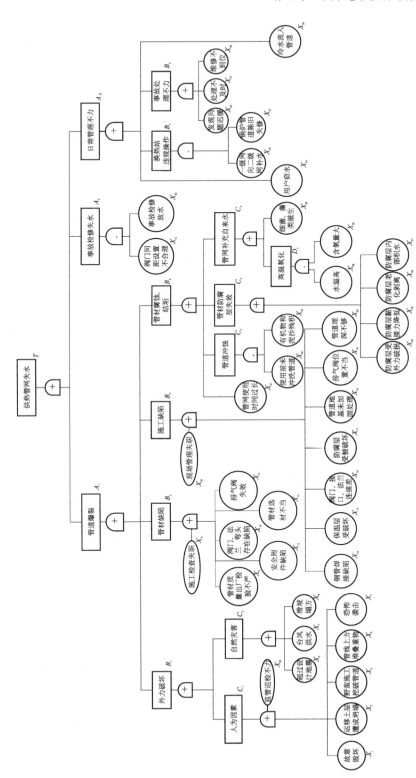

图 4-11 城市供热管线失水事故树

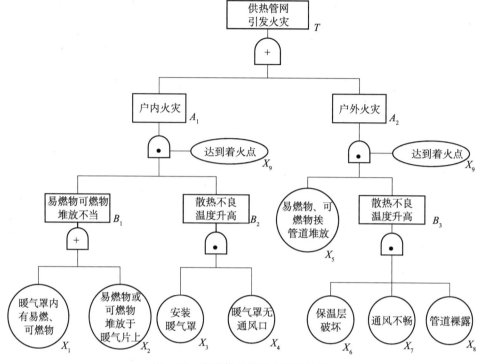

图 4-12 市政供热管线火灾事故树

表 4-7 地下供热管线事故基本原因识别表

一级指标	二级指标	基本原因
人的因素	缺乏安全意识	有分散注意力行为
		忽视警示标志
		心存侥幸
		不使用安全防护用品
	缺乏安全知识	操作错误
		不使用安全设备
		冒险进入危险场所
		将供热热媒作他用
	缺乏安全技能	操作错误
		物品存放不当
		维修不到位
		造成安全装置失效
	群众素质不高	爱护公用财产意识不强

续表

一级指标	二级指标	基本原因
人的因素	群众素质不高	有贪图小便宜心态
物的因素	设计、技术缺陷	施工设计缺陷
		管线自身材质缺陷
		市政供热环网设计缺陷
	焊接、施工缺陷	焊缝有裂纹
		焊缝未焊透
		焊缝错边严重
		焊缝有气孔、夹渣
		预留管段接头未用盲板焊死
		防变形措施缺陷
		保温层材料质量缺陷
		保温层施工质量缺陷
		阀门、接口、法兰施工缺陷
		管线地基未加固处理
		管线埋深不够
		密封胶老化、不到位
		焊接点未采取修复措施
		管线穿越障碍处理不当
		排气阀位置不当
	设备、设施、工具附件有缺陷	管材质量检验不严格
		管材选材不当
		阀门、法兰存在缺陷
		排气阀失效
		调压设备失效
		设备设施强度不够
		刚度不够
		弯头质量未达标
		稳定性差
		密封不良
		应力集中

续表

一级指标	二级指标	基本原因
物的因素	设备、设施、工具附件有缺陷	应力持续存在
		外形缺陷
		管线超龄服役
		暖气罩无通风口
		事故检测设备落后
		维修工具落后
	安全设施缺少或有缺陷	防护装置设施缺陷
		支撑不当
		防护距离不够和其他防护缺陷
	安全标志缺陷	无标志
		标志不规范、标志选用不当
		标志不清、位置不当
	管材防腐缺陷	防腐层施工质量缺陷
		防腐层黏接力降低
		防腐层老化剥离
		防腐层内部积水
		阴极防护距离过小
		阳极材料失效
		随意补充自来水
		过水 pH 偏低
		细菌藻类滋生
		有机物、泥沙残积管线
管理因素	制度、规程方面	缺乏岗位安全责任制
		安全管理规章制度不健全
		日常监管巡检不力
		施工检查、现场管理制度不健全
		安全操作规程不健全
	组织、指挥方面	作业组织不合理
		安全管理机构不健全
		安全管理人员不足

一级指标	二级指标	基本原因
管理因素	组织、指挥方面	地下管线部门各自为政，协调统一机制不健全
		无突发事件应急工作小组
		缺乏应急事故预案
		发现问题迟缓
		处理事故不及时
		指挥者对管线资料了解不全
	操作、管理方面	水温控制过高
		水压控制过大
		阀门启闭操作失误
		泵启停失误
		管线老化
	安全培训、职业教育方面	缺乏安全教育
		缺乏爱岗敬业精神培训
		缺乏岗位安全技能培训
环境因素	自然环境	地基下沉
		土壤腐蚀
		坍塌
		自然灾害（地震、洪涝、台风、滑坡塌方灾害）
	人为环境	故意敲打、挖断管线
		外力野蛮施工
		地面开挖回填不实
		车辆碾压（交通超载）
		偷盗设施设备
		恐怖袭击
		违章建筑施工
		违章道路施工
		管线上方堆叠重物
	管线交互影响	管线间安全距离不足
		其他管线介质进入管线（如排水、自来水等管线泄漏可能引起地面沉降）
		管线间事故影响

第三节　基于灾害机理分析的地下管线事故风险后果识别

一、地下管线事故灾害机理

对于地下管线事故导致的灾害来说，分析事件的原理性机理，就可以找到孕育这种相互影响关系的源头，发现形成的规律和推动事件发展的动力，以及事件在未来的发展演化中所遵从的规律，以便在管理中找到相应的应对策略。

原理性机理分析是开展基于地下管线事故的灾害分析的重要基础。一旦掌握了事件的原理性机理，在地下管线任一方面发生事件后才可以做出迅速、有效的分析，在分析的基础上采取尽可能合理的应对措施，达到科学处理、减少损失的目的。

图 4-13 所示的就是一套完整的城市地下管线运行系统相互影响的原理性机理体系。把相互影响过程分成两个部分，也是前后相继的两个过程，即发生机理和发展机理。从图 4-13 中可以看到，发生机理分为"突发"和"渐发"两种不同类型，区别主要在于人类是否事先掌握了事件要发生的信息。如图 4-12 所示，各类风险因素在城市地下管线系统运行过程中不断积累，逐渐达到质变临界点，在其他诱因的催化下，最终产生相互影响。如果关于风险因素的质变临界点和爆发点的具体信息被人们成功感知，那么就认为这种相互影响是渐发类型的，否则就是纯粹的突发类型。

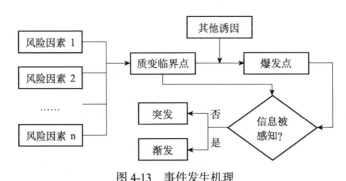

图 4-13　事件发生机理

事件的突发机理可以用图 4-14 直观表示。

随着风险的积累，城市主体的危险程度越来越高。地下管线运行事件在 T_1 时刻最终爆发，使得城市主体的运行水平从正常稳态的 C_1 迅速跌落至 C_2。而人们对于这种相互影响的感知是滞后于爆发时间的，图上用 T_2 表示被感知的时间临界点。

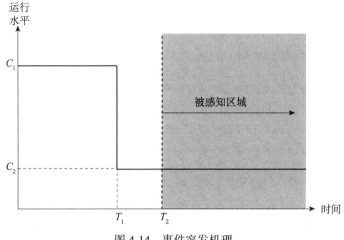

图 4-14 事件突发机理

渐发机理与此类似,如图 4-15 所示。区别在于人们的感知区域被提前到了 T_1 之前的 T_3 状态。

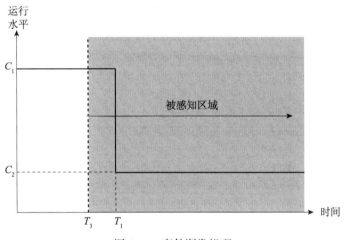

图 4-15 事件渐发机理

基于地下管线事故的灾害发展机理则分别按照"空间上的扩展"和"烈度上的增强"来进行区分。可以用图 4-16 来抽象表示发展机理。

图 4-16 中的圆圈表示影响区域,方块表示全空间。发展表现为两种形式:一是影响范围扩张,图形上表示为圆圈面积变大,颜色不变;二是影响烈度增强,图形上表示为圆圈颜色变深,面积不变。当然,实际情况中,很少会只出现单独一种情况,往往是两种发展态势相伴出现,即影响既在空间上进行扩展,又在烈度上得到增强。

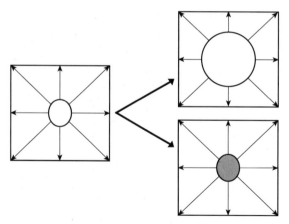

图 4-16　相互影响作用的发展机理

　　由于特定一方面可能对其他方面造成影响，同时该方面也可能会进一步造成更深的影响，所以用"演化"一词来概括多个事件之间存在的这种关系。进一步细分，可以有"转化""蔓延""衍生""耦合"四个不同的演化机理，如图 4-17所示（陈安等，2009）。

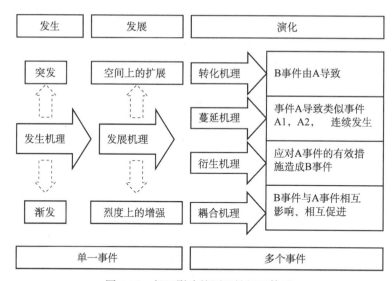

图 4-17　相互影响的原理性机理体系

　　下面以前文所阐述的机理体系中的原理性机理为框架，分析一下燃气管线、电力管线、供热管线、通信管线、供水管线、排水管线等地下管线事故的发生、发展、演化规律，以期给出一种"从一般到具体"的可推演的问题分析模式。

（一）事件的发生机理

　　如前文所述，事件的发生机理主要分为突发和渐发两种，其不同取决于人们对事件的预知程度。发生机理在城市地下管线系统中是十分常见的。各个子系统内部都存在突发性的、事先很难被管理人员认知的事故或是事前可能会被预见到的、有一定征兆的渐发事件。下面举几个典型的例子来说明。

1. 燃气管线事故的发生机理

燃气管线运行的主要安全问题来自于管线的系统内部或外部因素导致的管线破裂，以及管线输送介质的有毒性、易燃易爆性等方面。这些安全问题所导致的燃气运行安全事故主要有燃气泄漏、供气中断和供气不稳、火灾爆炸、物理性爆炸、窒息五类。

绝大多数的燃气管线事故都是以燃气泄漏为发端的，而燃气泄漏这一事故类型可以分为突发和渐发两种类型。突发事件一般由外力破坏或内部操作失误导致，渐发事件的罪魁祸首往往是燃气具腐蚀、软管老化、阀门密闭不良等。从发生的后果来看，火灾、爆炸等事故通常被认为是突发型事件，而吸入燃气导致的窒息则更倾向于被看作渐发式事件，如图 4-18 所示。

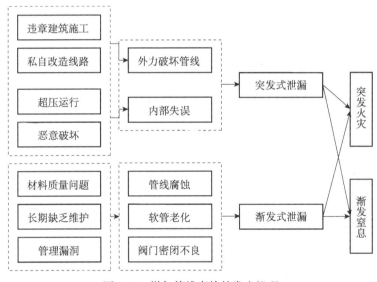

图 4-18　燃气管线事故的发生机理

2. 电力管线事故的发生机理

输电线路的安全问题依然来自系统内部和系统外部两方面，如自然气象条件（如风、雷击、冰害等）及鸟害对架空输电线路的危害尤其严重。对于地下电力管线来说，第三方破坏是线路安全运行中的主要问题。

输电线路的故障事件也可以分成突发与渐发两个部分。突发事件主要是指由各种突发自然灾害导致的线路故障，渐发事件主要是指由连续的状态变化最终导致的线路破坏。输电线路是电网的基本组成部分，由于其分布范围广，且常面临各种复杂地理环境、气候环境和人为环境的影响，当不利条件导致线路运行故障时，就会直接影响线路的安全可靠运行，有时还会发生火灾、触电等事故，严重时还会造成大面积停电事故。仅从后果角度来看，所有事件几乎都是突发性的，如图4-19所示。

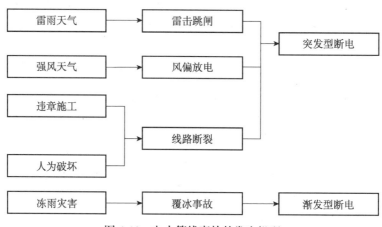

图4-19　电力管线事故的发生机理

3. 排水管线事故的发生机理

排水管线是城市处理暴雨洪水和日常生活污水的重要基础设施。与排水管线有关的事件同样有突发与渐发两大类，而且致灾原因与燃气管线有不少相似之处。违章施工作业、过度抽取地下水、突降暴雨等因素都可能导致突发的排水管线事故；设计落后、设备腐蚀、缺乏维护和保养是渐发型事故的主要诱因，如图4-20所示。

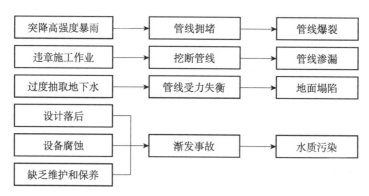

图4-20　排水管线事故的发生机理

4. 供水管线事故的发生机理

城市供水管线多指城区内的配水管线，所处位置有城区街道下面，有小区广场，甚至有的在用户建筑物附近或下面，这就对自来水管线的安全性提出了很高的要求。自来水管线损毁是出现给水事故的主要形式。

从事件的发生机理分析，突发的情况主要体现在外力破坏和内部不合理操作造成的供水管线突然爆裂。而渐发情况则主要体现在管线材质问题和水压升高而带来的一些"跑、冒、滴、漏"现象方面，如图 4-21 所示。

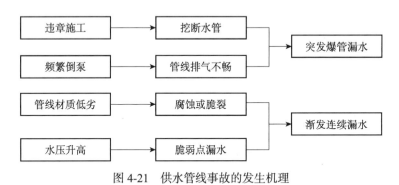

图 4-21　供水管线事故的发生机理

（二）事件的发展机理

事件一旦发生，将遵循事件的发展机理。下面就结合城市地下管线系统举几个典型的例子。

1. 燃气管线事故的发展机理

就燃气泄漏这一典型事故类型来说。发展机理表现在两个方面：第一，泄漏的燃气扩散至更广阔的空间；第二，单位空间的燃气浓度上升。相对而言，后者的潜在危害更大，更容易诱发其他严重的次生灾害，如图 4-22 所示。

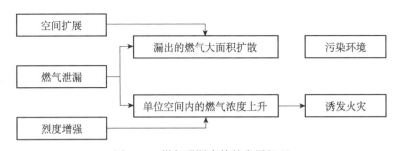

图 4-22　燃气泄漏事故的发展机理

2. 电力管线事故的发展机理

电力管线的典型事故是供电中断。它的发展机理表现在两个方面：第一，供电网络的受损节点数增多；第二，区域内的导线受损程度上升。相对而言，前者的危害程度更大，因为很可能导致大面积的停电事故，影响城市的工业生产、居民生活与其他基础设施的正常运转，如图 4-23 所示。

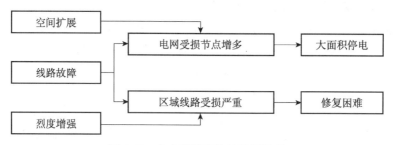

图 4-23　电力管线事故的发展机理

3. 排水管线事故的发展机理

排水管线的初始事故一般表现为管线渗漏。它的发展机理表现在两个方面：第一，由渗漏发展为管线爆裂；第二，受损的管线位置增多。这两个现象都可能导致比较严重的后果，比如排水和排污能力下降，甚至造成地面塌陷，如图 4-24 所示。

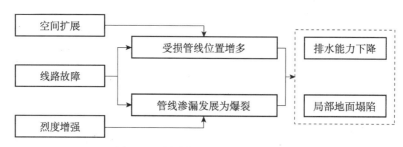

图 4-24　排水管线事故的发展机理

4. 供水管线事故的发展机理

供水管线的事故中最常见、最典型的是供水管线破裂造成的停水和路面溢水现象。前者的发展机理表现在两个方面：第一，居民停水的波及范围扩大；第二，管线受损严重导致的停水时间延长。显然两者都会造成比较恶劣的社会影响，如图 4-25 所示。

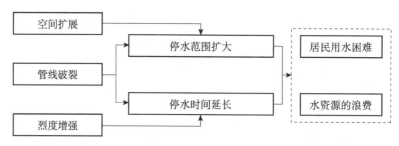

图 4-25　供水管线事故的发展机理

（三）事件的演化机理

城市地下管线是一个复杂的巨大系统。各个管线系统之间联系密切、相互影响。因此，现实中发生的各类与城市管线相关的突发事件其实都不仅仅是单一事件，在转化、蔓延、衍生、耦合这四大类演化机理的作用下，往往伴随着多个突发事件、多种次生灾难的出现。下面还是以四个管线子系统为主，举一些典型的例子进行说明。

1. 燃气管线事故的演化机理

燃气管线系统中常见的突发事件转化脉络是违章建筑施工而导致燃气管线被破坏，进而使燃气发生泄漏、居民的燃气供应中断；也可能由燃气泄漏事故导致空气污染或民众的呼吸中毒事件。

如果泄漏的燃气不断涌向相对封闭的空间，导致单位空间内的可燃气体浓度逐渐到达临界点，最后再遭遇明火或电火花等的催化作用，就极易发生火灾甚至严重的爆炸事故。这是典型的耦合机理作用，即燃气泄漏、封闭空间、浓度上升、火焰催化等因素耦合交织在一起造成更严重的次生灾难。

爆炸一旦发生，在周围环境比较密闭且存在大量易燃物的情况下，很可能进一步造成一系列的爆炸事故，这是蔓延机理的体现。

衍生机理作用在实际情况中也有很典型的例子。比如半夜发现邻居家发生燃气泄漏而造成中毒昏迷，匆忙中顾着救人而忽略常识按下了电灯开关，产生的电火花引燃了室内已经达到了临界浓度的气体，最终引起了火灾事故，如图 4-26 所示。

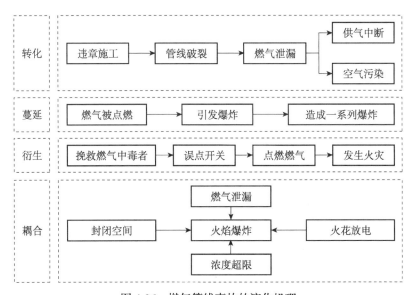

图 4-26　燃气管线事故的演化机理

2. 电力管线事故的演化机理

电力管线系统中常见的事件转化脉络一般为恶劣天气或违章施工造成导线断裂或开关跳闸，进而导致供电中断，使城市生产生活秩序受到影响，如图 4-27 所示。

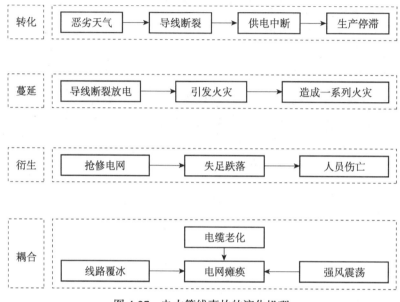

图 4-27　电力管线事故的演化机理

管线断裂放电，电火花与易燃物接触造成火灾，因扑救不及时进一步引发一系列次生火灾事故。这是蔓延机理的作用现象。

发生电网故障时，维修工人会前往抢修，虽然排除了故障，却可能因为恶劣天气或施工不慎，发生跌落或触电事件，造成伤亡。这是衍生机理的典型表现。

3. 排水管线事故的演化机理

排水管线系统中常见的事件转化脉络一般是管线渗漏造成排水不畅，于是路面积水无法及时清除，形成潜在的交通隐患。

当路面积水情况不断恶化时，难免会造成交通不畅，甚至引起交通事故而堵塞交通干道，于是最终引发一系列的道路拥堵现象，这就是蔓延机理的作用。

我国北方地表水资源普遍紧缺，因此很多城市都开采地下水补充工业生产和城市居民的用水问题。然而这种长期、过度的开采必然会改变地下排水管线的平衡状态，最终导致排水渗漏甚至局部地面沉降事故。这是衍生机理的典型体现。

排水管线的重大事故的耦合机理一般是管线老化、过度开采地下水、交通流量增加导致的地面压力超载等因素耦合关联导致地下管线和地面的大面积塌方事故，如图 4-28 所示。

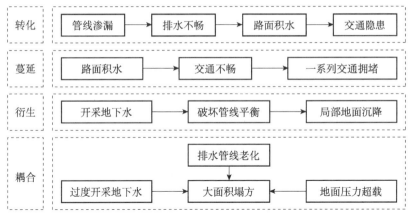

图 4-28　排水事故的演化机理

4. 供水管线事故的演化机理

供水管线系统中常见的事故转化脉络是管线受损导致爆裂漏水，之后引起供水中断，造成城市工业生产和居民生活受影响。

城市用户通常存在用水时间不均的现象。因此，为了应对白天水压不足或用水紧张而夜晚用水骤降导致管线压力急剧升高的局面，管理部门通常只能频繁地倒泵，甚至开停泵。这样极易因操作过快造成管线排气不畅而损坏。这是衍生机理的典型体现。

与蔓延机理相关的事件与排水系统比较类似，即因局部的交通拥堵造成一系列的连环交通拥堵，但原因在于违章建筑施工挖断供水管线，使路面出现严重的溢水现象。

供水管线的重大事故也以大规模、大面积的塌方为主，只是受影响的管线以供水管线为主体。这里就不再赘述了，如图 4-29 所示。

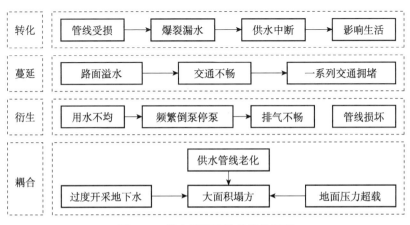

图 4-29　供水管线事故的演化机理

表 4-8 给出的是供电、燃气、供水、通信四类典型地下管线及交通系统在功能严重失效情况下（如地震后）的典型相互作用及对应的影响形式分类的例子。

表 4-8　典型地下管线系统功能严重失效相互作用特性

影响主体	被影响客体				
	电力管线	燃气管线	供水管线	交通管线	通信管线
电力管线	—	○气源厂、球罐站压力调节装置失效 ○中心控制系统失效 ○照明中断	○水厂、泵站的电动机失效 ○中心控制系统失效 ○照明中断	○交通信号无法使用 ○地铁、电车停驶 ○中心控制系统失效 ○照明中断	○通信中心功能失效 ○在线服务中断 ○数据丢失 ○中心控制系统失效 ○照明中断
燃气管线	△作为替换物的过量使用	—	△修复工作复杂化 △抢占修复机械	○输气管线破坏进而隔离造成道路堵塞	
供水管线	●水淹地面管线 ○独立的电厂缺少冷却剂	△修复工作复杂化 △抢占修复机械 ○冷却剂短缺 ○独立的电厂缺少冷却剂	—	○输水管线破坏造成道路堵塞 ●水漫路面	○电话交换机等缺少冷却剂 ●水淹地面管线 ●绝缘失效
交通管线	△延滞修复（如组织人员、材料、机械等） ○材料、燃料无法输送 ○通勤中断	△延滞修复（如组织人员、材料、机械等） ○材料、燃料无法输送 ○通勤中断	△延滞修复（如组织人员、材料、机械等） ○材料、燃料无法输送 ○通勤中断	—	□电话超负荷使用
通信管线	○中心控制系统失效 △修复工作通信不便（如组织人员、答复用户报告损失、宣传工作、与管理部门的联系）	○中心控制系统失效 △修复工作通信不便（如组织人员、答复用户报告损失、宣传工作、与管理部门的联系）	○中心控制系统失效 △修复工作通信不便（如组织人员、答复用户报告损失、宣传工作、与管理部门的联系）	○交通堵塞 ○中心控制系统失效 △修复工作通信不便（如组织人员、答复报告损失、宣传工作、与管理部门联系）	—

○为功能型相互作用；●为布设型相互作用；△为恢复性相互作用

可以看出城市地下管线系统一方面遭到破坏后，完全可能极大地降低其他系统的服务能力，也对恢复工作起阻碍作用。比如交通不畅使其他生命线系统的机动能力降低，而这是恢复工作中关键性的因素；相反，在对沿路布置的地下设备（如供水管线、供气管线等）进行修复时，又反过来造成路面交通状况的恶化，甚至交通完全中断。

抓住水、电、气、热这几种地下管线系统作为重点，考虑它们之间的相互影响关系，进而辐射到这个系统之外的其他方面灾害演化过程，以及外部其他方面对它们的影响，可以绘出城市地下管线系统事故机理的关系图，如图 4-30 所示。

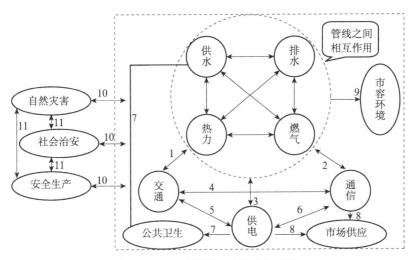

图 4-30　地下管线相互影响关系图

1——地下管线破裂事件导致路面塌陷，或维修过程需要临时封路；交通路面塌陷会威胁到地下管线的安全。2——地下管线破裂会导致相邻的通信线路受损，影响信号传送；通信出现故障，会使地下管线有关单位的调度不顺。3——地下管线破裂会导致相邻的电力线路受损，影响供电；电力出现故障，会使地下管线有关单位的调度不顺，影响需要电力的设备仪器运行。4——交通路面出现塌陷，破坏地下桥下的通信线路；通信中断，影响交通调度。5——交通路面出现塌陷，会破坏地下或桥下的电力线路；供电出现故障，交通信号灯、各种交通方式的调度出现瘫痪。6——供电中断，通信所需的服务器、设备停止运行；通信中断，影响电力调度。7——供水、供电中断，影响医疗服务的正常进行。8——供电、通信中断，影响金融服务的正常进行，影响商场、超市的收款服务。9——地下管线物质泄漏或管线破裂，影响路面清洁。10——各类突发事件会对各方面产生影响；水电气热的事件也可能诱发安全生产事故、火灾及社会治安事件。11——各类突发事件之间也存在相互演化的可能，安全生产、社会治安对防灾减灾产生的影响主要是火灾方面

二、供水管线运行风险的后果识别

1. 地下供水管线事故的事故后果分析

1）自来水流失

由于水具有流动性，城市供水管线发生爆管，很容易造成自来水大量流失。2007 年 10 月 21 日下午，昆明市北京路延长线与金色大道交叉口人行道上的自来水管线破裂，涌出的近百吨自来水流，淹没了百余米长的道路一个多小时。

2）损毁建筑物

尤其当供水主干管发生爆裂时，由于管径和水压均较大，容易造成破坏性影响。2008年8月9日凌晨3时许，南昌市昌北经济技术开发区蛟桥镇蛟桥村一根直径500毫米的自来水干管突然破裂，自来水瞬间喷涌而出，沿途三四百米长的房屋墙体倒塌，十余户居民家中一片汪洋。

3）导致居民停水

当管线发生爆裂而导致自来水大量流失后，与之相通的其他管线水压会显著降低，在水量流失与水压降低的共同作用下，居民区很容易出现停水状况。2008年3月5日，北京市朝阳区广渠路九龙花园门前一处自来水管跑水，导致该路段两侧约40栋楼的居民停水近4小时。

4）低处积水，影响正常生活

若爆管管线出水量大，维修不及时且排水困难，很容易造成居民区一楼住宅进水，从而影响居民正常生活。2007年5月23日上午10时许，江西南昌迎宾大道与何坊西路交界处，一条地下配水管破裂，喷射而出的水使得周围300米²的路面在10余分钟后成为一片汪洋。水位最深的位置在京山街道办事处院内，水都已经过膝，一些居民无奈地站在水中烧菜做饭。

2. 城市地下供水管线重大灾害致因分析表

由以上的分析及考虑地下供水管线事故的特点，建立市政地下供水管线风险后果识别表，如表4-9所示。

表4-9 城市地下供水管线风险后果识别表

	事故类型	所产生后果
供水管线事故	管线爆管	自来水大量流失
		水压降低
		居民停水
		工厂停水
		路面积水，阻碍交通
		冲毁建筑
		破坏环境
		底层住宅进水，影响日常生活
		土壤流失，造成地基塌陷、滑坡等地质灾害
		建筑基础浸泡，地基变软
	管线漏水	自来水流失
		水压降低

续表

	事故类型	所产生后果
供水管线事故	管线漏水	路面积水
		用水紧张
		破坏环境
		交通隐患

三、排水管线运行风险的后果识别

1. 地下排水管线事故的事故后果分析

1）污水处理不足与无回用设施

（1）许多城镇基本无集中污水处理与回用设施，污水直接排放，对地表水造成污染。

（2）排水设施与城市规划不配套。现状管线常有雨污混接、混流现象。由于汛期降雨排水集中，大量雨水集中排入污水管线，增加了污水处理设施的运行负担，或者是在超出污水处理设施处理能力的情况下，将大量污水在未经处理的情况下排入下游河渠，造成下游水环境污染。

（3）许多地区的大部分地下污水是靠水流的重力流作用沿管线自然向下游流动，下游管线一旦发生故障，很难有效控制上游连续不断排出的污水。例如，京广桥的坍塌事件，出现大面积积水和塌方，一时无法对上游排水进行有效截流，加大了财产损失；并且对已泄漏的大量污水，缺少处理手段和有效措施，只能采取直接抽升排入附近地表河流，直接导致城市河流的二次污染。

（4）随着城镇经济的迅速发展，城镇的城区面积不断扩大人民生活水平不断提高城镇给水系统日趋完善，城镇排水管线也迅速扩展，排水量迅速增加，而排水管线建设与污水处理建设不配合，致使大量污水得不到处理，特别是一些有毒的工业废水得不到集中处理，致使污水的二次污染。

2）积水

（1）由于管材材料强度、地面承载能力和现实地面承受状况及污水中所含的污染物成分的变化，许多管线已经被严重腐蚀并出现了渗水。另外，雨水管线和泵站没有形成功能的统一，设计标准也一直偏低，如雨水管线设计标准大部分重现期小于1年，总体排水能力未进行科学评估，加上设施老化和维护经费不足，导致排水管线渗漏严重，总量难以估计，遇有中雨或大雨多处积水，影响地面交通和环境。

（2）部分设施老化陈旧容易造成排水不畅，甚至出现淤积、堵塞现象，造成过水能力不足，特别是在汛期排水量增加的情况下，往往形成大面积积水不能及时排放，给城市环境及正常的生产生活带来不便，若是污水中存在某种传播性的病毒和细菌，将会造成病毒的传播，甚至造成更严重的损失。

3）地下水渗入

南方大部分城市地下水较丰富。据同济大学的一项调查研究发现，管线的病害造成老城区地下水渗入量已超过污水总量的20%。在地下水稀释作用下，进入城市污水处理厂的原生污水的COD等指标降低，从而影响到污水处理厂按设计参数运行，降低了污水处理厂的运行效率和处理效果；在地下水长期的搬运作用下，排水管线附近土壤流失，使路基松动，地面沉降，影响城市基础设施、建筑物地基，潜伏着巨大的安全隐患，同时，使路面高低不平的情况在我国城市中随处可见，路面塌陷危害交通安全的事故也时有发生。同时管线中淤泥沉积的概率大大提高，有可能堵塞排水管线，增加了设施养护的劳动强度。

4）污水渗出

（1）全国城市市政公用设施普查结果表明，我国在运行的城市排污管线总长度约为180 000千米，其中有60%以上是20世纪80年代以前敷设的，材质主要为混凝土、铸铁管、陶制管及暗渠等，大部分年久失修，管线腐烂、接头渗漏严重，管线破损、塌陷、堵塞时有发生，造成城市地下水不符合饮用水水源标准。据统计，我国90%以上的城市水环境恶化，95%以上的城市地下水不符合饮水水源标准，排污管线的渗漏是最大的污染源之一。

（2）当泄漏大量的污水时，会在泄漏源附近区域形成大面积的积水；若缺少处理手段和有效措施，只能采取直接抽升排入附近地表河流，直接导致城市河流的二次污染，甚至造成病毒的传播。

（3）在我国许多城市的地下水位普遍较低，出现大量的污水渗漏，同时因受雨季或污水排放的影响，管线外部附近的土壤极易流失，破坏了城市基础设施、建筑物地基，造成了地基塌陷、滑坡等地质灾害，给道路的安全带来了威胁。

（4）地下管线是一个布置各种管线的综合系统，排水管线泄漏的污水有可能会进入其他类型的地下管线，如供水管线、供热管线、电信和电力管线等，对其他的管线造成污染和破坏。

5）排水管线破裂

随着时代的发展，交通流量的增加及地面、地层等各种物体的影响，极易导致排水管线破裂。①埋有管线路面上行驶的车辆由初期的马车、人力车、自行车到现在的轿车、公共汽车、载重汽车等对地面超载压力的大幅增加，导致埋深和缺失日常维护的排水管线承受压力超出原有设计能力。②有些地方的地质、土质偏差，地下水位偏高，会使钢筋混凝土管采用的素土基础不断受到破坏，导致管材受力不均匀，再加上地下钢筋混凝土管长期受到静力荷载和动力荷载的作用。③受到外力的破坏等，均会造成管线的破裂，从而引起：污水的泄漏、渗透，甚至大面积的积水和病毒的传播；泥土等物体的进入造成淤积和堵塞；出现地面塌方，破坏了城市基础设施、建筑物地基等。

2. 市政地下排水管线重大灾害致因分析表

由以上的分析和地下排水管线事故的特点，建立市政地下排水管线风险后果识别表，如表4-10所示。

表 4-10 城市地下排水管线风险后果识别表

	事故类型	所产生后果
市政地下排水管线事故	积水	淹没地下建筑
		造成地基松软
		阻断交通
		污染环境
		造成病毒的传播
	污水渗出	污染地下水，造成城市水环境恶化
		大量泄漏形成积水
		直接排入附近地表河流，导致二次污染
		造成病毒的传播
		土壤流失，造成地基塌陷、滑坡等地质灾害
		对其他的地下管线造成污染和破坏
	地下水渗入	降低了污水处理厂的运行效率和处理效果
		土壤流失，使地基松动，地面沉降
		路面塌陷危害交通安全
		形成管线淤积和堵塞
	排水管线破裂	造成污水的泄漏、渗透
		造成大面积的积水和病毒的传播
		泥土等物体的进入造成管线淤积和堵塞
		地面塌方，破坏了城市基础设施、建筑物地基
	污水处理不足与无回用设施	污水直接排放，污染地表水体
		增加了污水处理设施的运行负担
		有毒工业废水得不到集中处理，危害人体和动物健康

四、燃气管线运行风险的后果识别

燃气管线泄漏，是燃气行业面临的一个严重问题。由于燃气具有易燃、易爆特性，一旦管线发生泄漏事故，容易引起火灾、爆炸及污染环境等恶性后果，特别是在城市人口密集地区，此类事故往往会造成严重伤亡及重大经济损失，同时带来恶劣的社会及政治影响。

1. 燃气具有的特点

一是易扩散性。管线燃气在空气及其他介质中扩散能力强，火势蔓延快，一旦起火燃烧，将迅速扩大。二是易缩胀性。根据气体克拉柏隆方程：$PV=nRT$。天然气、煤气等燃气通常是在管线中，压力范围为 0.1 ~ 0.45 兆帕，家庭使用时一般应小于 0.01 兆帕。因此，入户使用时，随着压力的减小，气体体积增大了 10~50 倍。三是易燃烧性。从三种燃气的最小点火能量看，其范围在 0.19 ~ 0.28 毫焦，点火能量低，火焰传播速度较快。四是易爆炸性。在燃气火灾事故中，爆炸极限范围越宽，下限浓度越低，爆炸危险性越大。天然气爆炸浓度为 5% ~ 14%，液化石油气为 5% ~ 33%，煤气为 4.5% ~ 40%。它们爆炸下限都很低，在空气中极易发生爆炸。五是易中毒窒息性。燃气都可能导致中毒或窒息。

2. 管线燃气事故的事故后果分析

（1）泄漏。管线燃气因施工不当、设备年久失修、操作失误或其他不可预见的原因等造成管线或闸阀破裂等，均会造成燃气泄漏。燃气一旦泄漏，易造成人员中毒。如果泄漏事故现场，火源管理不严，极易引发火灾和爆炸事故。2006年 12 月 23 日，九江市人大办公楼建设工地因挖土机挖断天然气管线，导致泄漏，泄漏处天燃气喷射数米远。

（2）燃烧。管线燃气遇火源会发生两种燃烧方式，即扩散燃烧和动力燃烧。燃气泄漏后遇火源被点燃，燃气与空气中的氧边混合边燃烧，此时处于稳定燃烧状态，即为扩散燃烧。扩散燃烧危险性小，但如果不及时控制，则可能导致火势蔓延造成严重后果。2007 年 3 月 4 日，萍乡市城北小学旁一栋居民楼前，一条直径约 3.5 厘米的煤气管线突然发生泄漏燃烧，并迅速蔓延到周围店铺，引起火灾。

（3）爆炸。爆炸是管线燃气事故中最为严重的事故类型。燃气泄漏后与空气中的氧混合形成爆炸性混合物，一旦进入爆炸浓度极限范围，再遇有足够的点火能量，即会发生爆炸。

（4）次生灾害。一是燃气扩散中毒事故。燃气随空气流动四处扩散。燃气所含的有毒气体成分较为复杂，极易导致人员中毒。爆炸发生后，释放出大量的能量，导致建筑物倒塌或在建工地塌方，造成人员被埋压。因此，处置爆炸后现场也是管线燃气事故处置的重要一环。

3. 燃气泄漏的事件树分析

以燃气泄漏为初因事件，分析燃气泄漏可能造成的后果事件，事件树见图4-31。

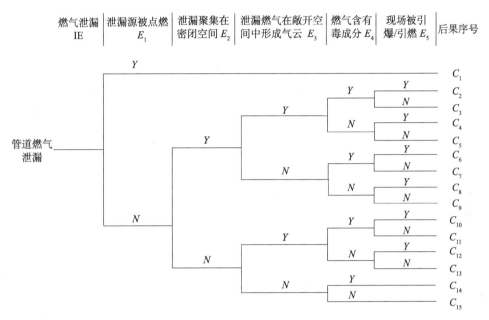

图 4-31 燃气泄漏后果事件树

该事件树考虑了燃气泄漏的 5 个后续事件，后果事件如表 4-11 所示。

表 4-11 事件树的后果事件

事件序号	事件描述	事件序号	事件描述
C_1	喷射火、着火	C_9	爆炸隐患、窒息
C_2	密闭空间爆炸、蒸气云爆炸、中毒	C_{10}	蒸气云爆炸、火灾
C_3	中毒、窒息、爆炸隐患	C_{11}	中毒、爆炸隐患
C_4	密闭空间爆炸、蒸气云爆炸	C_{12}	蒸气云爆炸、火灾
C_5	窒息、爆炸隐患	C_{13}	燃气损耗、爆炸隐患
C_6	密闭空间爆炸、火灾、中毒	C_{14}	中毒、燃气损耗
C_7	中毒、爆炸隐患、窒息	C_{15}	燃气损耗、扩散
C_8	密闭空间爆炸、火灾		

4. 城市地下燃气管线风险后果识别表

由以上的分析和燃气管线事故的特点，城市地下燃气管线风险后果识别表如表 4-12 所示。

表 4-12　城市地下燃气管线风险后果识别表

	事故类型	所产生后果
燃气管线事故	物理爆炸	人员伤亡
		燃气损失
		建筑物受损倒塌、财产损失
		场地塌方
		中毒、窒息
		污染空气
		居民停气
		火灾和化学爆炸隐患
	泄漏	中毒、窒息
		燃气损失
		污染空气
		居民停气
		火灾和化学爆炸隐患
	火灾	人员伤亡
		财产损失
		火势蔓延危及附近建筑
	化学爆炸（包括密闭空间爆炸、蒸气云爆炸）	人员伤亡
		建筑物受损倒塌、财产损失
		场地塌方

五、供热管线运行风险的后果识别

1. 地下供热管线事故的事故后果分析

1）影响居民取暖

供热管线最主要的作用即为居民提供暖气，抵御寒冷。而管线失水导致热媒大量流失，从而影响居民取暖。2006 年 10 月，内蒙古包头将进入冬春供热期。负责包头市东河区供热的北方联合电力公司旗下的包头三电厂正在进行充水打压，然而，由于开发商私自偷接供热管线，2006 年 10 月 8 日上午 9 点 20 分，包头市东河区大顺恒巷紫薇花园住宅楼门前的供热主管线发生管爆，有 1 万吨左右的供暖水流失。据包头三电厂厂长康波介绍，此次事故将影响到东河区近 4 万户居民的正常采暖，是该厂供热系统近年来受到的最为严重的一次外力破坏事件。

2）高温伤亡

由于地下供热管线是以热水或者蒸汽的形式通过管线系统输送给用户，这就决定了其与普通自来水供水管线相比具有高温的特殊性。供水管线一旦发生失水事故，如管线爆裂等，就有可能对周边居民或过往行人造成高温烫伤等。如2007年8月6号，朝阳区团结湖南里8号楼下，一根供热管线突然爆裂。迸出的热水连同路边的沙石射入旁边的8号楼。事故导致两名男子脚部被烫伤。据调查，发生爆炸的热力管供应一些小区和饭店的热水，管内的热水水温至少90℃。事故原因为：由于管线多年运行、腐蚀等因素，本身承压能力降低，夏季管线内压力不均衡，管内压力突然增大，实际运行压力大于管线本身的承压，导致事故发生；2007年7月18日，美国纽约市中心一条地下蒸汽管线爆炸，造成1人死亡，30余人受伤。据调查，发生爆炸的蒸汽管线直径约61厘米，已有83年历史。事故原因为冷水流入了蒸汽管线。

3）损毁建筑物

高温供热管线具有气压高的特点，供热管线一旦发生爆裂事故，高温热水在蒸汽压的推动作用下从断裂口喷出，对周围建筑物形成强大冲击力，若供热管线安装质量不好，则也容易因高温热水喷出形成反作用力而对周围物体造成破坏。例如，2006年8月29日即墨市热电厂的供热主管线在厂墙外爆裂，喷出的蒸汽冲进附近一居民家，将2名居民烫伤。顺势摔出的管线又将附近一临时房砸坏，房内2名居民被砸伤。该管线直径有60厘米，离地近3米高。事发后，供热系统自动停止了供热，但残留的气体源源不断地从管线断裂处排了出来，现场方圆50余平方米大的范围内笼罩着蒸汽。

4）引发火灾

供热管线正常情况下管外均包有保温层，保温层一旦破裂，其管线内热媒高温热量将通过管线壁破损处往外界散发，若此时存在易燃、可燃物覆盖该处，则很容易由于散热不良、温度升高而引发火灾；供热管线入户后，居民将通过暖气片进行取暖，若暖气片上随意覆盖易燃、可燃物，导致通风不畅，温度升高，同样容易引发火灾。2006年3月1日晚，辽源市龙山区基督教堂附近的供热管线发生火灾。浓浓的黑烟从供热管线的涵洞口向外翻滚，涵洞内有四根直径1米的供热管线，火势沿着供热管线向两边扩散。

5）其他

供热管线当中的高温热水为高价软化处理水，已改变了原自来水的水质，再加上管线防腐剂等化学药剂的使用等，管线水中对人体有害元素较多，滥用容易对身体健康产生不利影响；此外还容易造成路面积水，通行不便；造成水、煤和电力资源的浪费，以及破坏环境等不良后果。

2. 城市地下供热管线风险后果识别表

由以上的分析及考虑地下供热管线事故的特点，建立市政地下供热管线风险后果识别表如表4-13所示。

表4-13 城市地下供热管线风险后果识别表

	事故类型	所产生后果
供热管线事故	供热管线失水	高温热水大量流失
		系统水压降低
		居民取暖困难
		高温热水烫伤人员及动物
		居民使用该水导致身体不健康
		部分工厂生产停止
		路面积水，阻碍交通
		冲毁建筑
		含化学试剂，造成生态破坏
		破坏环境，影响市容
		使用自来水补水，导致锅炉腐蚀结垢，管线生锈
		建筑基础浸泡，地基变软
		引起地面坍塌
		影响人员日常生活
	供热管道火灾	交通隐患
		造成水、煤和电力资源的浪费
		引发建筑火灾
		引发户外火灾
		造成人员伤亡
		社区混乱
		其他爆炸等灾害隐患

第四节 地下管线运行风险识别结果

根据前面的分析，从人、物、管理、环境四个方面分解，得到地下管线事故基本原因识别总体列表如表4-14所示。

表 4-14　地下管线事故基本原因识别列表

类别 1	类别 2	基本原因
人为因素	安全知识不够或安全知识结构不合理	操作错误、忽视安全、忽视警报
		造成安全装置失效
		使用不安全设备
		对易燃易爆等危险物质处理错误
	缺乏安全意识	手代替工具操作
		有分散注意力行为
		冒险进入危险场所
	不安全习惯	物品存放不当
		攀、坐不安全位置
物的因素	技术和设计有缺陷	设计、施工质量缺陷
		管线自身材质缺陷
	设备、设施、工具附件有缺陷	设备设施强度不够
		刚度不够
		稳定性差
		密封不良
		应力集中
		外形缺陷
		外漏运动部件
		操纵器缺陷
		其他缺陷
		管线防腐措施不利
		管线超龄服役
	安全设施缺少或有缺陷	防护装置设施缺陷
		防护不当
		支撑不当
		防护距离不够和其他防护缺陷
	个人防护用品有缺陷	无个人防护用品
		防护用品有缺陷

续表

类别 1	类别 2	基本原因
物的因素	安全标志缺陷	无标志、标志不清楚
		标志不规范、标志选用不当
		标志位置不当
		其他安全标志缺陷
管理因素	制度、规程方面	没有安全操作规程或不健全
		违反操作规程或劳动纪律
		安全管理制度缺乏或不健全
	组织、指挥方面	劳动组织不合理
		对现场工作缺乏检查或指挥错误
	安全培训教育方面	教育培训不够、缺乏安全操作知识
环境因素	自然环境	地基下沉
		地下水位降低
		土壤腐蚀
		坍塌
		自然灾害（地震、洪涝灾害）
	人为环境	管线占压
		外力野蛮施工
		地面开挖回填不实
		车辆碾压
		偷盗设施设备
		恐怖袭击
环境因素	管线交互影响	管线间安全距离不足
		其他管线介质进入管线（如排水、自来水、热力等管线泄漏可能引起地面沉降）
		管线间事故影响

这几类地下管线事故后果造成的影响主要有人员伤亡（健康、生命）、经济损失、环境影响、政治影响和社会影响，如表 4-15 所示。

表 4-15 地下管线事故风险后果识别表

因素类别	影响因素
人员伤亡	事发地的人员密度
	人员需要疏散的范围
	人员疏散能力
	人员自救防护能力
	医疗设施水平
经济损失	事发地的财产密度
	工程抢救的效率
	事件影响的范围
	应急处置的费用
环境影响	环境的影响范围
	环境的破坏程度
	环境的修复能力
政治影响	事发地的敏感程度
	对国家形象的影响程度
	对国庆活动的影响
社会影响	媒体的关注度
	群众的关注度
	舆论传播的控制水平
	社会秩序

通过上一小节对各类地下管线突发事件的类型、原因、影响对象及影响方式分析，对次生衍生灾害的预测，先将地下管线的风险识别内容总结如表 4-16 所示。

表 4-16 城市地下管线事故风险识别表

管线类型	突发事件类型	原因分析	影响对象	影响方式	次生衍生事件
供水管线	爆裂 渗漏	管线材质 施工破坏 管线压力变化 外力影响 恶意破坏 管线老化及腐蚀	用户 群众 其他管线 重要设备设施	供水中断 水质下降 跑水	其他管线浸泡 路面溢水影响交通 公共卫生事件 地基浸泡变软 社会纠纷

续表

管线类型	突发事件类型	原因分析	影响对象	影响方式	次生衍生事件
排水管线	破损 堵塞	管线腐蚀 施工破坏 管线材质差 管线淤积堵塞 不可抗力因素 管线设计不合理	用户 群众 其他管线	排水堵塞 跑水	其他管线浸泡 爆炸 路面溢水影响交通 公共卫生事件 环境污染 地基破坏
电力管线	断裂 熔断	管线腐蚀 施工破坏 不可抗力因素 电容负荷不足 恶意破坏 管线年代过久	用户 群众 重要设备设施 重大活动	供电中断	火灾 重要设备设施停止运行 重大活动中止 大规模疏散 社会纠纷
燃气管线	中断 爆裂	外力影响 腐蚀 材料及施工缺陷	用户 群众	供气中断 燃气泄漏	火灾 爆炸 窒息 大面积疏散 社会纠纷
供热管线	断裂	设备腐蚀 施工破坏 管线设计施工缺陷 设备老化 不可抗力因素	用户 群众	供热中断	路面溢水影响交通 高温烫伤 溢水浸泡其他管线 社会纠纷
通信及有线电视管线	断裂	施工破坏 不可抗力因素 恶意破坏	用户 群众 重大活动	通信中断	火灾 重大活动受干扰 重要信息受阻 社会纠纷

第五章　基于事故演化的地下管线运行风险分析

本章通过典型地下管线运行风险分析的实例，介绍不同方法在地下管线运行风险评估中的应用。

第一节　典型地下管线事故链式演化风险分析

此方法应用于对地下燃气管线破裂事故的风险分析。燃气管线破裂将造成燃气扩散进而导致火灾、爆炸等严重事故。本节重点讨论的是由管线破裂而导致的功能失效型事故后果。分析城市典型燃气事故案例和城市燃气地下管线的一般特征，总结出城市燃气管线破裂的事故演化拓扑结构图，如图5-1所示。

为了更好地对城市燃气管线破裂事故进行分析，首先对事故演化过程中的事件进行分级。

一、事故演化过程中的事件分级

燃气管线破裂事故演化过程中的事件分级是根据燃气管线破裂事故灾害演化链中事件传播的先后顺序进行分类的。事件主要分为三级：第一级是燃气管线破裂事故直接导致的事件，如燃气扩散；第二级是由第一级事件导致的其他的中间事件，如交通封锁；第三级是燃气管线破裂事故造成的最终影响事件，如经济损失。城市燃气管线破裂事故演化过程中的事件分级如表 5-1 所示。由于本研究重点关注功能失效型事故，对于由燃气管线破裂导致的火灾、爆炸等可能导致群死群伤的事故，则不做深入分析。

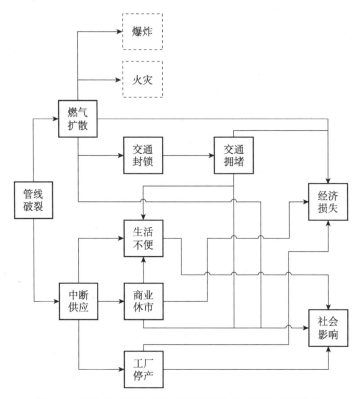

图 5-1　城市地下燃气管线破裂事故演化过程拓扑结构图

表 5-1　城市燃气管线破裂事故演化过程中的事件分级

编号	级别	名称
A1	初始事件	管线破裂
A2	一级	燃气泄漏
A3	一级	中断供应
A4	二级	交通封锁
A5	二级	交通拥堵
A6	二级	生活不便
A7	二级	商业休市
A8	二级	工厂停产
A9	三级	经济损失
A10	三级	社会影响

从以上的事件分级中可以看出，城市燃气管线破裂造成的事件中，一级事件有两个，二级事件五个，三级事件两个。

二、事故演化过程事件入度、出度分析

为找到能够反映燃气管线破裂事故引发事件的可能性及其可能造成的下一级事件，故引入入度和出度两个概念。

燃气管线破裂事故各级事件演化元素的入度是指导致该事件发生的途径的数量，入度越多说明导致该事件发生的途径越多，对该事件进行风险控制越困难；而出度是指该事件导致其他事件发生的数量，出度越多说明该事件导致其他事件发生的数量越多，对社会的影响越大。表5-2列出了城市燃气管线破裂事故所引起的各级事件的入度和出度。

由上述可知，当事故控制时，选择事故链断链位置时应尽量选择入度小、出度大的节点（尤秋菊等，2011）。因此，定义位置数 α，用来表示断链的优先度，其值由式（5-1）来表示：

$$\alpha = \frac{\text{出度值}}{\text{入度值}} \tag{5-1}$$

根据式（5-1），城市燃气管线破裂事故各级事件的 α 值同样列入表5-2。

表 5-2　燃气管线破裂事故各级事件入度、出度与位置数

事件编号	事件等级	入度（in）	出度（out）	位置数（α）
A_1	初始事件	0	2	∞
A_2	一级	1	5*	5
A_3	一级	1	3	3
A_4	二级	1	1	1
A_5	二级	1	3	3
A_6	二级	3	1	0.3
A_7	二级	1	3	3
A_8	二级	1	2	2
A_9	三级	4	0	0
A_{10}	三级	5	0	0

＊表示包括"火灾"和"爆炸"两个次级事件，不做重点研究

将表5-2中的数据用图5-2和图5-3表示，能够更加直观地表示危机事件的出度、入度。

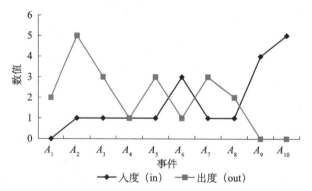

图 5-2　燃气管线破裂事故各级事件入度、出度

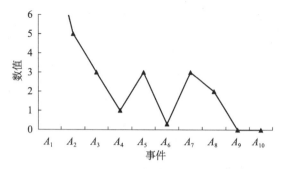

图 5-3　燃气管线破裂事故各级事件位置数

从表 5-2 和图 5-2 中可以看出，城市燃气管线破裂事故各级事件中，入度较大的有 A_9（经济损失，入度为 4）和 A_{10}（社会影响，入度为 5），说明城市燃气管线破裂事故在不导致火灾、爆炸等恶性后果的情况下，各种事件最终均会导致社会影响和经济损失，这与实际情况相符。同理，出度较大的事件为 A_2（燃气扩散，出度为 5）、A_3（中断供应，出度为 3）、A_5（交通拥堵，出度为 3）、A_7（商业休市，出度为 3），此几项事件可引起的次级事件较多。

由表 5-2 和图 5-3 可以看出，事件 A_1（管线破裂）的断链优先度为 ∞，只要将所有事件的源头事件掐断，就可以控制所有事件了。但是，从现实情况来看，由于燃气管线分布范围广，控制难度相对很大。在相对较易控制的事件中，A_5（交通拥堵，$\alpha=3$）、A_7（商业休市，$\alpha=3$）断链优先度较高，可考虑优先控制。

三、事故过程中事件演化链分析

燃气管线破裂事故演化链的划分原则：以三级事件为基点，从基点事件出发，确定导致基点事件原因的演化链。

城市燃气管线破裂事故演化链分析结果如表 5-3 所示。

表 5-3 城市燃气管线破裂事故演化链分析

演化链编号	事件数量	事件编号
L_1	3	A_1, A_2, A_9
L_2	5	A_1, A_2, A_4, A_5, A_9
L_3	5	$A_1, A_2, A_4, A_5, A_{10}$
L_4	6	$A_1, A_2, A_4, A_5, A_6, A_{10}$
L_5	3	A_1, A_2, A_{10}
L_6	4	A_1, A_3, A_6, A_{10}
L_7	5	$A_1, A_3, A_7, A_6, A_{10}$
L_8	4	A_1, A_3, A_7, A_9
L_9	4	A_1, A_3, A_7, A_{10}
L_{10}	4	A_1, A_3, A_8, A_9
L_{11}	4	A_1, A_3, A_8, A_{10}

同一事件在不同演化链中出现的次数，可以从一定程度上反映该事件的严重程度。我们将所有的事件在不同灾害演化连中出现的频率统计到表 5-4 中。

表 5-4 不同演化链中事件出现频率

编号	名称	出现频率
A_1	管线破裂	11
A_2	燃气扩散	5
A_3	中断供应	6
A_4	交通封锁	3
A_5	交通拥堵	3
A_6	生活不便	3
A_7	商业休市	3
A_8	工厂停产	2
A_9	经济损失	4
A_{10}	社会影响	7

由表 5-4 可看出，城市燃气管线破裂事故演化过程中，除初始和末端事件外，中间过程事件出现频率大致相当，说明中间事件分布较均匀，影响范围广，很难重点控制。

四、燃气管线破裂事故演化过程定量分析

运用复杂网络理论中出度与入度的性质，构造了基于布尔代数理论的损失度与严重度的计算函数（刘斐和刘茂，2006）。通过对历史数据的调查统计和不同灾害之间的衍生关系分析得到模型的两个基本参数输入数据，构建了评估模型三

个评估指标，包括节点的发生概率、损失度和严重度，从事故的频率与事故发生后所引起后果的角度对事故演化系统进行评估。

（一）燃气管线破裂事故演化过程事件权重

在城市燃气管线破裂事故演化模型中，各级事件的权重是指该事件在整体评价中的相对损失程度，是事件之间不同侧面的危害程度的定量分配（崔辉等，2008）。其取值主要通过收集的事件相关资料或经验进行分析后得到。由于历史资料的局限性，本次研究主要采用专家评议法获得各事件在城市燃气管线破裂事故演化模型中所占权重。

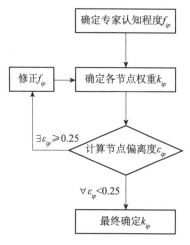

图 5-4　事件权重专家评议模型流程图

建立专家评议法模型，其基本流程如图 5-4 所示。

我们设有 M 位专家组成评价小组对事故进行评价，考虑各参评专家的学识水平及对受评问题的认知层次不一，对各类专家赋予一定的权重。根据节点设计 N 道节点指标（子指标）。每个专家根据非常熟悉、熟悉、有所了解、了解较少和不了解给自己打分，分值依次是 9、7、5、3、1，如表 5-5 所示。确定自己针对此节点指标的认知程度 f_{ip}，同时每个专家依据各子指标对问题的重要性程度给出权重 k_{ip}，其中 i 代表专家，p 代表节点指标。

表 5-5　专家评议认知程度评分表

熟悉程度	非常熟悉	熟悉	有所了解	了解较少	不了解
分值	9	7	5	3	1

专家对各节点指标的总认知重要性权重为

$$T_P = \sum_{i=1}^{M} k_{ip} \times f_{ip} \ (i=1,2,\cdots,M; p=1,2,\cdots,N) \tag{5-2}$$

专家 i 对事故认知水平的总分值 f_i 为

$$f_i = \sum_{P=1}^{N} f_{ip} \ (i=1,2,\cdots,M; p=1,2,\cdots,N) \tag{5-3}$$

专家 i 的权重 w_i 为

$$w_i = f_i \Big/ \sum_{k=1}^{M} f_k \ ; \ \text{其中,} \ 0<w_i<1 \ \text{且} \ \sum_{i=1}^{M} w_i = 1 \tag{5-4}$$

专家评价的权重集 W 建立,即 $W=\{w_1, w_2, \cdots, w_M\}$。

各节点指标权重为

$$k_p = T_p \Big/ \sum_{i=1}^{M} f_{ip} = \frac{\left(\sum_{i=1}^{M} k_{ip} \times f_{ip}\right)}{\sum_{i=1}^{M} f_{ip}} \tag{5-5}$$

至此,城市燃气管线破裂事故危机事件各节点权重集 K 建立,即 $K=\{k_1, k_2, \cdots, k_N\}$。

$$\sigma_{M,p} = \sqrt{\sum_{i=1}^{M} \left(k_{ip} - k_p\right)^2} \tag{5-6}$$

1. 单节点专家判断偏离分析

$$\delta_{ip} = \left|k_{ip} - k_p\right| \tag{5-7}$$

$$\varepsilon_{ip} = \left|\frac{k_{ip} - k_p}{k_p}\right| = \left|\frac{k_{ip}}{k_p} - 1\right| \tag{5-8}$$

节点指标的认知程度 f_{ip} 单点相对误差修正法如下。

当 $\varepsilon_{ip} \geq 1$ 时, $f_{ip}=0$。

当 $0.8 \leq \varepsilon_{ip} <1$ 时, $f_{ip}=1$。

当 $0.6 \leq \varepsilon_{ip} <0.8$ 时, $f_{ip}=3$。

当 $0.4 \leq \varepsilon_{ip} <0.6$ 时, $f_{ip}=5$。

当 $0.2 \leq \varepsilon_{ip} <0.4$ 时, $f_{ip}=7$。

当 $0 \leq \varepsilon_{ip} <0.2$ 时, $f_{ip}=9$。

2. 所有节点专家偏离分析

$$\delta_i = \frac{\sum_{p=1}^{N} \left|k_{ip} - k_p\right|}{N} \tag{5-9}$$

$$\varepsilon_i = \frac{\sum_{p=1}^{N} \left|\dfrac{k_{ip} - k_p}{k_p}\right|}{N} = \frac{\sum_{p=1}^{N} \left|\dfrac{k_{ip}}{k_p} - 1\right|}{N} = \frac{\sum_{p=1}^{N} \varepsilon_{ip}}{N} \tag{5-10}$$

根据以上所用的专家评议法,得到城市燃气管线破裂事故演化过程事件权重，如表 5-6 所示。

表 5-6　城市燃气管线破裂事故演化事件权重

编号	事件	权重
A_1	管线破裂	63
A_2	燃气扩散	67
A_3	中断供应	80
A_4	交通封锁	57
A_5	交通拥堵	70
A_6	生活不便	70
A_7	商业休市	75
A_8	工厂停产	75
A_9	经济损失	80
A_{10}	社会影响	86

从表 5-6 中可以看出，城市燃气管线破裂事故演化过程中，专家认为以下事件比较严重：燃气中断、商业休市、工厂停产、经济损失、社会影响。

（二）燃气管线破裂事故演化过程事件概率

连接边的发生概率表示在演化过程中，由某一事件 A_i 导致子事件 A_j 发生的可能性。连接边的发生概率越大，则该事件 A_i 导致子事件 A_j 发生的可能性越大。应用专家评议法得到各级连接边的发生概率。具体结果如表 5-7 所示。

表 5-7　燃气管线破裂事故演化过程连接边的发生概率

连接边	连接边发生概率	连接边	连接边发生概率
A_1—A_2	0.33	A_5—A_6	0.72
A_1—A_3	0.63	A_5—A_9	0.60
A_2—A_4	0.60	A_5—A_{10}	0.80
A_2—A_9	0.85	A_6—A_{10}	0.70
A_2—A_{10}	0.70	A_7—A_6	0.75
A_3—A_6	0.82	A_7—A_9	0.85
A_3—A_7	0.35	A_7—A_{10}	0.80
A_3—A_8	0.25	A_8—A_9	0.85
A_4—A_5	0.55	A_8—A_{10}	0.80

对 10 000 次的演化计算的结果进行统计分析，可以得到在源事件（燃气管线破裂事故）发生的情况下各子事件发生的条件概率，如表 5-8 所示（假定管线破裂已经发生，即其发生概率为 1.00）。

表 5-8　燃气管线破裂事故演化过程事件发生概率

编号	名称	发生概率
A_1	管线破裂	1.00
A_2	燃气扩散	0.33
A_3	中断供应	0.63
A_4	交通封锁	0.20
A_5	交通拥堵	0.11
A_6	生活不便	0.63
A_7	商业休市	0.22
A_8	工厂停产	0.16
A_9	经济损失	0.53
A_{10}	社会影响	0.60

（三）燃气管线破裂事故演化过程事件严重度

概率风险评价法中认为利用风险值对事故后果进行定量评价的方法。这种危害不仅取决于事件发生的频率，而且还与事件发生后所引起的后果的大小有关（徐亚博等，2008）。所以，通常把风险定义为事件发生概率和事件后果幅值的乘积。城市燃气管线破裂事故演化过程各事件严重度结果如表 5-9 所示。

表 5-9　燃气管线破裂事故演化过程事件严重度

编号	名称	严重度
A_1	管线破裂	63.00
A_2	燃气扩散	22.11
A_3	中断供应	50.40
A_4	交通封锁	11.40
A_5	交通拥堵	7.70
A_6	生活不便	44.10
A_7	商业休市	16.50
A_8	工厂停产	12.00
A_9	经济损失	42.40
A_{10}	社会影响	51.60

由表 5-9 可以看出，城市燃气管线破裂事故中严重度较大的事件为中断供应和社会影响。因此，在控制事故中，应该集中精力防止燃气供应中断，以及由管线破裂引起的社会不良影响。

结合概率和严重度的值，即可得到该风险的可能性和后果严重性，为下一步的风险评价确定基础。

第二节　管线内外事故耦合的燃气管线定量风险分析方法

根据城市燃气管线事故的物理模型和物理规律，提出一种新的基于事故演化模型的燃气管线事故影响范围分析思路和方法，并定量计算、分析燃气管线事故的风险（王蕾和李帆，2005）。这里所提出的城市燃气管线定量风险评估方法由可能性分析、后果分析和特定目标风险值的确定三个部分组成，包含了不同类型事故后果的物理模型与分析。其中，可能性分析主要通过修正的经验公式定量计算燃气管线管段失效率；事故后果分析包括管线外部风险和管线内部风险两部分。管线外部风险评估主要研究不同燃气事故后果所造成的致死率在空间内的分布，并充分考虑不同燃气管线事故的物理规律和物理模型（唐子烨和马宪国，2003）。管线内部风险评估主要研究事故风险在管线内传播的机制及管线相继失效的模型，包括压力重新分布计算模型和流量重新分布计算模型（黄清武，2003）；特定目标风险值的确定综合了城市燃气管线事故发生的可能性和后果，确定风险在燃气管线周围的分布情况，定量计算人员伤亡和财产损失的风险情况，进行综合风险分析，指导改善措施的制定（黄超等，2008）。

本节所建立的城市燃气管线定量风险分析方法，可以根据燃气管线运行情况的基础数据和燃气管线事故的经验数据，定量计算城市燃气管线所可能造成人员伤亡和财产损失的风险情况，为安全管理提供依据和支持。

一、城市燃气管线综合风险分析的框架

综合的城市燃气管线风险分析方法应当分为可能性分析、后果分析和特定目标风险值确定三个环节。其中，后果分析包含管线外风险和管线内风险两个部分。城市燃气管线综合风险评估框架如图 5-5 所示。

可能性分析的焦点是事故发生的可能性。燃气管线失效破裂的主要原因和影响因素包括如下几种。

（1）非管线职工的第三方人员或自然外力对燃气管线系统造成意外的损坏。

（2）管线设备老化，导致管线内部严重腐蚀。

（3）原有设计不符合相关规程或施工质量不达标，存在设计和技术缺陷。

（4）管线职工在维护维修过程中，因缺乏专业训练和技能而导致的误操作。

这些因素相互耦合，导致燃气管线存在一定的失效概率。通过事故树分析、事件树分析、经验修正公式或历史数据，可以计算出燃气管线失效的概率。

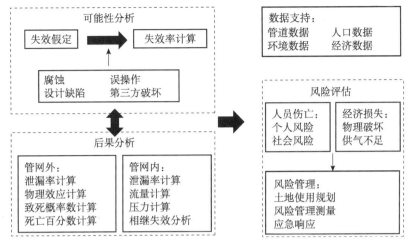

图 5-5　城市燃气管线综合风险分析框架

后果分析主要包括管线内和管线外两个部分。管线外的后果分析主要研究燃气管线事故后果的物理效应，管线失效破裂将导致燃气通过破裂口泄漏，泄露流量的大小取决于燃气管线自身属性数据（管径、压力、流速、气体特性等）和管线周边环境状况（大气压力、温度等）。由于燃气属于有毒、易燃、易爆气体，燃气泄漏将在燃气管线附近产生毒气泄漏扩散、喷射火焰燃烧、火球燃烧、闪火、气云爆炸等事故后果。这些事故后果所产生的毒性浓度、热辐射、冲击波等物理效应将进一步对管线周围的人员、财产造成风险影响，可以通过相应的物理模型加以定量计算，并与燃气管线的泄漏率密切相关。基于物理伤害与生物效应的相应的剂量-效应关系，就可以定量计算出相应的伤害值，从而计算出致死概率单位数和伤亡百分数；管线内的后果分析主要研究燃气管线相继失效的机制。一般来说，燃气管线内一点的泄漏会导致整个燃气管线的压力下降和流量损失，因此需要计算压力的重新分配情况。通过比较新的计算值和燃气管线设计的限值，即可分析出燃气管线供气不足的严重程度。

通过综合事故发生的可能性和后果，即可进行特定目标风险值的确定。特定目标主要是人员伤亡和财产损失。人员伤亡的风险值主要通过个人风险和社会风险进行定量描述，而经济损失的风险值主要关注因燃气泄漏导致燃气管线供气不足而引发的经济损失。个人风险由物理效应的剂量分布所决定，区域内的社会风险和财产风险则需要考虑管线周边地区的人口密度分布和财产密度分布。通过失效率及事故后果综合计算得出燃气管线周围区域的风险分布，可以下一步对燃气管线进行定量风险评价，作为提出改进措施、制订安全管理方案的参考依据。

二、可能性分析

燃气管线失效通常是指某种原因（外界影响或固有风险）导致燃气管线破裂，引发燃气物质泄漏（Sklavounos and Rigas，2006）。燃气管线的失效概率 φ 定义为每年每单位长度管线的失效次数，影响因素包括外界环境因素，如地质活动、气候气象条件等，也包括燃气管线自身属性因素，如管线内部压力、管径、设备使用年限等。燃气管线的失效概率多采用事件树分析（event tree analysis）方法或事故树分析（fault tree analysis）方法分析燃气管线的失效率（何淑静等，2003，2005；黄小美等，2006；廖柯熹等，2001；强鲁等，2007；孙安娜等，2005；Bonvicini et al.，1998；Dong and Yu，2005；Roger and Eric，1998；Fu and Yin，2007），目前各种确定燃气管线失效率的方法所得到的结果仍有较大的不同，其结果较为不准确（Metropolo，2004），其原因是失效率中既包含与时间无关的（地质活动、外界扰动）也包含依赖于时间的（腐蚀、老化），失效率随设计因素、建筑条件、维护技术、环境因素而变化。此外，第三方破坏对管线失效率的影响有较大不确定性，可以根据相应的经验公式进行近似模拟（Jo and Ahn，2005）。根据 EGIG (European Gas Pipeline Incident Data Group) 针对 1.47×10^6 年·千米陆地燃气管线事故历史数据的研究显示，燃气管线失效率介于 $2.1 \times 10^{-6}/$（年·千米）（对应于小直径的管线）与 $7.7 \times 10^{-4}/$ 年·千米（对应于大直径的管线）之间。在进行风险评估的过程中，可根据燃气管线线路本身的特点及其所处的周围环境，将燃气输运网络划分为不同的区段，逐一计算各区段的失效率。对于一般性的小型城市燃气管线，可以忽略修正参数的差异性，燃气管线失效率取为 $5.75 \times 10^{-4}/$（年·千米）（Jo and Ahn，2002）。

由于燃气管线失效率与燃气管线的环境参数、运行参数等物理条件有关，所以也可以通过经验修正公式对不同燃气管线的失效率进行修正（Jo and Ahn，2005；Sklavounos and Rigas，2006）：

$$\varphi = \sum_i \varphi_i K_i(a_1, a_2, a_3, \cdots) \tag{5-11}$$

式中，φ 是每单位长度的失效率 $[1/$（年·千米）$]$；φ_i 是不同事故每单位长度的失效率 $[1/$（年·千米）$]$；K_i 是不同事故的修正函数；a_k 与修正函数有关；i 为特定的失效假定。

根据燃气管线事故特点，综合不同类型的事故，燃气管线失效率满足如下关系（Jo and Ahn，2005）：

$$\varphi = \varphi_d K_{DC} K_{WT} K_{PD} K_{PM} \tag{5-12}$$

式中，φ 是每单位长度的失效率 $[1/$（年·千米）$]$；φ_d 为不同管径类型的单位长度失效率 $[1/$（年·千米）$]$；K_{DC}、K_{WT}、K_{PD}、K_{PM} 分别为对应于管线所处的最小埋深、管壁厚度、人口密度和防护措施的修正参数。

φ_d 满足如下关系：

$$\varphi_{small}=0.001e^{-4.05d-2.185\,26}$$
$$\varphi_{medium}=0.001e^{-4.18d-2.028\,41} \qquad (5\text{-}13)$$
$$\varphi_{great}=0.001e^{-4.12d-2.134\,41}$$

修正参数 K_{DC}、K_{WT}、K_{PD}、K_{PM} 的选择如表 5-10、表 5-11 所示。

表 5-10　燃气管线失效率计算修正参数的选取

影响因素	参数取值	取值条件
最小埋深	2.54	DC<0.91 米
	0.78	0.91<DC<1.22 米
	0.54	DC>1.22 米
管壁厚度	1	$t=t_{min}$ 或 d>0.9 米
	0.4	6.4 毫米 <t≤7.9 毫米 并且 0.15 米 <d≤0.45 米
	0.2	t>t_{min}
人口密度类型	18.77	城镇
	3.16	城郊
	0.81	农村
防护措施	1.03	建立标志物
	0.91	采取多种防护措施

表 5-11　燃气管线失效率计算管壁厚度修正参数的选取

d/ 毫米	<150	150～450	450～600	600～900	900～1050	>1050
t_{min}/ 毫米	4.8	6.4	7.9	9.5	11.9	12.7

三、后果分析：管线外

管线外后果分析主要包括泄漏率计算、物理效应计算、致死概率单位数计算和伤亡百分数计算等环节（韩朱旸，2010）。城市燃气管线后果（管线外）分析框架如图 5-6 所示。

（一）泄漏率计算

天然气管线泄漏时的射流过程，实质上是从孔口喷出的天然气与周围空气进行动量、质量和热量交换的过程。通常，泄漏气体在孔口形成湍流自由射流，整个射流的动量沿射流轴线保持不变。天然气泄漏膨胀过程是一个绝热膨胀过程。由于泄漏孔径较小，可以看作平壁圆孔口。因此，输气管线天然气泄漏的膨胀过程是一个在平壁圆孔口上的绝热膨胀过程，其膨胀形状可模拟为半圆球状，其绝热膨胀过程可视为一个定熵过程。

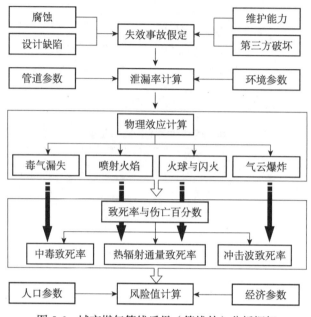

图 5-6　城市燃气管线后果（管线外）分析框架

泄漏又可分为大孔泄漏（wide aperture release，WAR）和有限孔泄漏（limited aperture release，LAR）两种（周波和张国枢，2005）。关于气体泄漏率的计算模型，常用模型有适用于小孔泄漏的小孔模型和管线全截面断裂的管线模型（霍春勇等，2004）；而对于孔径大于小孔且小于管径的泄漏，则没有相应的计算模型，需要运用数值模拟的算法进行计算。燃气管线泄漏一般为孔口或裂缝泄漏，可以运用小孔模型进行计算。对裂缝或其他形状孔口泄漏量的计算，如果是三角形、正方形等规则图形，可根据泄漏系数进行修正；对于其他形状的裂口，可将其等效为面积相同圆孔，计算出裂缝或其他形状的孔口的当量直径，代入圆孔口公式计算。

天然气可视为理想气体，假定气体在管线内做一维稳态绝热流动（忽略气体与管线间的热交换）、管线内天然气服从理想气体运动规律，小孔排出气体是绝热过程。利用伯努利方程和绝热方程可得到泄漏速度估算公式。下面针对不同孔径泄漏情况，介绍小孔模型、管线模型及适用于其他管径大小范围的管孔模型的泄漏流量计算方法。

1. 小孔模型

由于燃气管线破裂没有扩压管段，所以不能出现超音速气流，可以用临界和亚临界状态分别予以描述。燃气管线发生破裂时气体是以音速还是亚音速从破裂处泄漏，可根据破裂点的临界压力比（critical pressure ratio，CPR）来判断（赖建波和杨昭，2007）：

$$\text{CPR} = \frac{P_0}{P} = \left(\frac{2}{\gamma+1}\right)^{\frac{\gamma}{\gamma-1}} \tag{5-14}$$

当 $\frac{P_0}{P} \leqslant \left(\frac{2}{\gamma+1}\right)^{\frac{\gamma}{\gamma-1}}$ 时，气体属于音速流动，此时管线泄漏气体流量为（Montiel et al., 1998；于畅和田贯三，2007）：

$$Q = C_d AP \sqrt{\frac{M\gamma}{RT}\left(\frac{2}{\gamma+1}\right)^{\frac{\gamma+1}{\gamma-1}}} \tag{5-15}$$

当 $\frac{P_0}{P} \geqslant \left(\frac{2}{\gamma+1}\right)^{\frac{\gamma}{\gamma-1}}$ 时，气体属于亚音速流动，此时管线泄漏气体流量为（Montiel et al., 1998；于畅和田贯三，2007）：

$$Q = C_d AP \sqrt{\frac{M\gamma}{RT}\left(\frac{2}{\gamma-1}\right)\left(\frac{P_0}{P}\right)^{\frac{2}{\gamma}}\left[1-\left(\frac{P_0}{P}\right)^{\frac{\gamma-1}{\gamma}}\right]} \tag{5-16}$$

式中，Q 为气体泄漏流量，单位为千克/秒；C_d 为泄漏系数，裂口形状为圆形时取 1.00，三角形时取 0.95，长方形取 0.90；A 为泄漏口的面积，单位为米^2；P 为燃气管线内部压力，单位为帕；P_0 为环境压力，单位为帕；T 为气体温度，单位为开；Γ 为气体绝热指数，即气体定压比热与定容比热之比，对天然气可取为 1.28；M 为燃气的分子量，单位为千克/摩尔，通常可取为 17.4；R 为气体常数，取为 8.314 510 焦/（摩尔·开）；ρ_0 为环境气体（大气）密度，单位为千克/米^3。

2. 管线断裂模型（董玉华等，2002）

此时管线泄漏口处不存在等熵膨胀过程，泄漏流量满足：

$$Q = \sqrt{\frac{2M}{R}\left(\frac{\gamma}{\gamma-1}\right)\frac{T_2-T_1}{\left(\frac{T_1}{P_1}\right)^2-\left(\frac{T_2}{P_2}\right)^2}} \tag{5-17}$$

式中，T_1 为管线起始处的温度，单位为开；P_1 为管线起始处的压力，单位为帕；T_2 为管线断裂处的燃气的温度，单位为开；P_2 为管线断裂处的燃气的压力，单位为帕；Z 为气体压缩系数。

3. 管孔模型

不同泄漏孔径泄漏量的计算方法各有其适用条件（唐保金等，2008）。当管线破坏的尺寸大于小孔而小于管径时，小孔模型和管线模型均不适用，燃气泄漏率及所采用的分析方法与管孔的直径有关，可采取一定的近似计算方法（于明等，

2007）。在非等温条件下，管线泄漏流量计算方法也有所不同（韩朱旸，2010）。

此外（韩朱旸，2010），还可通过马赫数计算燃气管线、高压管线的泄漏流量。考虑管线进口限流装置和紧急切断装置等特殊工况时，可以借助微分方程求解燃气管线动态泄漏流量。为燃气管线风险评估计算所需，一般可采用低压恒温稳态一维绝热条件下的小孔模型。根据小孔模型，管线气体泄漏率与管线直径、压力的关系如图 5-7 和图 5-8 所示。

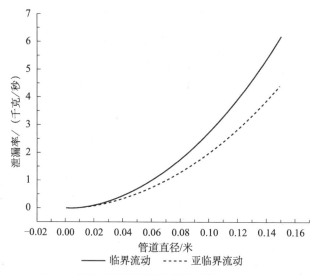

图 5-7　燃气管线泄漏率与管线泄漏孔径的关系。
非临界状态取p=1.500×10^{5}帕，临界状态取p=2.000×10^{5}帕，管线泄漏孔直径取0～150毫米，泄漏孔形状为圆形

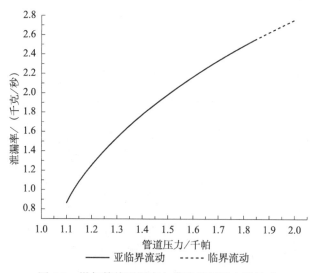

图 5-8　燃气管线泄漏率与管线运行压力的关系

泄漏孔直径 d=100 毫米，管线运行压力为 $1.100 \times 10^5 \sim 2.100 \times 10^5$ 帕，泄漏孔形状为圆形。

（二）泄漏气体的物理效应

管输介质意外泄漏可能造成的损失后果由管输介质的危害性和泄漏点周围的环境决定（韩朱旸和翁文国，2009）。对于天然气管线来说，其主要危害形式包括（潘旭海和蒋军成，2001）如下几种。

1. 喷射火焰

燃气从破裂的开口或管路喷射出而被引燃的火焰，即成为喷射火焰（jet fire）。

2. 火球

燃气在泄漏后如果尚未与空气充分混合即被点燃，属于扩散性的燃烧，即形成球形或半球形的火体，称为火球（fire ball）。

3. 闪火

大量燃气迅速泄漏到空气中形成气云，若点燃时气云质量不足，或火源能量不高，则产生闪火（flash fire）（由于计算公式与火球相同，所以在分析中可以归为一类）。

4. 可燃气云爆炸

大量燃气迅速泄漏到空气中形成可燃气云，若点燃时可燃气云质量充足，或火源能量足够高，则易产生爆炸，形成冲击波。

根据 API 581（美国石油协会），燃气持续性泄漏后发生漏失、喷射火焰、闪火、可燃气云爆炸的概率分别为 0.8、0.1、0.06、0.04。

有毒物质扩散与浓度计算方法如下。

天然气泄漏过程实际上是射流和膨胀两个过程的耦合。天然气在大气中的扩散（膨胀）是湍流过程，并受到多种不可控因素的影响，包括泄漏条件及环境因素等。

（1）气体泄漏条件。气体泄漏条件包括气体泄漏的速率、泄漏孔的口径、泄漏源的高度与位置、泄漏时间长短等因素。泄漏速率越大、泄漏口径越大、泄漏时间越长，则下风向各处气体浓度越大，风险影响区域也越大。

（2）重力及浮升力。天然气的密度与周围密度不同，所受的重力与浮力不平衡，使得整个射流和膨胀部分将受浮力影响上浮。在天然气泄漏扩散过程中，浮力起主要作用，在泄漏扩散初期，浮力的作用导致其趋于上升，地面浓度逐步降低，上升趋势随空气不断稀释而减弱，并受温度的影响。

（3）风速、风向。风向决定气体扩散的方向，风速的大小决定大气扩散稀释作用的强弱及扩散物质输送距离的远近。天然气扩散过程中，主风向的平流输送作用占主导地位。不同高度的风速是不断变化的，风速的影响会加剧空气和天然气之间的传热和传质，使天然气的扩散加剧，导致扩散浓度和范围分布十分复杂。

（4）大气稳定度。大气稳定度指在竖直方向上大气稳定的程度，即大气是否易于发生对流。稳定的大气不利于气体的扩散，气体扩散范围较小，浓度较高，同样条件下气体停留时间较长，易造成扩散物质的大量聚集，在较小区域内造成较大危害；不稳定大气有利于气体的扩散，其气体扩散范围较大，影响范围广，浓度较低，停留时间较短。

（5）其他因素，主要包括大气湿度、温度、地表地形情况等。

此外，泄漏源可以分为瞬时源和连续源两种类型。瞬时源指在设备或容器爆炸破裂瞬间，易燃易爆或有毒气体形成一定半径和高度的气云团，其特点是短时大量泄放。连续源指由于容器或管线破裂、阀门损坏，造成连续泄放，其特点是长时稳定泄放。

燃气管线破裂导致毒性影响，决定于区域内的气体浓度分布，由相应扩散模型计算得出。扩散模型包括自由扩散模型和射流模型（Luo et al.，2006）。采用何种模型，决定于泄漏源的属性和特点（周波和张国枢，2005）。一般对于连续源或泄放时间大于或等于扩散时间的泄漏扩散，采用高斯烟羽模型（plume model）；瞬时泄漏和部分连续源泄漏或微风（$u<1$ 米/秒）条件下，采用高斯烟团扩散模式（puff model）。此外，对于小尺度下的瞬时、小孔、高压快速泄漏则可以采用自由射流模型（李又绿等，2004）。

气体扩散浓度计算的典型模型如表 5-12 所示。

表 5-12　气体扩散模型

模型	适用对象	适用范围	难易程度	计算量	精度
高斯烟羽模型	中性气体	大规模长时间	较易	少	较差
高斯烟团模型	中性气体	大规模短时间	较易	少	较差
BM 模型	中性或重气体	大规模长时间	较易	少	一般
SUTTO 模型	中性气体	大规模长时间	较易	少	较差
FEM3 模型	重气体	不受限制	较难	大	较好

第一，高斯烟羽扩散模型。

高斯烟羽模型的假设（周波和张国枢，2005）如下。

（1）定常态，即所有的变量不随时间变化。

（2）扩散物质密度与空气相差不多，近似忽略重力或浮力的作用。

（3）扩散气体的性质与空气相同。扩散过程中扩散物质与空气及环境物质不发生化学反应。

（4）扩散物质达到地面时，完全反射，不会被吸收或进行其他化学反应。

（5）在下风向的湍流扩散相对于移流相可忽略不计，平均风速不小于 1 米 / 秒。

（6）坐标系的 x 轴为流动方向，横向速度分量 V、垂直速度分量 W 均为 0。

（7）地面水平，地表没有复杂、密集的地形变化。

根据高斯烟羽扩散模型，气体浓度 C 为（王文娟和刘剑锋，2006）

$$C(x,y,z) = \frac{Q}{2\pi\sigma_y\sigma_z u} e^{\left[-\frac{1}{2}\left(\frac{y^2}{\sigma_y^2}\right)\right]} \times \left\{ e^{\left[-\frac{(z-H)^2}{2\sigma_z^2}\right]} + e^{\left[-\frac{(z+H)^2}{2\sigma_z^2}\right]} \right\} \quad (5\text{-}18)$$

若假设燃气管线在地面上，有效源高度为零，则浓度分布满足（孙永庆，2006）：

$$C(x,y,z) = \frac{Q}{\pi\sigma_y\sigma_z u} e^{\left[-\frac{1}{2}\left(\frac{y^2}{\sigma_y^2}+\frac{z^2}{\sigma_z^2}\right)\right]} \quad (5\text{-}19)$$

若分析地面附近的浓度分布，则有（Metropolo and Brown，2004；Jo and Ahn，2005）：

$$C(x,y,z) = \frac{Q}{\pi\sigma_y\sigma_z u} e^{\left[-\frac{1}{2}\left(\frac{y^2}{\sigma_y^2}\right)\right]} \quad (5\text{-}20)$$

式中，x, y, z 为与泄漏源的距离，单位为米；Q 为泄漏源强度（连续排放的物料流量），单位为千克 / 秒；u 为风速，单位为米 / 秒；H 为有效源的高度，单位为米；σ_x、σ_y、σ_z 为顺风、侧风、垂直风向扩散系数，单位为米；C 为气体浓度，单位为千克 / 米 ^{3}。

三个方向扩散系数可根据大气稳定性等级计算得出（黄小美，2004）；大气稳定性等级的评判依据主要是当地的气象条件（丁信伟等，1999）。大气稳定性等级及扩散参数的确定方法如表 5-13 和表 5-14 所示。燃气管线泄漏扩散浓度分布如图 5-9 所示。

表 5-13　大气稳定性等级

地面风速 （距地面 10 米处）	白天太阳辐射			阴天的白天或夜晚	有云的夜晚	
					薄云遮天或低云	云量小于1/2
小于 2	A	A~B	B	D		
2~3	A~B	B	C	D	E	F
3~5	B	B~C	C	D	D	E
5~6	C	C~D	D	D	D	D
大于 6	C	D	D	D	D	D

表 5-14　扩散参数

稳定度	σ_{x0}/米	σ_{z0}/米
A	$0.22x\,(1+0.0001x)^{-1/2}$	$0.22x$
B	$0.16x\,(1+0.0001x)^{-1/2}$	$0.12x$
C	$0.11x\,(1+0.0001x)^{-1/2}$	$0.08x\,(1+0.0002x)^{1/2}$
D	$0.08x\,(1+0.0001x)^{-1/2}$	$0.06x\,(1+0.0015x)^{1/2}$
E	$0.06x\,(1+0.0001x)^{-1/2}$	$0.03x\,(1+0.0003x)^{-1}$
F	$0.04x\,(1+0.0001x)^{-1/2}$	$0.016x\,(1+0.0003x)^{-1}$

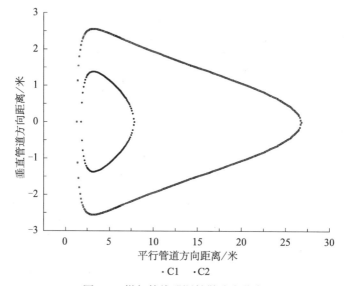

· C1　· C2

图 5-9　燃气管线泄漏扩散浓度分布

泄漏率 Q=2.6 千克 / 秒，大气稳定性等级为 A，u=1 米 / 秒，C_1= 0.26 克 / 米³，C_2= 2.6 克 / 米³

第二，高斯烟团扩散模型。

高斯烟团扩散模型的气体浓度 C 为（董玉华等，2002）

$$C(x,y,z,T)=\frac{Q}{2\sqrt{2\pi}^{\frac{2}{3}}\sigma_x\sigma_y\sigma_z}e^{\left[-\frac{\left(x-uT\right)^2}{2\sigma_x}\right]}e^{\left[-\frac{1}{2}\left(\frac{y^2}{\sigma_y^2}\right)\right]}\times\left\{e^{\left[-\frac{(z-H)^2}{2\sigma_z^2}\right]}+e^{\left[-\frac{(z+H)^2}{2\sigma_z^2}\right]}\right\} \quad (5\text{-}21)$$

式中，x, y, z 为到泄漏源的距离，单位为米；Q 为泄漏源强度（连续排放的物料流量），单位为千克 / 秒；u 为风速，单位为米 / 秒；H 为有效源的高度，单位为米；σ_x、σ_y、σ_z 为顺风、侧风、垂直风向扩散系数，单位为米；C 为气体浓度，单位为千克 / 米³；T 为烟团从源到计算点（x, y, z）的运行时间，单位为秒。

第三，特殊气象条件（微风）下的大气扩散模型（Metropolo and Brown，

2004）:

$$C(x,0,0) = \frac{2Q}{(2\pi)^{\frac{3}{2}} x V^* \sigma_z}$$ （5-22）

式中，V^* 为微风条件下的水平散布速率，一般取为 0.7，单位为米 / 秒；Q 为泄漏源强度（连续排放的物料流量），单位为千克 / 秒；C 为气体浓度，单位为千克 / 米^3。

高斯模型提出的时间比较早，实验数据多，因而较为成熟。高斯模型具有模型简单、易于理解、运算量小、计算结果与实验值能较好吻合等特点，因而得到了广泛的应用，并可用于模拟连续性泄漏和瞬时泄漏两种泄漏方式。但高斯模型没有考虑空气重力的影响（王文娟和刘剑锋，2006），只适用于密度与空气相近的气体，模拟精度较差。同时，由于高斯模型的扩散参数是从大规模气体扩散试验数据用统计方法求得的，没考虑可燃及毒性气体扩散所特有的泄放初速和气体密度差的影响，误差较大，对可燃及毒性气体的中小规模扩散均不适用（Alberto et al.，2008）。此外，考虑燃气管线阀门自动关断装置作用时，扩散分布会有所不同（Yang et al.，2007），此时还可以采用数值模拟的方法进行计算，但较为复杂（李伟和张奇，2008）。

值得注意的是，对于天然气的毒性分析，根据中国天然气开采、加工的实际情况，一般可取工业用天然气中硫化氢含量为 1%，根据毒性判断致死率。根据硫化氢的剂量－生物效应关系，当硫化氢浓度为 0.1% 时，会引起人死亡；硫化氢浓度为 0.01% 时，会产生中毒效果。对此可做线性分布计算。

ppm 与 mg/m^3（毫克 / 米^3）的换算关系如下:

$$\text{mg/m}^3 = (M/22.4) \cdot \text{ppm} \cdot [273/(273+T)] \cdot (Pa/1010325)$$ （5-23）

式中，M 为气体分子量，单位为千克 / 摩尔；ppm 为测定的体积浓度值；T 为温度，单位为开；Pa 为压力，单位为帕。

对天然气，取 M=17.4，温度为室温，得到 1ppm=2.6 毫克 / 米^3。

因此，对于工业用天然气，伤亡百分数 100% 和 1% 对应的浓度为 2.6 克 / 米^3 和 0.26 毫克 / 米^3。

根据国家天然气工业标准（GB 17820—1999），对城市民用天然气，二氧化硫含量为不高于 20 毫米 / 米^3。据此，城市家用的燃气管线可以认为是无毒的。城市工业用燃气管线泄漏扩散浓度分布一般可根据高斯烟羽模型计算（王文娟，2006）。

第四，射流燃烧（喷射火焰）。

当可燃气体在泄漏源处被点燃时，形成扩散的火焰，称为射流燃烧或喷射火焰燃烧。喷射火焰将对燃烧瞬间滞留于泄漏源附近的人造成热辐射伤害，称为射流火灾。射流燃烧所造成的危害决定于其火焰的形状（王曰燕等，2005）。在风险评估中，一般将喷射火焰看成是由沿喷射中心线上的若干个点热源组成（丁信伟等，1999）。为简化计算，假设喷射火焰沿喷射中心线的全部点火源集中在泄漏源处，并计算热辐射通量作为量化计算结果，判断可能造成的损失。

火焰结构的计算式为

$$L=0.00326[m(-\Delta H_c)]^{0.478} \tag{5-24}$$

$$R_s=0.29s[\log(L/s)]^{0.0.5} \tag{5-25}$$

式中，L 为火焰的长度，单位为米；m 为质量流量，单位为千克/秒；ΔH_c 为燃烧热，单位为焦·千克；R_s 为沿射流中心线距离点源距离为 S 处的火焰半径，单位为米。

一定距离的防护目标接受火焰热辐射强度为（刘俊娥等，2007）：

$$I = \frac{\eta \Delta H_c m \tau}{4\pi r^2} \tag{5-26}$$

式中，I 为目标接受的热辐射通量，单位为千瓦/米^2；ΔH_c 为燃烧热，单位为焦·千克；m 为质量流量，单位为千克/秒；τ 为大气透射系数，$\tau=2.02\,(P_wH_0r)^{0.09}$（Jo and Ahn，2002），一般取为 1；P_w 为饱和蒸汽压，单位为帕；H_0 为相对湿度；r 为所研究位置距离泄漏点的距离，单位为米；η 为辐射率系数/辐射效率因子，一般取 0.35（王曰燕等，2005）。

第五，可燃气云燃烧。

可燃气云燃烧包括火球燃烧和气云燃烧两种。如果燃气泄漏后在尚未与空气充分混合即被点燃，属于扩散性的燃烧，形成球形或半球形的火体，称为火球燃烧；如果大量燃气迅速泄漏到空气中形成气云，且点燃时气云质量不高，或火源能量不高，则产生闪火。气云燃烧物理效应的计算方法如下：

气云爆燃火球的直径为（黄小美，2004）

$$R_f=2.665M_0^{0.327} \tag{5-27}$$

式中，R_f 为火球最大半径，单位为米；M_0 为可燃物质释放的质量，单位为千克。

火球持续的时间为

$$t_f=1.089M^{0.327} \tag{5-28}$$

第六，热辐射通量。

设火球持续时间内，能量的释放均匀，则距离火球中心 r 处的热辐射通量为（孙永庆等，2006）

$$I = \frac{F_r\left(-\Delta H_c\right)M\tau_0}{4\pi x^2 t_f} \tag{5-29}$$

式中，$\tau_0 = 1 - 0.0565\ln x$；I 为目标接受的热辐射通量，单位为千瓦 / 米^2；F_r 为辐射所占的分数，一般取为 0.2（刘俊娥等，2007）；ΔH_c 为燃烧热，单位为焦·千克；x 为目标距火焰中心的距离，单位为米；M_0 为可燃气云质量，单位为千克；t_f 为目标接受热流的时间，单位为秒。

第七，爆炸。

可燃气体爆炸的危害传播是以爆炸波、火焰传播和爆炸气体流动为主体的综合流动结果（秦政先，2007）。根据爆炸冲击波的传播特点，可燃气体爆炸的传播过程存在强烈的卷吸作用，即冲击波在传播过程中将推动传播路径上的气体共同移动，形成带有压力的高温可燃气流，使可燃气体爆炸后的燃烧区域大于原始气体分布区域，从而进一步增加爆炸和燃烧的影响范围。因此，可燃气体爆炸的过程实质上是带有压力波传播过程的燃烧过程，其特点是火焰和爆炸压力波之间存在具有正反馈性质的耦合作用，这种正反馈性质的耦合作用驱动了爆炸的进一步发展和演化。此外，气体爆炸过程的能量来自于可燃气体的燃烧，而燃烧反应不可避免地将受到流场结构的影响并通过各种形式和流场结构发生相互作用。

开敞空间气云爆炸的关键是火焰与障碍物之间的相互作用。对于风险评估的实际需求，可以假定为无障碍物开敞空间内的爆炸，可以采用的冲击波超压计算方法包括 TNT 当量法、自相似法、多能模型（MULTI-ENERGY Model）法和数值模拟法等（毕明树，2001）。目前，已有几种解法应用于气云爆炸的计算，但仍难以应用于爆燃情况。因此，爆炸冲击波的计算应采用 TNT 当量法，爆炸燃烧热的计算方法同上述气云燃烧的热辐射计算方法。

根据 TNT 当量法，爆炸冲击波的物理效应计算方法主要有四种。

（1）参数等效法（表 5-15）（黄小美，2004）：

$$\Delta P = k_1 \lambda^{k2} \times 10^5 \qquad (5\text{-}30)$$

式中，ΔP 为爆炸冲击波压力，单位为帕；k_1、k_2 为爆炸参数系数，如表 3.6 所示；λ 为等效距离，单位为米 / 千克，满足：

$$\lambda = \frac{R_L}{\sqrt[3]{m_{TNT}}} \qquad (5\text{-}31)$$

式中，R_L 为距离爆炸中心的距离，单位为米；m_{TNT} 为爆炸中心的爆炸当量（TNT 当量），单位为千克，满足：

$$m_{TNT} = W\alpha\varepsilon\varepsilon_1 H_l / 1000 \qquad (5\text{-}32)$$

式中，W 为 TNT 储藏量，单位为千克，$W = 1000(N/1000)^n$，其中，N 为可燃气体实际储藏量，单位为千克；当 N 数值小于 10^6 时，n 取 1，否则，n 取 0.5；α 为气体气化率，泄漏燃气为纯气体，取 1；ε 为爆炸系数，甲烷、丁烷取 0.06，一氧化碳取 0.10，乙烷、丙烷取 0.08；ε_1 为 TNT 转化系数，取 0.064；H_l 为泄漏燃气热值，单位为千卡／千克。

表 5-15　参数等效法的参数选取

λ	$2 \sim 3.676$	$3.676 \sim 7.934$	$7.934 \sim 29.75$	29.75
ΔP	$3 \sim 0.65$	$0.65 \sim 0.2$	$0.2 \sim 0.036$	$0.036 \sim 0.0025$
k_1	11.535	6.9064	3.233	4.21
k_2	-2.0597	-1.9673	-1.3216	-1.3988

（2）质量等效法（孙永庆等，2006），首先计算爆炸的当量质量：

$$m_{TNT}=m_d\Delta H_d/H_{TNT} \tag{5-33}$$

式中，m_{TNT} 为 TNT 当量，单位为千克；m_d 为参与爆轰的天然气质量，单位为千克；ΔH_c 为燃气的爆热，单位为焦耳／千克，可用燃烧热表示；H_{TNT} 为标准 TNT 爆源的爆热值，4.2 单位为兆焦／千克。

由此，对于质量为 m_{TNT} 的标准爆源，其爆炸的超压满足：

$$\Delta P = 1.02\left|\frac{\sqrt[3]{m_{TNT}}}{R_L}\right| + 3.99\left|\frac{\sqrt[3]{m_{TNT}}}{R_L}\right|^2 + 12.6\left|\frac{\sqrt[3]{m_{TNT}}}{R_L}\right|^3 \tag{5-34}$$

式中，R_L 为该点与爆源的距离，单位为米；m_{TNT} 为 TNT 当量，单位为千克；ΔP 为爆炸波的入射超压，单位为兆帕。

（3）能量等效法（梁瑞等，2007）。

$$E_{ex}=1.8\alpha_{TNT}M_fH_C \tag{5-35}$$

$$\Delta P = \left\{0.137\left[R_L\left(\frac{P_0}{E_{ex}}\right)^{1/3}\right]^{-3} + 0.119\left[R_L\left(\frac{P_0}{E_{ex}}\right)^{1/3}\right]^{-2} + 0.269\right[.$$

$$\left. R_L\left(\frac{P_0}{E_{ex}}\right)^{1/3}\right]^{-1} - 0.019\right\}P_0 \tag{5-36}$$

式中，1.8 为地面爆炸系数；α_{TNT} 为蒸气云的 TNT 当量系数，一般取值为 4%；M_f 为蒸气云中对爆炸冲击波有实际贡献的燃料质量，单位为千克；H_c 为燃料的燃烧热，单位为焦耳／千克；E_{ex} 为爆炸能量，单位为焦耳；R_L 为目标到爆源的水平距离，单位为米；ΔP 为目标处的超压值，单位为帕；P_0 为环境压力，可取 10^5 帕。

（4）闪蒸等效法（韩朱旸，2010），首先，在热力学基础上，确定气体的闪蒸部分：

$$F = 1-e^{\left(-\frac{C_p\Delta T}{L_0}\right)} \tag{5-37}$$

式中，F 为气体的闪蒸系数；C_p 为气体的平均比热，千焦 /（千克 · 开）；ΔT 为环境压力下容器内温度与沸点的温差，单位为开；L_0 为气化潜热，单位为千焦 / 千克。

其次，计算可燃云团的质量 w_f：

$$w_f = 2 \times Q \times F \tag{5-38}$$

式中，w_f 为可燃云团的质量，单位为千克；Q 为泄漏的气体质量，单位为千克。

再次，计算 TNT 当量质量：

$$m_{TNT} = a_{TNT} w_f \Delta H_c / H_{TNT} \tag{5-39}$$

式中，m_{TNT} 为 TNT 当量，单位为千克；ΔH_c 为气体的燃烧热，单位为兆焦 / 千克；H_{TNT} 为 TNT 的爆热，单位为兆焦 / 千克；a_{TNT} 为 TNT 当量系数，取 $a_0 = 0.03$。

最后，确定冲击波超压。

对于质量为 m_{TNT} 的 TNT 标准爆源，在地面发生爆炸时，爆炸场冲击波超压满足：

$$\Delta P = 0.71 \times 10^6 \left[\frac{R_L}{\sqrt[3]{w_{TNT}}} \right]^{-2.09} \tag{5-40}$$

式中，R_L 为爆炸场某点至爆源的距离，单位为米；ΔP 为爆炸波的入射超压，单位为帕。

一般来说，燃气纯度、点火能量、环境温度等环境因素对爆炸极限浓度都有影响。爆炸在管线内传播时也会造成一定的事故后果。对于爆燃转变为爆轰的情况，也有相应的物理规律和分析模型。但是，TNT 当量法在研究可燃气体爆炸时存在局限性（牛坤，2007）。

考虑到 TNT 当量法的局限性，在风险评估计算过程中，应采用闪蒸等效法计算燃气爆炸事故的超压。

（三）致死概率计算与伤亡百分数计算

在一定时间内，泄漏燃气对人的影响可用致死概率表示（Jo and Ahn，2005）。其中致死概率 P_T 是受伤人员暴露百分数的度量，与伤害因子（物理效应）有关 I_f，其表达式为

$$P_T = a + b \ln I_f \tag{5-41}$$

式中，P_T 为易感人员（或环境）受害的百分数的度量（概率）；I_f 为引起伤害的因素；a、b 为常数。

致死概率通常处于 1 到 10 之间，与伤亡百分数存在——对应关系，可以通过查表得出伤亡百分数，如表 5-16 所示。

表 5-16　致死概率单位数与伤亡百分数对应关系

Pr	0	1	2	3	4	5	6	7	8	9
0	—	2.67	2.96	3.12	3.25	3.36	3.45	3.52	3.59	3.66
10	3.72	3.77	3.82	3.90	3.92	3.96	4.01	4.06	4.08	4.12
20	4.16	4.19	4.23	4.26	4.29	4.33	4.36	4.37	4.42	4.45
30	4.48	4.50	4.53	4.56	4.59	4.61	4.64	4.67	4.69	4.72
40	4.75	4.77	4.80	4.82	4.85	4.87	4.90	4.92	4.95	4.97
50	5.00	5.03	5.05	5.08	5.10	5.13	5.15	5.18	5.20	5.23
60	5.25	5.28	5.31	5.33	5.36	5.39	5.41	5.44	5.47	5.50
70	5.52	5.55	5.58	5.61	5.64	5.67	5.71	5.74	5.77	5.81
80	5.84	5.88	5.92	5.95	5.99	6.04	6.08	6.13	6.18	6.23
90	6.28	6.34	6.41	6.48	6.55	6.64	6.75	6.88	7.05	7.33
99	7.33	7.37	7.41	7.46	7.51	7.58	7.65	7.75	7.88	8.06

典型事故后果的伤害因子如下。

1. 燃烧热辐射通量

考虑到热辐射导致三度烧伤致死的物理剂量与生物效应的关系，燃烧热辐射通量（CPQRA，1988）致死概率单位数满足如下关系：

$$P_T = -14.9 + 2.56\ln(I^{3/4} \times 10^{-4} \times t_f) \qquad (5\text{-}42)$$

式中，I 为热辐射剂量，单位为瓦/米^2；t_f 为辐射场中的暴露时间，单位为秒。

每个人的暴露时间可以按如下公式计算（Metropolo and Brown，2004）：

$$t = t_r + \frac{3}{5}\frac{x_0}{v}\left[1 - \left(1 + \frac{v}{x_0}t_v\right)^{-5/3}\right] \qquad (5\text{-}43)$$

式中，t_r 为个人反应时间，一般可取为 5 秒；x_0 为个人距火焰中心的距离，单位为米；v 为个人的逃生速度，一般取为 4 米/秒；t_v 为个人逃生所需的时间，$t_v = \dfrac{x_s - x_0}{v}$，单位为秒；$x_s$ 为火焰中心距离热辐射通量为 1 千瓦/米处的距离，单位为米。

一般可以选择 30 秒作为城市内的暴露时间的推荐值（Rausch，1977），据此得到的指定区域致死概率为（取 $H_c = 5.002 \times 10^7$ 焦/千克，$\tau_a = 1$）：

$$P_T = 16.61 + 3.4\ln(Q/r^2) \qquad (5\text{-}44)$$

2. 爆炸超压

考虑到爆炸超压导致肺出血致死的物理剂量与生物效应的关系，爆炸超压致死概率单位数满足如下关系（IGE，2001）：

$$P_T = -77.1 + 6.91\ln(P_{max}) \tag{5-45}$$

式中，P_{max} 为最大超压值，单位为帕。

此外，对于爆炸超压的计算，还可以根据爆炸特征曲线的方法确定致死概率单位数计算公式的参数值（Fernando et al.，2008）。

燃气管线事故后果分析模型如图 5-10 所示。

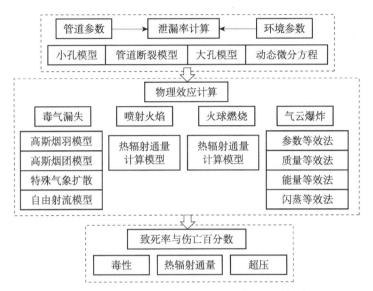

图 5-10　城市燃气管线定量分析相关模型和计算方法

四、后果分析：管线内

城市燃气管线内的风险评估主要研究由供气不足所造成的经济损失，并可通过相继失效模式进行定量计算，评估可能造成的经济风险。在实际的城市燃气管线中，一点的失效将导致整个网络内的流量损失和压力下降，从而导致供气节点的供气不足，造成经济损失。

针对燃气管线内部的事故后果分析，需针对燃气管线在计算流量的工况下（由管段及节点计算流量子模型计算得到），结合流体泄漏子模型和燃气管线压力分布计算子模型，计算管线在某一节点或管段发生破裂泄漏的情况下，整个管线内压力分布情况，并根据燃气管线内各节点用户的供气压力需求，判断泄漏和破裂对整个燃气管线各个节点的影响。

在建立模型之前，需要首先确定燃气网络的节点和管段。选择节点的依据如下。

（1）根据图论理论，对整个燃气管线的连通性影响重大的元部件。

（2）燃气管线上本身所具有的重要设施。

因此，可以选取燃气管线的接收站、储配站、燃气调压室、小区燃气入口处、集中负荷入口为待研究的燃气管线节点，选取连接两节点的管线为研究的管段。

燃气管线内的风险传播可以通过计算燃气管线内的压力重新分布情况进行分析。燃气管线内的压力重新分布计算模型包括泄漏率计算、压力重新分布计算和流量重新分布计算，并需根据相应迭代算法逐步提高计算精度（黄超等，2008），如图 5-11 所示。

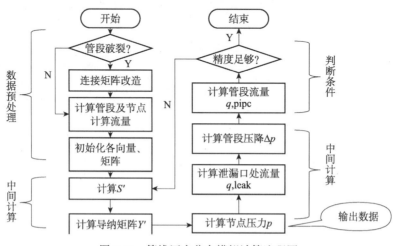

图 5-11　管线压力分布模拟计算流程图

在计算过程中，首先需要将燃气管线的拓扑结构进行量化表示，用连接矩阵 **A** 表示。方法如下：

$$A(i, j) = \begin{cases} 0, \text{节点} i \text{不在管段} j \text{上} \\ 1, \text{节点} i \text{在管段} j \text{末端} \\ -1, \text{节点} i \text{在管段} j \text{首端} \end{cases} \quad （5\text{-}46）$$

式中，$A(i, j)$ 为连接矩阵的元素 A，i 为节点编号，j 为管段编号。对于一个包含 N 个节点和 M 条边的燃气管线网络，连接矩阵可以表示为 $A_{N \times M}$。对于失效事故为节点失效破裂的情况，$A_{N \times M}$ 可以直接用于计算。但对于燃气管段失效破裂的情况，管段失效破裂可以认为是在燃气管线中增加一个节点，如图 5-12 所示。因此，连接矩阵需进行适当改造，方法为 $A[T, k]=0$，$A[O, k]=1$，$A[O, n]= -1$，$A[T, n]=1$。因此，对于一个包含 N 个节点和 M 条边的燃气管线网络，当管线某一管段破裂时，其连接矩阵可以表示为 $A_{(N+1) \times (M+1)}$。

连接矩阵确定后，管线参数向量（流量、压力）即可确定，如下所示：

节点失效破裂：
$$\begin{cases} q_{\mathrm{node}} = (q_1, q_2, \cdots, q_N), q_{i(\mathrm{broken})} = q'_{i(\mathrm{broken})} + q_{\mathrm{leak}} \\ q_{\mathrm{pipe}} = (Q_1, Q_2, \cdots, Q_M) \end{cases}$$

$$\text{(5-47)}$$

管段失效破裂：
$$\begin{cases} q_{\mathrm{node}} = (q_1, q_2, \cdots, q_{N+1}), q_{N+1} = q_{\mathrm{leak}} \\ q_{\mathrm{pipe}} = (Q_1, Q_2, \cdots, Q_{M+1}), Q_{M+1} = Q_{j(\mathrm{broken})} \end{cases}$$

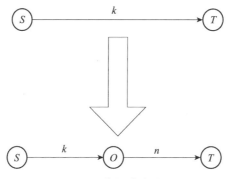

图 5-12 连接矩阵改造过程

式中，q_{node} 为节点流量；q_{pipe} 为管段流量；q_{leak} 为泄漏点的泄漏率；$q'_{i(\mathrm{broken})}$ 为节点 i 在管线失效前的流量；$Q_{j(\mathrm{broken})}$ 为管段 j 在管线失效前的流量。由此可以进一步确定对角矩阵 S'：

$$S'(j, j) = 6.26 \times 10^7 \rho \lambda_0 \frac{q_{pipe}(j) T L(j)}{[d(j)]^5 T_0} \tag{5-48}$$

$$S'(j, j) = 1.27 \times 10^{10} \rho \lambda_0 \frac{q_{pipe}(j) T Z L(j)}{[d(j)]^5 T_0} \tag{5-49}$$

式中，j 为管段的标号，且有 $1 \leqslant j \leqslant M+1$；$L(j)$ 为管段 j 的长度；$d(j)$ 为管段 j 的直径；T_0 为温度参数 273.16 开；ρ 为燃气的密度；λ_0 为摩擦系数；Z 为压缩因子；T 为管段内的运行温度。由此，管线的导纳矩阵 Y 可以由下式确定：

$$Y = A(S')^{-1} A^{\mathrm{T}} \tag{5-50}$$

式中，A 为燃气管线的连接矩阵。因此节点的压力可以由下式确定：

$$Y P_{\mathrm{node}} = q_{\mathrm{node}} \tag{5-51}$$

式中，P_{node} 为节点的压力。

当燃气管线泄漏时，管线内节点和管段的压力也随之下降，这也将导致燃气管线泄漏点的泄漏率下降。因此，为提高计算精度，应采用迭代算法进行计算。管线内管段的压力重新分布情况可由下式计算：

$$\Delta P_{\mathrm{pipe}} = A^{\mathrm{T}} P_{\mathrm{node}} \tag{5-52}$$

式中，ΔP_{pipe} 为管段的压降；$P_{\mathrm{pipe,new}} = P_{\mathrm{pipe}} - \Delta P_{\mathrm{pipe}}$。因此管段内的流量可由式

（5-53）确定：

$$q_{pipe}=(S')^{-1}\Delta P_{pipe} \tag{5-53}$$

式中，q_{pipe} 为管段的流量。

当管段流量的计算精度达到所需要求时，节点的计算流量应带回到节点压力的计算当中。当精度达到要求时，其计算结果可与燃气管线设计供气压力进行比较，进行经济风险的分析。

五、特定目标风险值确定

通过上述分析，综合燃气管线事故发生的可能性和后果严重程度，可以定量计算出城市燃气管线的风险值，如针对人员伤亡和财产损失的目标。其中，人员伤亡的风险主要通过个人风险和社会风险进行定量度量；经济风险主要通过燃气管线内的压力重新分布情况进行折算。根据风险分析的结果，可以将计算结果与安全标准的规定限值或经验值相比较，判断燃气管线的风险情况，对于超出限值的区域，提出改进和完善措施。值得注意的是，当燃气管线周围存在其他风险装置（如危险化学品装置）或弱点中心（如学校、医院等大型公共设施）时，应采用更好的防护标准。

（一）个人风险

对于燃气管线而言，其影响范围内任意一点将受到管线上一定范围内所有可能发生的事故后果的影响，因此每一点的个人风险包含了周围一段管线的风险。因此，城市燃气管线失效的个人风险可按下式计算（Jo and Ahn，2005，2008；Sklavounos and Rigas，2006）：

$$IR = \sum_i \int_{l_-}^{l_+} \varphi_i P_i dl \tag{5-54}$$

式中，IR 为个人风险；i 为第 i 种失效假定；φ_i 为第 i 种失效事故假定的单位长度下的失效率；P_i 为第 i 种失效事故假定的致死率；L 为燃气管线长度，单位为米；l_+、l_- 为该位置能受到影响的燃气管线范围，单位为米。

由此，可以进一步得出风险等值线与燃气管线距离的计算公式，求得相应的防护区域。根据各国应用情况，应采用 IR=10^{-6} 作为评判一个区域内的风险是否可以被接受的标准（Jonkman et al.，2003）。燃气管线泄漏的个人风险分布与泄漏率的关系如图 5-13 和图 5-14 所示。

图 5-13 显示了节点失效泄漏所导致的个人风险 10^{-6} 的影响范围与泄漏率的关系；图 5-14 显示了管段失效泄漏所导致的个人风险 10^{-6} 的影响范围与泄漏率

的关系。从图中可以看出，两种情况下的风险范围差距较大，其中管段泄漏的风险值明显大于节点泄漏的风险值，这是由于管段周围任意位置的风险将受到管段上各个位置失效假定事故的影响，其泄漏的风险需要针对管段上各个位置的失效假定的后果进行积分；而节点泄漏的事故后果决定于所研究的位置与失效节点间的距离。同时也可以看出，随着泄漏率的增大，风险值也随之增大。因此对在实际应用中，高压管段对人员生命的风险要远大于同等直径的低压管段，管线周边地区的风险要远大于具有相同流量的节点的风险。

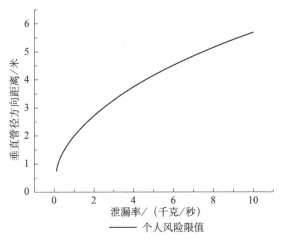

图 5-13　燃气管线个人风险限值位置与泄漏率的关系（节点失效泄漏）

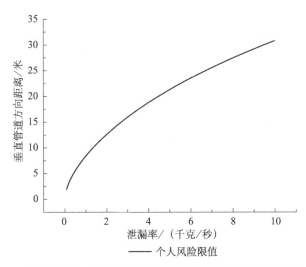

图 5-14　燃气管线个人风险限值位置与泄漏率的关系（管段失效泄漏）

（二）社会风险

社会风险可以简化表示为 $\sum$ 个人风险 × 该个人风险所占面积 × 单位面积的人口密度，即（Jonkman et al., 2003; IGE, 2001）

$$N_I = \int_{A_i} \rho_p P_i \mathrm{d}A_i \tag{5-55}$$

式中，A_i 为第 i 种失效事故假定下受影响面积，单位为米^2，$\mathrm{d}A_i$ 与致死率 P_i 相关；ρ_p 为该区域人口密度，单位为米$^{-2}$。

由此可以进一步得到社会风险 FN 曲线（Jonkman et al., 2003; Fernando et al., 2008）：

$$1 - F_N(x) = P(N > x) = \int_x^{+\infty} f_N(x)\mathrm{d}x \tag{5-56}$$

针对城市燃气管线各节点、管段周围个人风险随距离分布情况，可以得到相应的社会风险计算方法，计算燃气管线各节点、管段周围社会风险分布情况。假设燃气管线各节点周边地区人口密度为 α_n，各管段周边地区人口密度为 β_m，则对各节点、管段，社会风险值满足下式关系：

$$
\begin{aligned}
F_n &= \int_A \alpha_n \mathrm{IR}_n(r)\mathrm{d}A = \pi \int_r \alpha_n \mathrm{IR}_n(r) r^2 \mathrm{d}r \\
F_m &= \int_A \beta_m \mathrm{IR}_m(h)\mathrm{d}A = L \int_h \beta_m \mathrm{IR}_m(h)\mathrm{d}h
\end{aligned} \tag{5-57}
$$

式中，n 为节点编号，$n=1, 2, \cdots, 14$；m 为管段编号，$m=1, 2, \cdots, 20$；$\mathrm{IR}_n(r)$、$\mathrm{IR}_m(h)$ 为管线节点、管段的个人风险，分别与距离管线节点、管段的距离 r、h 有关；L 为管段的长度。

（三）经济风险

经济风险可以通过综合管线供气不足的可能性及后果严重程度进行评估。当燃气管线内节点的压力低于设计的极限值时，该节点的工作活动将受到影响，所造成的经济损失可以根据工业产出的减少量进行定量测算。对于没有经济运行数据的地区，为便于计算，可以假设经济产出与燃气供气压力成正比，如式（5-58）所示（Han and Weng, 2010）：

$$E(P) = \kappa \cdot P_{\mathrm{node}} \tag{5-58}$$

式中，$E(P)$ 为经济产出的期望值；P_{node} 为该节点的供气压力；κ 为供气压力和经济产出期望值间的比例因子。因此，经济损失的期望值可以通过式（5-59）进行估算：

$$E(D) = \kappa \cdot (P_{\mathrm{node}} - P_{\mathrm{node, new}}) \tag{5-59}$$

式中，$E(D)$ 为燃气管线失效后的经济损失期望值；$P_{\mathrm{node, new}}$ 为燃气管线失效后该

节点的供气压力。通过综合事故发生的可能性和后果，可以评估燃气管线内风险传播所造成的经济风险

$$E(R)=\varphi \cdot E(D) \qquad (5\text{-}60)$$

式中，$E(R)$ 为燃气管线的经济风险（美元／年），φ 为燃气管线的失效率。

六、算例及分析

为验证方法的可行性，选取一个实际燃气管线进行验证研究。

（一）算例管线参数与事故假定

算例管线的拓扑结构如图 5-15 所示，其运行参数如表 5-17、表 5-18 所示。如图 5-15 所示，该管线共有 14 个节点和 20 条管段，节点 13 为压力气源，节点 14 为基准气源，节点 12 为给定流量的气源，其余各节点为供应节点。

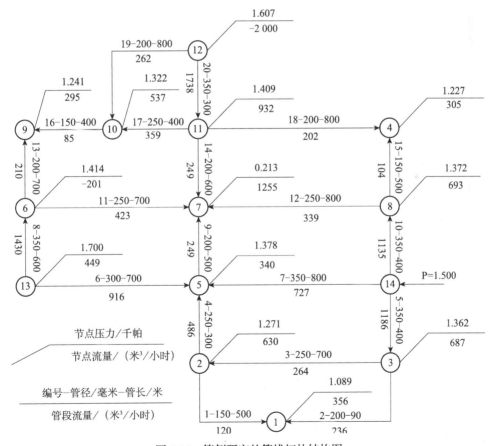

图 5-15　算例研究的管线拓扑结构图

表 5-17 管线各管段基础数据

编号	长度/米	直径/毫米	流量/（米³/小时）	泄漏孔直径/毫米	起始点压强/千帕	终止点压强/千帕
1	500	150	120	50	1.271	1.089
2	90	200	236	66.7	1.362	1.089
3	700	250	264	83.3	1.362	1.271
4	300	250	486	83.3	1.378	1.271
5	400	350	1186	116.7	1.5	1.362
6	700	300	916	100	1.700	1.378
7	800	350	272	116.7	1.500	1.378
8	600	350	210	116.7	1.700	1.414
9	500	200	249	66.7	1.378	0.213
10	400	350	1135	116.7	1.5	1.372
11	700	250	423	83.3	1.414	0.213
12	800	250	339	83.3	1.372	0.213
13	700	200	210	66.7	1.414	1.241
14	600	200	249	66.7	1.409	0.213
15	500	150	104	50	1.372	1.227
16	400	150	85	50	1.332	1.241
17	400	250	359	83.3	1.409	1.332
18	800	200	202	66.7	1.409	1.227
19	800	200	262	66.7	1.607	1.332
20	300	350	1738	116.7	1.607	1.409

表 5-18 管线各节点基础数据

编号	流量/（米³/小时）	压力/（千帕）	编号	流量/（米³/小时）	压力/（千帕）
1	356	1.089	8	693	1.372
2	630	1.271	9	295	1.241
3	687	1.362	10	537	1.332
4	305	1.277	11	932	1.409
5	340	1.378	12	2000	1.607
6	201	1.414	13	449	1.700
7	1255	0.213	14	2593	1.500

在风险评估过程中，采取如下事故假定。

（1）为研究燃气管线外的风险，假设管线内某个节点发生泄漏，且泄漏孔径为 100 毫米。

（2）为研究燃气管线外的风险，假设管线内某个管段发生泄漏，且泄漏孔径为管段直径的 1/3。

（3）为研究燃气管线内部风险传播，假设管线内某个节点发生泄漏，且泄漏孔径为 10 毫米。

（4）为研究燃管线内部的风险传播，假设管线内某个管段发生泄漏，且泄漏孔径为该管段直径的 1/30。

为便于分析，并考虑到燃气管线的基础数据特征，采取如下实验条件。

（1）假定所有的管段和节点的运行情况和所处的外界环境情况相同，因此可以假定燃气管线内所有节点和管段的失效率满足 EGIG 的平均数据，为 5.75×10^{-4} 千米 / 年。

（2）假设燃气管线各节点周围地区的人口密度为 α_i，各管段周围地区的人口密度为 β_j，$i=1, 2, \cdots, 14$，$j=1, 2, \cdots, 20$。

（3）假设火球燃烧、爆炸的暴露时间为 30 秒；

由于该管线为城市低压管线，所以假定燃气的毒性可以忽略。

（二）个人风险分析

通过分析燃气管线外部的事故后果，可以得出人员伤亡的风险分析结果。

个人风险分析结果如图 5-16 ～图 5-21 所示。

图 5-16 为节点 10 失效泄漏的个人风险分布情况随距离的变化关系。从图可以看出，随着与节点距离的增加，风险值逐渐减小。根据该燃气管线的运行情况可以计算出，距离节点 10 距离超过 7.4190 米的范围为风险可接受的范围。

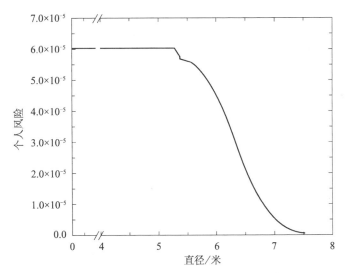

图 5-16　节点 10 失效泄漏的个人风险分布

图 5-17 为节点 10 失效泄漏后个人风险等值线（10^{-6}）的分布情况。从图可以看出，对于燃气管线的节点，其个人风险等值线（10^{-6}）分布为圆形。距离泄漏节点距离相同的位置，其个人风险的大小也相同。

图 5-18 为节点 10 失效泄漏后不同事故后果在总的个人风险中所占的比例随

距离变化的关系。图中分别显示了爆炸（超压）、喷射火焰燃烧、气云燃烧和爆炸等事故后果，在燃气事故总的后果中所占比例随距离的变化关系。从图中可以看出，对于燃气泄漏事故，不同事故后果的传播距离不同，爆炸的影响范围最小，喷射火焰的影响范围最大。随着距离泄漏源距离的增加，不同事故后果的物理效应均逐渐减小，但喷射火焰燃烧的物理效应减小速度要低于其他事故后果。因此，在距离燃气管线节点较近的位置处，爆炸的风险相对较大。在距离燃气管线节点较远处，喷射火焰燃烧的风险相对较大。

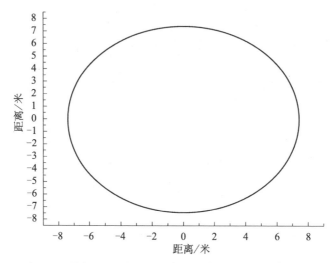

图 5-17 节点 10 失效泄漏的个人风险等值线（10^{-6}）分布

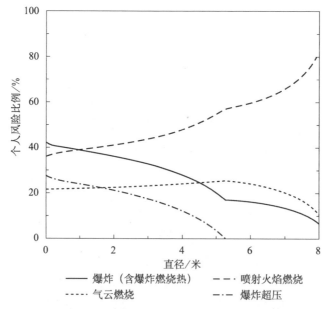

图 5-18 节点 10 失效泄漏不同事故后果物理影响所占比例

　　表 5-19 显示了各节点失效泄漏后，不同事故后果的影响范围，以及个人风险 10^{-6} 的影响范围（直径距离）。其中，喷射火焰燃烧和气云燃烧的事故后果影响范围显示了燃气管线失效泄漏导致人员三度烧伤致死的最大影响范围，而爆炸的事故后果影响范围则显示了燃气管线失效泄漏导致人员肺出血致死的最大影响范围。从表中可以看出，喷射火焰燃烧、气云燃烧和爆炸的影响范围各不相同。总的来看，喷射火焰燃烧的影响范围＞气云燃烧＞爆炸，其相互关系与燃气管线失效泄漏假设的泄漏率大小有关。同时从表 5-19 中可以看出，个人风险可接受限值 10^{-6} 处的位置介于爆炸的影响范围和气云燃烧的影响范围之间，即个人风险可接受限值 10^{-6} 处的主要风险为喷射火焰燃烧和气云燃烧。与之相应，爆炸的事故后果不会影响该安全距离以外的人员。一般来讲，在该燃气管线的节点运行情况下，距离燃气管线节点 8 米以上的人员均可认为是安全的。在安全管理过程中，可以将安全防护的距离设置为 8 米。

表 5-19　节点失效泄漏不同事故后果物理影响的范围和风险范围

节点编号	压力／千帕	泄漏率／（千克／秒）	事故后果影响范围			个人风险 10^{-6} 影响范围／米
			喷射火焰／米	气云燃烧／米	爆炸／米	
1	1.089	0.6926	9.4786	7.9655	5.0942	7.0610
2	1.271	0.7482	9.8517	8.2691	5.2271	7.3340
3	1.362	0.7744	10.0227	8.4081	5.2874	7.4590
4	1.277	0.7499	9.8629	8.2782	5.2310	7.3420
5	1.378	0.7789	10.0518	8.4318	5.2976	7.4810
6	1.414	0.7890	10.1168	8.4845	5.3204	7.5280
7	0.213	0.3065	6.3055	5.3655	3.8821	4.7265
8	1.372	0.7773	10.0415	8.4234	5.2940	7.4730
9	1.241	0.7393	9.7930	8.2213	5.2063	7.2910
10	1.332	0.7659	9.9676	8.3633	5.2680	7.4190
11	1.409	0.7876	10.1078	8.4772	5.3173	7.5220
12	1.607	0.8410	10.4448	8.7510	5.4348	7.7690
13	1.700	0.8649	10.5922	8.8706	5.4858	7.8670
14	1.500	0.8126	10.2670	8.6065	5.3729	7.6380

　　图 5-19 为管段 18 失效泄漏的个人风险。其中，喷射火焰燃烧和气云燃烧的事故后果影响范围显示了燃气管线失效泄漏导致人员三度烧伤致死的最大影响范围，而爆炸的事故后果影响范围则显示了燃气管线失效泄漏导致人员肺出血致死的最大影响范围。从图 5-19 中可以看出，管段失效的风险等值线分布规律与节点失效类似，风险随距离的增大而减小。与此同时，燃气管线管段外任一位置的

风险包含整个管段影响范围内对该位置造成的风险，因此管段外的风险等值线沿管段近似为直线分布。此外，燃气管段上存在气体压降，燃气管段上不同位置泄漏的泄漏率并不相同，将导致不同位置的风险值不同。因此，管段外的风险等值线并不平行于该管段，而是与该管段上的气体压力有关。根据该燃气管线的运行情况可以计算出，距离管段 18 距离超过 3.8218 米的范围为风险可接受的范围。

图 5-20 为节点 10 失效泄漏后个人风险等值线的分布情况。从图中可以看出，对于燃气管线的管段，其个人风险等值线分布为直线。沿管线方向燃气压力不断下降，泄漏率也随之下降，因此个人风险值也呈下降趋势，个人风险等值线（10^{-6}）距离管线的距离也不断缩小。

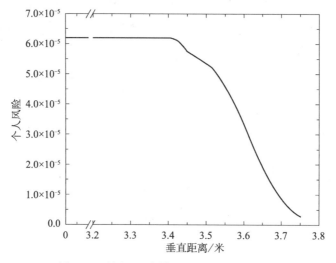

图 5-19　管段 18 失效泄漏的个人风险分布

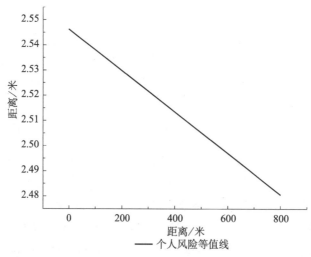

图 5-20　管段 18 失效泄漏的个人风险等值线（10^{-6}）分布

　　图 5-20 为管段 18 失效泄漏后不同事故后果在总的个人风险中所占的比例随距离变化的关系。图 5-21 分别显示了爆炸（超压）、喷射火焰燃烧、气云燃烧和爆炸等事故后果，在燃气事故总的后果中所占比例随距离的变化关系。与节点泄漏不同的是，由于燃气管线管段外任一位置的风险包含整个管段影响范围内对该位置造成的风险，所以影响范围大的事故，其在总事故后果中所占的比例因积分关系而变得更大。从图 5-21 中可以看出，喷射火焰燃烧的风险所占的比例最大。

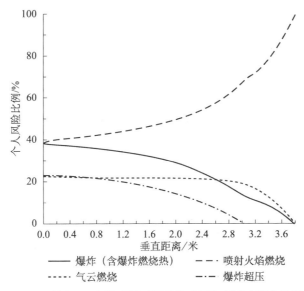

图 5-21　管段 18 失效泄漏不同事故后果物理影响所占比例

　　表 5-20 显示了各管段中点失效泄漏后，不同事故后果的影响范围，以及个人风险 10^{-6} 的影响范围（垂直管段距离）。与节点泄漏相类似，管段失效泄漏后的影响范围分布满足：喷射火焰燃烧的影响范围＞气云燃烧＞爆炸。同时从表中可以看出，个人风险可接受限值 10^{-6} 处的位置大部分介于气云燃烧的影响范围和喷射火焰燃烧之间，并与泄漏率有关。也就是说，个人风险可接受限值 10^{-6} 处的主要风险为喷射火焰燃烧，爆炸和气云燃烧的事故后果基本不会影响该安全距离以外的人员。这种不同主要是燃气管线管段外任意位置的风险来源于整个管段影响范围内对该位置造成的风险，即需要对整个管段进行风险积分，因此影响范围大的事故后果会进一步增大，所占比例也较大。与之相应，在相同泄漏率情况下，管段泄漏的风险会远大于节点泄漏的风险。对于管段运行压力较小的管段，其泄漏率相对较小，各事故后果影响范围也相对较小，个人风险可接受限值 10^{-6} 处的位置可能处于爆炸和气云燃烧的影响范围之间。一般来讲，在该燃气管线运行情况下，距离燃气管线管段 4 米以上的人员均可认为是安全的。而管段内燃气

压力的增加则将增大泄漏事故发生后的燃气泄漏率，从而显著地增加燃气管线的风险。在安全管理过程中，可以将安全防护的距离设置为 4 米。

表 5-20 管段失效泄漏不同事故后果物理影响的范围和风险范围（管段中点）

管段编号	长度/米	压力/千帕	泄漏率/（千克/秒）	事故后果影响范围			个人风险 10^{-6} 影响范围/米
				喷射火焰/米	气云燃烧/米	爆炸/米	
1	500	1.18	0.0801	3.2234	2.7981	2.4820	2.7115
2	90	1.2255	0.1453	4.3415	3.7358	3.0270	3.7470
3	700	1.3165	0.2348	5.5189	4.7150	3.5521	4.8746
4	300	1.3245	0.2355	5.5271	4.7219	3.5556	4.8821
5	400	1.431	0.4804	7.8941	6.6715	4.5094	7.1674
6	700	1.539	0.3658	6.8885	5.8459	4.1178	6.1943
7	800	1.439	0.4818	7.9056	6.6809	4.5138	7.1788
8	600	1.557	0.5011	8.0624	6.8093	4.5733	7.3308
9	500	0.7955	0.1171	3.8975	3.3644	2.8169	3.3305
10	400	1.436	0.4813	7.9015	6.6775	4.5122	7.1747
11	700	0.8135	0.1847	4.8948	4.1969	3.2790	4.2760
12	800	0.7925	0.1823	4.8629	4.1704	3.2647	4.2452
13	700	1.3275	0.1512	4.4287	3.8086	3.0674	3.8304
14	600	0.811	0.1182	3.9157	3.3797	2.8257	3.3470
15	500	1.2995	0.0841	3.3029	2.8651	2.5226	2.7840
16	400	1.2865	0.0836	3.2931	2.8568	2.5176	2.7750
17	400	1.3705	0.2396	5.5750	4.7616	3.5761	4.9281
18	800	1.318	0.1506	4.4199	3.8013	3.0633	3.8218
19	800	1.4695	0.1590	4.5415	3.9027	3.1193	3.9378
20	300	1.508	0.4932	7.9986	6.7570	4.5491	7.2686

（三）社会风险分析

根据燃气管线各节点、各管段的个人风险分布，并对燃气管线各节点、各管段周围地区进行人口密度假设，可以近似计算出燃气管线各节点、各管段的社会风险分布。燃气管线节点 10、管段 18 失效泄漏社会风险 FN 曲线如图 5-22 和图 5-23 所示，各节点失效泄漏社会风险计算结果如表 5-21 所示，各管段失效泄漏社会风险计算结果如表 5-22 所示。

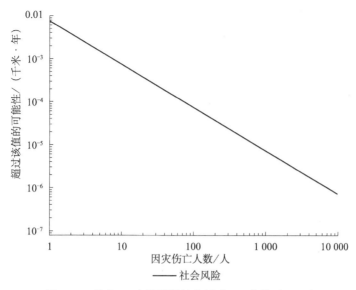

图 5-22　节点 10 失效泄漏社会风险 FN 曲线（ $\times \alpha_{10}$ ）

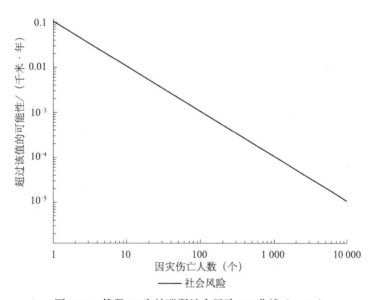

图 5-23　管段 18 失效泄漏社会风险 FN 曲线（ $\times \beta_{18}$ ）

表 5-21　燃气管线节点的社会风险

节点编号	个人风险 10^{-6} 影响范围 / 米	社会风险（ $\times \alpha_i$ ）
1	7.061 0	0.006 654
2	7.334 0	0.007 178
3	7.459 0	0.007 427
4	7.342 0	0.007 195

节点编号	个人风险 10^{-6} 影响范围 / 米	社会风险（$\times \alpha_i$）
5	7.481 0	0.007 469
6	7.528 0	0.007 564
7	4.726 5	0.003 000
8	7.473 0	0.007 454
9	7.291 0	0.007 095
10	7.419 0	0.007 346
11	7.522 0	0.007 551
12	7.769 0	0.008 055
13	7.867 0	0.008 280
14	7.638 0	0.007 787

表 5-22　燃气管线管段的社会风险

管段编号	个人风险 10^{-6} 影响范围 / 米	社会风险（$\times \beta_j$）
1	2.711 5	0.072 467
2	3.747 0	0.018 311
3	4.874 6	0.185 430
4	4.882 1	0.079 419
5	7.167 4	0.156 849
6	6.194 3	0.236 370
7	7.178 8	0.314 799
8	7.330 8	0.240 601
9	3.330 5	0.089 679
10	7.174 7	0.156 891
11	4.276 0	0.162 378
12	4.245 2	0.183 672
13	3.830 4	0.145 189
14	3.347 0	0.108 948
15	2.784 0	0.074 49
16	2.775 0	0.059 882
17	4.928 1	0.107 220
18	3.821 8	0.165 128
19	3.937 8	0.169 972
20	7.268 6	0.119 424

从图 5-22 和图 5-23、表 5-21 和表 5-22 中可以看出，燃气管线社会风险的大小与燃气管线个人风险分布及燃气管线周围人口密度分布等多种因素有关。

（四）经济风险分析

通过计算燃气管线内供气节点压力重新分布情况，分析燃气管线内的风险传播机制，可以得到经济风险的分析结果。

燃气管线失效后经济风险的计算结果如图 5-23 所示。

图 5-24 显示了节点 10 失效泄漏和管段 18 失效泄漏所引起的燃气管线内部的压力重新分配情况。从图中可以看出，与最初的压力值相比，失效泄漏后各供气节点压力将明显减小。其中，对于节点失效，失效节点及其邻近节点的压力下降最大。燃气管线失效时，只有基准气源节点 14 的压力没有发生变化。对每一种事故假定都可以计算所导致的各节点供气压力变化，进而分析经济风险。值得注意的是，该燃气管线流量较低，整体压力较小，因此在进行事故假定时所采取的泄漏率假设较小，以免计算出的泄漏率超过该节点或管段的最大流量。

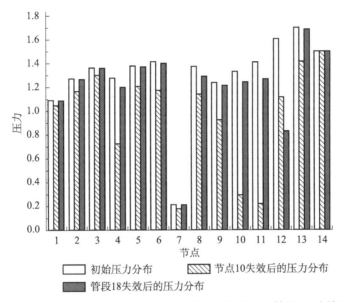

图 5-24 燃气管线失效泄漏压力重新分布情况（节点 10、管段 18 失效泄漏）

综合各节点的经济数据，包括经济产值与供气量的关系，就可以得出由供气不足所导致的各个节点的经济损失，以及系统总的经济损失。

表 5-23 显示了燃气管线内各节点失效泄漏时所导致的供气压力重新分布情况（所造成的系统内的压力的损失）和总的经济风险情况。从表中可以看出，节点 4、节点 9、节点 10、节点 11 泄漏时所造成的系统总压损失较大。假定经济产出与供气压力成正比，则节点 4、节点 9、节点 10、节点 11 泄漏时所造成的经济风险也最大，应当进行重点防护。此外，也可根据实际的经济数据分析泄漏事故所造成的经济风险，即根据实际的经济产出估算供气不足导致工业活动或社会生活中断所造成的经济损失。

表 5-23 节点失效所导致的管线总压损失与经济风险

失效节点	1	2	3	4	5	6	7
总压损失 / %	16.4	13.5	4.5	29.7	13.0	20.7	20.3
经济损失 $(E(D), \kappa)$	3220	2650	880	5840	2550	4070	3990
经济风险 $(E(R), \kappa \cdot (\$ \cdot yr^{-1}))$	1.85	1.52	0.51	3.36	1.47	2.34	2.29

失效节点	8	9	10	11	12	13	14
总压损失 / %	10.7	30.3	39.1	34.8	24.5	20.4	0
经济损失 $(E(D), \kappa)$	2100	5950	7680	6840	4810	4010	0
经济风险 $(E(R), \kappa \cdot (\$ \cdot yr^{-1}))$	1.21	3.42	4.42	3.93	2.77	2.31	0

表 5-24 显示了燃气管线内各管段失效泄漏时，所导致的供气压力重新分布情况（所造成的系统内总压力的损失）和总的经济风险情况。从表中可以看出，管段 7、管段 19、管段 20 泄漏时所造成的系统总压损失较大。假定经济产出与供气压力成正比，则管段 7、管段 19、管段 20 泄漏时所造成的经济风险也最大，应当进行重点防护。

表 5-24 各管段分别失效所导致的管线总压损失

失效管段	1	2	3	4	5	6	7	8	9	10
总压损失 / %	9.4	11.4	9.6	7.4	12.9	10.4	21.2	8.4	8.5	24.8
经济损失 (κ)	1850	2240	1890	1460	2540	2050	4170	1650	1670	4880
经济风险 $(\kappa \cdot (\$ \cdot yr^{-1}))$	1.06	1.29	1.09	0.84	1.46	1.18	2.40	0.95	0.96	2.81

失效管段	11	12	13	14	15	16	17	18	19	20
总压损失 / %	8.4	14.7	12.3	1.7	10.4	7.9	7.6	6.8	34.5	45.2
经济损失 (κ)	1650	2890	2420	330	2050	1550	1490	1340	6780	8890
经济风险 $(\kappa \cdot (\$ \cdot yr^{-1}))$	0.95	1.66	1.39	0.19	1.18	0.89	0.86	0.77	3.90	5.11

以上分析显示了该方法的分析思路和分析过程与结果。值得注意的是，由于燃气管线事故的后果及其物理效应的大小，主要取决于燃气的泄漏率，所以城市燃气管线失效泄漏所导致的人员伤亡的风险（特别是个人风险）与管线失效泄漏率密切相关。

七、小结

本节对城市燃气管线的定量风险评估方法进行了系统的分析和研讨，考虑到城市燃气管线事故的特点和失效模式，提出了一套完整的城市燃气管线定量风险分析方法。该方法包括可能性分析、后果分析和特定目标风险值确定三个环节。

可能性分析的思路主要是根据城市燃气管线失效特点和燃气特性，通过整理燃气管线的基础数据，计算管线的失效率。

后果分析包括管线外和管线内两个部分。管线外后果分析主要分为失效事故假定、泄漏率计算、物理效应计算、事故后果致死率计算等步骤，所研究的事故后果包括有毒气体漏失、喷射火焰燃烧、气云燃烧、爆炸等；管线内风险评估主要包括泄漏率计算模型、压力重新分布计算模型和流量重新分布计算模型等模型，所研究的事故后果主要为供气不足导致的损失。

本节提出的方法针对城市燃气管线的几种失效后果，整理了计算事故后果影响范围所涉及的物理模型和分析方法，并通过对比分析，总结了各物理模型和计算方法的特点、应用条件、适用范围和不足之处。

综合事故发生的可能性和后果，即可定量计算城市燃气管线风险的影响范围，包括个人风险、社会风险和经济风险，用以衡量燃气管线对人员和财产所造成的风险。本节提出的风险值确定的方法为一般性方法，可辅助决策部门进行风险管理。

第三节 地下管线运行风险分析中的事故模拟方法

一、地下空洞对地下管线运行风险的影响模拟

除了地面和地下的施工建设对地下管线的运行平稳和安全有着复杂的影响外，各种原因造成的城市地下空洞问题也不容忽视，空洞的存在可能引起地面塌陷，导致供水、燃气、排水、供热、通信等管线破损，甚至使地面建筑受损，极易造成生命财产损失。因此，开展地下空洞对地下管线的影响的分析具有重要意义。本节采用三维数值模拟手段，通过对地下空洞演化过程的实时模拟，对地下空洞对地下管线的影响进行定性分析。

（一）模拟方法概述

本部分采用 FLAC^{3D} 建立空洞和管线为一体的三维几何模型，其中假设空洞为柱体形状，管线为刚性管，鉴于刚性管材料性质与土体的差异，采用壳体单元进行管线的模拟，几何模型见图 5-25，相关力学参数见表 5-25。

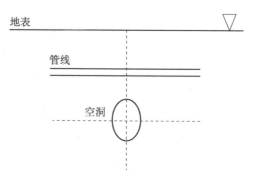

图 5-25　管线 - 空洞三维模型

表 5-25　土体及管线物理力学参数

土层名称	弹性模量 / 兆帕	泊松比	重度 /（千牛 / 米³）	内聚力 / 千帕	内摩擦角 /（°）
人工填土	17.87	0.35	19.3	20.9	14.6
黏土层	11.02	0.32	19.7	18.5	25.5
强风化砂	27.98	0.3	21.8	78.5	22.9
铸铁管	2.0×10^5	0.25	78	外径 0.5 米	壁厚 20 毫米

（二）原岩状态模拟

借助于管线和空洞的几何模型和力学参数，设置两边为简支边界，上部为自由边界，底部为固定边界。首先计算未出现空洞前的原岩应力状态，即不存在空洞时的平衡运算，形成土体初始应力云图见图 5-26。由此可知，在未扰动的情况下，原岩应力和沉降成层状分布，符合实际情况。

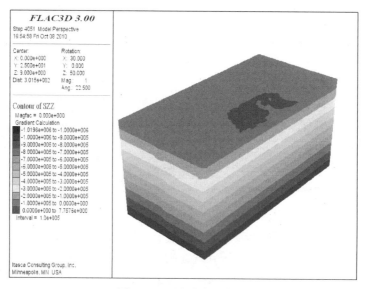

图 5-26　原岩应力分布图

（三）空洞演化模拟

原岩状态模拟完毕后，将由重力引起的位移归零，但保持初始应力，然后模拟圆形空洞逐渐变大的演化过程，分析空洞演化对管线的影响。

（四）管线位移分析

图 5-27 为管线下沉曲线随空洞演化变化图，地下空洞的存在引起了卸载效应，周围土体发生了移动，从而引起了地下管线的变位。当空洞尺寸小于管线尺寸时，空洞对管线的影响很小可以忽略，随空洞逐渐变大，管线不均匀沉降更加明显，而这种不均匀沉降极易使管线因纵向弯曲而破坏。图 5-28 为管线在不同埋深情况下的水平位移曲线，由此可以看出，随空洞的加大，管线水平位移在逐渐加大，但管线的水平位移较之沉降要小得多，因此，对管线安全的控制因素应该是沉降。

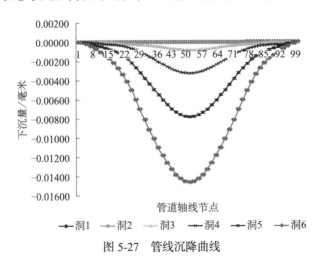

图 5-27 管线沉降曲线

（五）管线应力分析

图 5-29 为管线最大主应力分布图，最大主应力的最大值分布在 3 点和 9 点的位置，即当壁内应力达到管材屈服应力时，管线会因为环向应力屈服而破坏。

（六）模拟结果小结

本部分通过三维数值模拟研究表明，地下空洞的存在对管线的健康状态会产生一定的影响，具体表现如下：①当空洞尺寸小于管线尺寸时，空洞对管线的影响很小可以忽略，随着地下空洞越大，地表不均匀沉降越明显，管线也会出现不均匀沉降；②随地下空洞扩大，管线也会产生水平位移，但水平位移沿管线的差异较小；③地下空洞的存在，改变了管线的应力状态，弯矩及最大主应力均呈变大趋势，最大值出现在管线圆周 3 点和 9 点位置，是管线容易发生屈服破坏的位置。

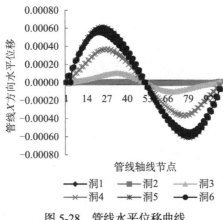

图 5-28　管线水平位移曲线

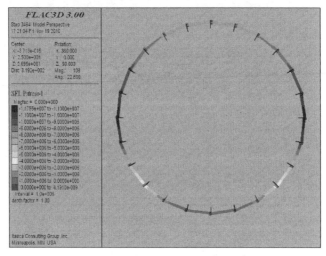

图 5-29　管线最大主应力分布图

因此，空洞的存在对管线应力场和位移场都产生了较大的影响，如不能及时发现，很可能会造成管线的破裂，进而影响到城市地下管线的安全。所以必须加大对地下空洞的探测力度，在其对管线带来影响之前，采取合理的方法进行填埋等处理。

二、燃气管线泄漏后火灾爆炸的影响模拟

（一）模拟方法概述

本部分主要研究燃气管线泄漏后发生火灾爆炸的风险，以喷射火焰、蒸气云爆炸为主要事故类型，融合各子过程的物理模型，建立燃气管线事故风险分析模型。该模型较全面考虑了与燃气管线事故相关的各因素，较好地平衡了计算复杂

性和结果准确性，具有很好的应用性和可拓展性。

分析模型融合广泛应用的子模型，编制事故危害计算程序，建立事故危害及个人风险分析模型。个人风险由事故可能性和事故后果两部分组成。事故后果部分，以喷射火事故和蒸汽云爆炸（VCE）事故为主要事故类型，其后果需要计算泄漏率、气团及火焰的形貌、热辐射能量或爆炸超压剂量的分布及相应的脆弱性等子模型。各子模型参考了现有的、较新的、被广泛接受的研究成果。下面简述各子模型的要点。

（二）事故概率模型

多种情况都可能引起燃气管线事故，如外力作用（external interference）、构造缺陷 / 材料失效（construction defect/material failure）、腐蚀（corrosion）、地面运动（ground movement）、误带压开孔（hot-tap made by error）、其他（other and unknown）。其中，第三方破坏和腐蚀为主要原因。

EGIG（European Gas Pipeline Incident Data Group）和 HSE（the Health and Safety Executive）对燃气管线事故概率进行了统计及分析研究，得出报告。HSE 关于燃气管线事故发生可能性的研究，基于大量的数据统计，涉及多种影响因素，用表格的方式给出统计结果，具有较强的科学性和较好的应用性。本课题在计算事故可能性时借鉴 HSE 的研究成果。

该模型考虑了管径（表 5-26）、埋深（表 5-27）、护壁（表 5-28）、地点（表 5-29）、防护措施（表 5-30）对事故概率的影响。

表 5-26　管径对燃气管线事故概率的影响

直径范围 / 毫米	直径中间点 / 毫米	事故类型分类			总计 /（1000 千米·年）$^{-1}$
		微孔	穿孔	破裂	
0～100	100	0.072	0.087	0.080	0.239
125～250	187	0.051	0.061	0.056	0.168
300～400	350	0.026	0.031	0.029	0.086
450～550	500	0.014	0.017	0.015	0.046
600～700	650	0.008	0.009	0.008	0.025
750～850	800	0.004	0.005	0.005	0.014
900～1000	950	0.002	0.003	0.002	0.007
1000+	1050	0.001	0.002	0.002	0.005

表 5-27 埋深对燃气管线事故概率的影响

埋深 / 米	埋深故障频率因子	标准化埋深故障频率因子
< 0.91	2.54	3.3
0.91-1.22	0.78	1.0
> 1.22	0.54	0.7

表 5-28 护壁对燃气管线事故概率的影响

最小护壁厚度	最小护壁厚度	标准化护壁厚度故障频率因子（1000 千米·年）$^{-1}$ 厚度范围				
		≤4.8	4.8 <厚度≤6.4	6.4 <厚度≤7.9	7.9 <厚度≤9.5	> 9.5
≤150	4.8	1.0	0.2	0.2	0.2	0.2
> 150≤450	6.4		1.0	0.4	0.2	0.2
> 450≤600	7.9			1.0	0.2	0.2
> 600≤900	9.5				1.0	0.2
> 900≤1050	11.9					1.0
> 1050	12.7					1.0

表 5-29 地点对燃气管线事故概率的影响

地点	管长 / 千米	运行 总时间	故障 / 事故数	故障频率 / （1000 千米·年）$^{-1}$	地点故障 失效因子	标准化地点故 障失效因子
农村	16 156	386 398	22	0.057	0.81	1.0
郊外	1 580	40 664	9	0.221	3.16	3.9
城镇	34	761	1	1.314	18.77	23.1
其他	1 338	29 431	0	—	—	—

表 5-30 防护措施对燃气管线事故概率的影响

防护措施	运行总时间	故障数	故障频率 / （1000 千米·年）$^{-1}$	防护措施故 障频失效因子	标准化防护措施 故障频率因子
其他措施	109 729	7	0.064	0.91	1.0
标志杆	347 525	25	0.072	1.03	0.9

在实际情况中，管线直径、埋深、地点是普遍性影响因素。考虑上述三个因素后，对于城镇燃气管线，可得事故发生率如表 5-31~ 表 5-33 所示。

表 5-31 考虑管径、埋深后的事故发生率（埋深 < 0.91 米）

管径 / 毫米	事故发生率 /（10^{-6}/ 米）			
	微孔	穿孔	破裂	总计
100	3.432 658	4.147 795	3.814 064	11.394 52
200	2.431 466	2.908 224	2.669 845	8.009 534

续表

管径 / 毫米	事故发生率 / (10⁻⁶/ 米)			
	微孔	穿孔	破裂	总计
350	1.239 571	1.477 950	1.382 598	4.100 119
500	0.667 461	0.810 489	0.715 137	2.193 087
650	0.381 406	0.429 082	0.381 406	1.191 895
800	0.190 703	0.238 379	0.238 379	0.667 461
950	0.095 352	0.143 027	0.095 352	0.333 731
1050	0.047 676	0.095 352	0.095 352	0.238 379

表 5-32　考虑管径、埋深后的事故发生率（0.91 米≤埋深≤1.22 米）

管径 / 毫米	事故发生率 /(10⁻⁶/ 米)			
	微孔	穿孔	破裂	总计
100	1.054 123	1.273 732	1.171 248	3.499 103
200	0.746 671	0.893 077	0.819 874	2.459 621
350	0.380 656	0.453 859	0.424 577	1.259 092
500	0.204 968	0.248 890	0.219 609	0.673 468
650	0.117 125	0.131 765	0.117 125	0.366 015
800	0.058 562	0.073 203	0.073 203	0.204 968
950	0.029 281	0.043 922	0.029 281	0.102 484
1050	0.014 641	0.029 281	0.029 281	0.073 203

表 5-33　考虑管径、埋深后的事故发生率（埋深＞1.22 米）

管径 / 毫米	事故发生率 /(10⁻⁶/ 米)			
	微孔	穿孔	破裂	总计
100	0.729 778	0.881 815	0.810 864	2.422 456
200	0.516 926	0.618 284	0.567 605	1.702 814
350	0.263 531	0.314 210	0.293 938	0.871 679
500	0.141 901	0.172 309	0.152 037	0.466 247
650	0.081 086	0.091 222	0.081 086	0.253 395
800	0.040 543	0.050 679	0.050 679	0.141 901
950	0.020 272	0.030 407	0.020 272	0.070 951
1050	0.010 136	0.020 272	0.020 272	0.050 679

破裂口径指微孔裂口直径小于等于 2 厘米；穿孔裂口直径大于 2 厘米，小于等于管线直径；破裂裂口直径大于管线直径。

对燃气管线破裂后气体泄漏情况的计算，应用较多的为裂口直径相对管线直径较小时的小孔模型（hole model）和较大时的管线模型（pipe model）。管线泄漏模型适合于燃气通过大面积开裂的管线或容器的泄漏，具有瞬时泄漏量大并伴有管线或容器内压力明显下降的特点；小孔适合于燃气通过管线的穿孔或裂缝（泄漏口面积相对于管线截面积较小）的泄漏，由于泄漏口较小，可认为管线或容器内的压力不受泄漏的影响，所以为连续稳定泄漏，且具有泄漏范围大、不易察觉、潜在危险性大的特点。实际情况中，裂口直径往往介于小孔模型和管线模型描述的情况之间。有学者建立了融合两种模型能够描述较大范围的裂口直径的泄漏率模型，后被广泛应用于燃气管线破裂后泄漏率（图 5-30）的计算。

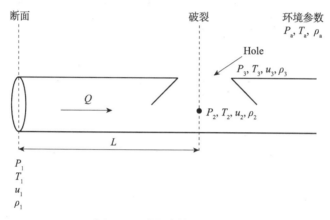

图 5-30　泄漏率模型示意图

该模型对燃气管线泄漏分三种情况进行讨论。

（1）管内为亚临界流动，裂口处为临界流动：泄漏率小于最大泄漏率，以 u_1, u_2, p_2, T_2 为未知变量；泄漏率大于等于最大泄漏率，以 p_1, u_2, p_2, T_2 为未知变量，求解以下方程：

$$\begin{cases} T_2 = \dfrac{Y_1}{Y_2} T_1 \\[2mm] \dfrac{A_h}{A_p} p_2 \sqrt{\dfrac{\gamma M_w}{RT_2}\left(\dfrac{2}{\gamma+1}\right)^{\frac{\gamma+1}{\gamma-1}}} = M_2 p_2 \sqrt{\dfrac{\gamma M_w}{RT_1}} = M_1 p_1 \sqrt{\dfrac{\gamma M_w}{RT_1}} \\[4mm] \dfrac{\gamma+1}{2\gamma}\ln\left(\dfrac{M_2^{\,2}}{M_1^{\,2}}\dfrac{Y_1}{Y_2}\right) + \dfrac{\left(A_p/A_h\right)^2}{\gamma\left[2/(\gamma+1)\right]^{\frac{\gamma+1}{\gamma-1}}}\left(1-\dfrac{M_2^{\,2}}{M_1^{\,2}}\right) + \dfrac{4f_F L_e}{d} = 0 \end{cases} \quad (5\text{-}61)$$

式中，f_F 为摩擦因子；L_e 为等效管线长度，单位为米；d 为管线直径，单位为米；A_p 为管线截面面积，单位为米^2。

（2）管内与裂口处均为亚临界流动：泄漏率小于最大泄漏率，以 u_1, u_2, p_2, T_2 为未知变量；泄漏率大于等于最大泄漏率，以 p_1, u_2, p_2, T_2 为未知变量，求解如

下方程:

$$\begin{cases} G = \dfrac{A_{or}}{A_c}P_2\sqrt{\dfrac{M}{RT_2}k\left[\dfrac{2}{k+1}\right]^{\frac{k+1}{k-1}}} = Ma_1P_1\sqrt{\dfrac{kM}{RT_1}} = Ma_2P_2\sqrt{\dfrac{kM}{RT_2}} \\[4mm] \dfrac{k+1}{2k}\ln\left[\dfrac{Ma_2^{\,2}}{Ma_1^{\,2}}\dfrac{Y_1}{Y_2}\right] + \dfrac{\left(\dfrac{A_c}{A_{or}}\right)^2}{k\left[\dfrac{2}{k+1}\right]^{\frac{k+1}{k-1}}}\left(1 - \dfrac{Ma_2^{\,2}}{Ma_1^{\,2}}\right) + \dfrac{4fL_e}{D} = 0 \end{cases} \quad (5\text{-}62)$$

（3）管内与裂口处均为临界流动：以 u_1, Q_v 为未知数，求解如下方程：

$$\frac{k+1}{2k}\ln\left[\frac{2Y_1}{(k+1)Ma_1^{\,2}}\right] + \frac{\left(\dfrac{A_c}{A_{or}}\right)^2}{k\left[\dfrac{2}{k+1}\right]^{\frac{k+1}{k-1}}}\left(1 - \frac{1}{Ma_1^{\,2}}\right) + \frac{4fL_e}{D} = 0 \quad (5\text{-}63)$$

（三）后果模型

1. 喷射火后果模型

喷射火事故后果模型由喷射火形貌模型、热辐射模型及相应的脆弱性模型组成。

喷射火形貌模型采用平截圆锥体模型，如图 5-31 所示，描述平截头锥体的参数有火焰长度、火焰锥体抬升高度、平截头上下宽度和两个夹角等。主要计算式如下（Soares and Teixeira，2000）：

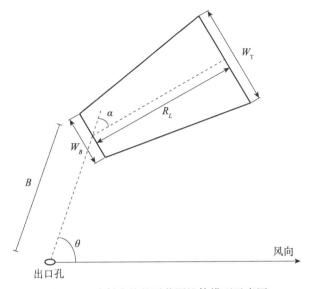

图 5-31　喷射火焰的平截圆锥体模型示意图

中间过程量 D_s、R、$\Psi(L_o)$：

$$D_S = \left(\frac{4m}{\pi\rho_a u_j}\right)^{1/2} \tag{5-64}$$

$$R = \frac{u_w}{u_j} \tag{5-65}$$

$$\psi\left(L_o\right) = \left(\frac{D_S\beta}{L_oW}\right)^{2/3} = 0.20+0.024\zeta\left(L_o\right) \tag{5-66}$$

Richardson 数 ζ：

$$\zeta\left(L_o\right) = \left(\frac{g}{D_S^2 u_j^2}\right)^{1/3}L_o \tag{5-67}$$

考虑风速 u_w 后，有风条件下的火焰长度 L 为

$$L=L_o(0.51e^{-0.4u_w}+0.49)[1-0.006\,07(\theta-90)] \tag{5-68}$$

抬举高度 B 和平截头体长度 R_L：

$$B = L\frac{\sin\left(K\alpha\right)}{\sin\left(\alpha\right)} \tag{5-69}$$

$$R_L=[L^2-B^2\sin^2(\alpha)]^{1/2}-B\sin(\alpha) \tag{5-70}$$

平截头体基部宽度 W_B：

$$W_B = D_S\left(13.5e^{-6R}+1.5\right)\left[1-\left(1-\frac{1}{15}\left(\frac{\rho_a}{\rho_j}\right)^{0.5}\right)e^{-70\zeta D_S CR}\right] \tag{5-71}$$

平截头体顶部宽度 W_T：

$$W_T=L(0.18e^{-1.5R}+0.31)(1-0.47e^{-25R}) \tag{5-72}$$

2. 热辐射模型

喷射火形貌确定后，通过热辐射模型（图 5-32），可得到喷射火焰对事故附近关注点的热辐射剂量（Wang et al.，2006）。

表面放射率的计算式为

$$E=fQH_C \tag{5-73}$$

式中，f 为天然气燃烧效率；Q 为气体泄漏率，单位为千克/秒；H_c 为燃料的燃烧热，单位为千焦/千克。

热辐射强度：

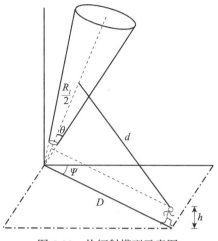

图 5-32 热辐射模型示意图

$$I = \frac{E\tau}{4\pi d^2} \qquad (5\text{-}74)$$

$$\tau = 1 - 0.009\,293 \left(\log d\right)^{1.369} H^{0.2368} \qquad (5\text{-}75)$$

$$d^2 = \left(\frac{R_L}{2}\sin\theta - D\cos\psi\right)^2 + \left(D\sin\psi\right)^2 + \left(\frac{R_L}{2}\cos\theta - h\right)^2 \qquad (5\text{-}76)$$

式中，I 为热辐射强度，单位为千瓦/米^2；τ 为大气透射率；d 为目标离火焰心的距离，单位为米；h 为目标高度，单位为米；H 为大气相对湿度，可取 70%；R_L 为火焰锥体长度，单位为米。

3. 热辐射脆弱性模型

人员暴露于强烈的热辐射中会引起皮质严重灼伤甚至死亡，伤害程度与热辐射强度和暴露时间的关系，用热辐射脆弱性模型进行刻画，即热辐射剂量与时间和辐射强度的关系为

$$\text{dose} = t \cdot I^{4/3} \qquad (5\text{-}77)$$

式中，dose 为热辐射剂量；t 为暴露时间。

人体感觉疼痛和组织伤害程度都与皮肤表面被加热有关，即与皮肤表面温度有关。描述人体感觉疼痛所需时间与辐射强度的关系式为

$$t_p = \left(\frac{35}{I}\right)^{\frac{4}{3}} \qquad (5\text{-}78)$$

式中，t_p 为感觉疼痛所需时间，单位为秒。

判断热辐射（表 5-34）对人体的伤害程度时，可采用阈值法或热辐射伤害概

率单位函数的计算方法。

皮肤裸露时死亡概率：

$$P_r = -36.38 + 2.56\ln[t(1000I)^{4/3}] \tag{5-79}$$

表 5-34　燃气喷射火的危害

热辐射通量阈值 / （千瓦 / 米²）	对设备的损害	对人的伤害
$I_1 = 37.5$	操作设备全部毁坏	1% 死亡 /10 秒
$I_2 = 25$	在无火焰、长时间辐射下，木材燃烧的最小能量	重大损伤 /10 秒
$I_3 = 12.5$	有火焰时，木材燃烧、塑料融化的最低能量	1 度烧伤 /10 秒
$I_4 = 4.0$	—	20 秒以上感觉疼痛
$I_5 = 1.6$	—	长期辐射无不舒服感

有衣服保护（20% 皮肤裸露）致死概率：

$$P_r = -37.23 + 2.56\ln[t(1000I)^{4/3}] \tag{5-80}$$

有衣服保护（20% 皮肤裸露）二度烧伤的概率：

$$P_r = -43.14 + 3.0188\ln[t(1000I)^{4/3}] \tag{5-81}$$

有衣服保护（20% 皮肤裸露）一度烧伤的概率：

$$P_r = -39.83 + 3.0186\ln[t(1000I)^{4/3}] \tag{5-82}$$

式中，P_r 为人员伤害概率单位。

死亡率 Y 为

$$Y = \frac{1}{\sqrt{2\pi}} \int_{-\infty}^{P_r - 5} e^{-\frac{u^2}{2}} du \tag{5-83}$$

4. 蒸气云爆炸模型

蒸气云爆炸模型包括蒸气云形貌模型、爆炸超压模型及相应的脆弱性模型。

刻画蒸气云形貌的模型有高斯烟羽模型、高斯烟团模型、BM 模型、Sutton 模型及 FEM3 模型等。各模型特点及适用性见表 5-35。

表 5-35　各模型特性比较表

数学模型	适用对象	适用范围	难易程度	计算量	精度
高斯烟羽模型	中性气体	大规模长时间	较易	少	较差
高斯烟团模型	中性气体	大规模短时间	较易	少	较差
BM 模型	中性或重气体	大规模长时间	较易	少	一般
SUTTO 模型	中性气体	大规模长时间	较易	少	较差
FEM3 模型	重气体	不受限制	较难	大	较好

蒸气云形貌模型采用广为接受的世界银行的瞬时泄漏模型：

$$c(x,y,z,t) = \frac{2Q^*}{(2\pi)^{3/2}\sigma_x\sigma_y\sigma_z} \exp\left\{-\frac{1}{2}\left[\frac{(x-ut)^2}{\sigma_x^2} + \frac{y^2}{\sigma_y^2} + \frac{z^2}{\sigma_z^2}\right]\right\}$$ （5-84）

式中，u 为风速，单位为米/秒；σ_y，σ_z 为 y 方向和 z 方向扩散常数。CH_4 的燃烧下限浓度为 5%（体积比），当可燃气体与空气的体积比大于 5% 时，才有可能发生蒸气云爆炸事故。

蒸气云爆炸的能量常用 TNT 当量描述，即将参与爆炸的可燃气体释放的能量折合为能释放相同能量的 TNT 炸药的量，以便于利用有关 TNT 爆炸效应的实验数据预测蒸气云爆炸效应。

可燃气体的爆炸总能量 E_{ex}、冲击波超压 Δp、伤害概率 P_r 和伤害百分数 Y 的计算公式为

$$E_{ex} = 1.8\alpha_{TNT}M_fH_c$$ （5-85）

$$\Delta p = \left\{0.137\left[R\left(\frac{p_0}{E_{ex}}\right)^{\frac{1}{3}}\right]^{-3} + 0.119\left[R\left(\frac{p_0}{E_{ex}}\right)^{\frac{1}{3}}\right]^{-2} + 0.269\left[R\left(\frac{p_0}{E_{ex}}\right)^{\frac{1}{3}}\right]^{-1} - 0.019\right\}p_0$$ （5-86）

爆炸脆弱性模型中，对爆炸超压，脆弱性参数为

$$P_r = -61.2 + 6.91\ln(\Delta p)$$ （5-87）

死亡率计算式同式（5-83）。

（四）事故风险值的确定

1. 事故危害模型对事故情景的刻画

事故危害模型通过输入向量对事故情景进行刻画，详见表 5-36。

表 5-36　模型对事故场景的刻画

标识	物理意义	参数
deep	管段埋深/米	1 米
D_p	管段直径/米	1 米
Loc	事故场景区域类别	town
D_{or}	泄漏孔径/米	0.3 米
L_b	管段始端与泄漏点的距离/米	1000 米
P_1	管段始端压力/帕	3 兆帕
T_1	管段始端温度/开	293 开
T_a	环境温度/开	293 开

续表

标识	物理意义	参数
u_w	侧风速度/（米/秒）	0.3 米/秒
θ	泄漏孔与垂直线的夹角/（°）	0°
(x, y, z)	关注点与事故点的相对坐标	(100,0,1.7) 米
Hum	环境湿度	70%
T_{total}	关注物在事故区的停留时间/秒	100 秒

本模型考虑了埋深、侧风等对事故危害影响明显的因素，可较全面地刻画事故场景。

2. 事故危害模型对事故危害的刻画

事故危害模型通过输出向量对事故危害进行刻画，详见表 5-37。

表 5-37　模型对事故危害的刻画

标识	物理意义	参数
P_f	事故概率/—	$0.043\,922 \times 10^{-6}$/（米·年）
Q	泄漏率/千克/秒	27.2 千克/秒
B	喷射火台基与地面的距离/米	13.3 米
R_l	喷射火长度/米	67.3 米
WB	喷射火台基直径/米	4.45 米
WT	喷射火顶部直径/米	17.9 米
I	热辐射通量/（千瓦/米^2）	3.78 千瓦/米^2
t_{pain}	热辐射导致疼痛的时间/秒	19.4 秒
P_{BD}	喷射火事故所致无衣着死亡概率	7.05%
P_{WD}	喷射火事故所致 20% 衣着覆盖的死亡概率	1.01%
P_{WS}	喷射火事故所致 20% 衣着覆盖的二级烧伤概率	14.00%
P_{WF}	喷射火事故所致 20% 衣着覆盖的一级烧伤概率	98.70%
E_{ex}	VCE 事故的总爆炸冲压能量/焦耳	1 898 820 538 焦
Δp	VCE 事故中关注位置的爆炸超压值/帕	6 424.024 604 帕
$P_{vd|f}$	VCE 事故中关注位置的致死概率	1.13×10^{-8}
IR	关注位置的总个人风险/[1/（米·年）]	$3.10 \times 10^{-3} \times 10^{-6}$/（米·年）

基于模型对事故场景的事故危害的较完备的刻画，进一步分析事故因素对危害的影响如下（以埋深和侧风对事故危害的影响为例）。

3. 管线埋深对事故发生概率的影响

对管线埋深对事故发生可能性的影响进行考察，对于管线直径为 0.1 米、0.2 米、0.35 米、0.5 米、0.65 米的燃气管线，事故发生可能性随管线埋深的变化如

图 5-33 所示；对于管线直径 0.1 ～ 1.05 米的燃气管线，事故发生可能性随管线埋深的变化如图 5-34 所示：

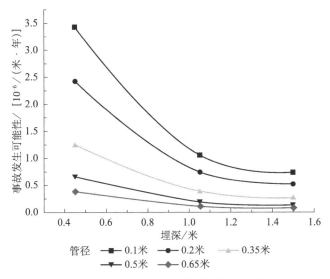

图 5-33 事故发生可能性随埋深的变化

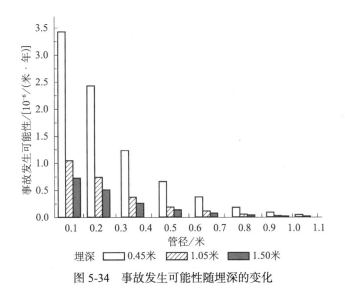

图 5-34 事故发生可能性随埋深的变化

由上面的图、表可以看出，管线埋深对事故发生的可能性影响显著。进一步的定量分析可得，在管段直径相同的情况下，埋深为 1.05 米和 1.50 米的管线的事故概率，约为埋深为 0.45 米的管线的事故概率的 140% 和 370%。通过分析可以看出，管段埋深对燃气管线事故发生概率影响显著。

随埋深增加，地面压力及第三方破坏造成管线破裂的可能性明显减小。

4. 埋深对事故后果的影响

认为埋深直接影响喷射火焰的长度，考虑埋深后的无风条件下喷射火焰长度 L_0' 为

$$L_0'=L_0-d_{\text{deep}} \tag{5-88}$$

基于以上假设，得到疼痛感知时间 t_{pain} 随管线埋深的变化如表 5-38 所示。

表 5-38　疼痛感知时间随管线埋深的变化

管线埋深 / 米	疼痛感知时间 / 秒
0.5	47.75
1.0	47.69
1.5	47.61

当管线埋深由 0.5 米增加到 1.5 米时，疼痛感知时间由 47.75 秒减少到 47.63 秒，变化为 0.3%。

事故所致死伤率随管线埋深的变化分别如表 5-39 所示。其中 PWS 表示 20% 着装时二级烧伤的概率，PBD 表示完全裸露时的死亡率，PWD 表示 20% 着装时的死亡率，PWF 表示 20% 着装时一级烧伤的概率。

表 5-39　管线埋深对事故所致死伤率的影响

埋深 / 米	$I/$（千瓦 / 米²）	P_{BD}	P_{WD}	P_{WS}	P_{WF}
0.5	1.926 94	8.19×10^{-5}	2.03×10^{-6}	7.56×10^{-5}	0.313 30
1.0	1.928 77	8.30×10^{-5}	2.06×10^{-6}	7.67×10^{-5}	0.314 66
1.5	1.930 59	8.40×10^{-5}	2.09×10^{-6}	7.79×10^{-5}	0.316 01

埋深对事故后果影响不明显。管线埋深相对喷射火长度小得多，约差一个量级。泄漏出的气体，在形成喷射火或蒸气云后才能形成危害，过程中进一步减弱了埋深的影响。

基于以上分析，对于燃气管线破裂后的喷射火焰事故，埋深对事故可能性的影响明显大于对事故后果的影响。

5. 侧风对喷射火事故后果的影响

管线破裂后，气体泄漏到周围环境中。持续的可燃气流若未受阻碍并被立即点燃，则形成喷射火焰。侧风条件通过影响喷射气团的密度分布和外部形貌，进而影响火焰的热辐射剂量的分布和由此所致的事故死伤率。侧风条件对喷射火事故所致死伤率的影响如表 5-40 所示。

事故情景的参数如下：管径直径为 1 米，埋深为 0.5 米，破裂处距管线起始处 1 千米，管段起始压力为 3 兆帕，环境温度为 293 开，关注点位置为（100,0,1.7）。

表 5-40　侧风对喷射火事故的影响

u_w/（米/秒）	D_{Dia}=0.2 米	D_{Dia}=0.3 米			D_{Dia}=0.4 米		D_{Dia}=0.5 米		D_{Dia}=0.6 米	
	I/（千瓦/米²）	P_{WF}	P_{BD}	P_{WS}	P_{BD}	P_{WD}	I/（千瓦/米²）	T_{pain} 秒	I/（千瓦/米²）	T_{pain}
0.5	1.93	31.3%	11.3%	22.0%	67.7%	34.5%	9.21	5.93	11.5	4.43
5.0	2.14	47.2%	25.2%	44.7%	88.0%	62.8%	11.9	4.14	15.5	2.96
相对于原参量的变化率	11.0%	50.9%	122%	103%	30.7%	82.1%	29.9%	29.5%	35.2%	31.4%

喷射火焰长度一般较长，侧风对其产生的形变效果较为明显。同时，喷射火在侧风下的偏转也改变了火焰中心与关注点的距离，进而改变了热辐射效应对关注点的危害。在以上综合作用下，风对喷射火事故后果影响明显。

6. 侧风对蒸气云爆炸事故后果的影响

对于蒸气云爆炸事故，存在可能发生爆炸事故的气体密度下限。对于天然气的主要成分甲烷，当甲烷与空气的体积比大于 5% 时，可能发生爆炸。而气体在环境中的密度分布与侧风条件紧密相关。当风力较大时，泄漏出的气体密度较小以至低于爆炸下限时，将不能发生爆炸。

同时，侧风将可燃气体吹向下风向，对于下风向的关注点，随风速的逐渐增大，气团与关注点的距离逐渐减小，同等爆炸能量造成的对位于关注点的人的伤害逐渐增大。

侧风对蒸气云爆炸事故后果的影响将同时体现上述两方面的效应，伤害后果随风速的增加先增加后减小。侧风条件对蒸气云爆炸事故所致死伤率的影响如图 5-35 所示。

图 5-35 中，事故场景相关参数如下：管线直径为 1 米，埋深为 0.5 米，裂口处跟管段起始处 1 千米，管段起始处压力为 3 兆帕，环境温度为 293 开，关注点位置为（100,0,1.7），气体总的泄漏时间为 100 秒。

由图 5-35 可见，对于破裂口直径为 0.8 米和 0.9 米的蒸气云爆炸事故，当风速由 0.2 米/秒增加到 1.4 米/秒的过程中，爆炸所产生的能量对人造成的致死率，由小于 1% 增加到大于 90%，后又减小到 1% 以下，变化显著。侧风条件对蒸气云爆炸事故后果的影响，是对气团密度和爆炸中心到关注点距离的综合影响的结果，作用明显。

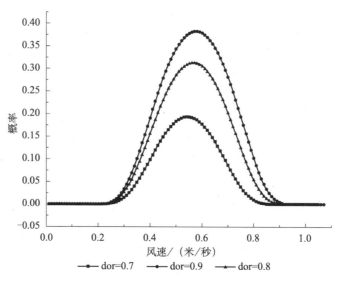

图 5-35　蒸气云爆炸所致死亡率随风速的变化

三、降雨情景下排水管线能力对道路积水的影响模拟

近年来，我国极端气候事件频繁，许多城市遭遇内涝，对城市的应急救援形成了严峻挑战，尤其是造成城市道路（特别是立交桥区）积水问题严重（朱伟，2011）。例如，2012 年 7 月 21 日，北京市突降暴雨，造成城区部分地区路面积水较深，致使车辆熄火、交通中断，北京首都机场数百余架航班因暴雨天气被迫取消或延误，近万名乘客滞留首都机场，还造成了大量的人员伤亡和财产损失。其中排水管线的排水能力是城市道路积水严重程度的重要影响因素。为了能够对极端天气下城市道路的积水（特别是立交桥区）风险进行准确的评估和预测，本节以某城市立交桥区为例介绍内涝积水风险后果的模拟方法。

以某城市立交桥区域为研究区域，整个研究区域约 0.3 千米²。考虑到暴雨发生时，周围的排水体系对研究中心区域会有影响（客水进入），因此相应地扩大了研究区域。

采用了国际通用的丹麦水利研究所（DHI）开发的专门用于城市内涝的模拟软件 Mike Flood，Mike Flood 耦合 Mike Urban 和 Mike21，不仅能反映管线中水动力学情况，更能直观地表现暴雨期间雨水在地面上的漫流，以及暴雨结束后的退水情况。采用 Mike Flood Urban 连接，是指城市雨水管线系统（Urban）和二维模型（Mike21）动态耦合。耦合后的模型不仅能够模拟复杂的管线系统及明渠，同时可以模拟暴雨时期城市地面道路的积水情况，耦合后的模型反映了地面水和管线水流的互动过程。

模拟后的结果可以通过时间序列和二维积水的形式展示出来，如图 5-36 所示。

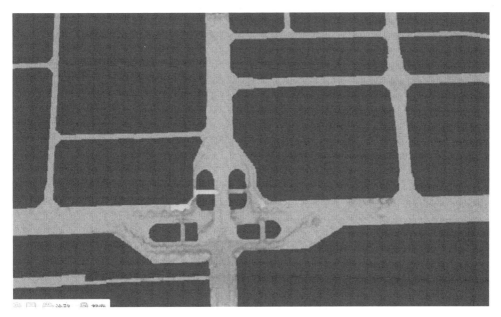

图 5-36 某城市立交桥二维积水图

为了表现和预测不同的降雨条件下该桥区的积水情况，进行了不同降雨的模拟，设计重现期分别为 2 年、5 年、10 年、20 年、50 年和 100 年的模拟。

对于模拟不同设计重现期的方案，采用设计暴雨公式并结合了芝加哥雨型。现在国内设计雨水管时所用的公式是假设暴雨期间强度均匀。但是在实际暴雨发生时，都会有雨峰出现；在模拟中雨峰出现的时间及强度，都会给管线带来很大的影响。因此为了研究雨峰的影响，采用了芝加哥雨型（张大伟等，2008），如图 5-37 所示，峰值出现时间为 60 分钟。

模拟结果显示在设计重现期为 2 年和 5 年时，桥区的积水很少，不会对交通和通行带来影响。所以这里重点模拟了其他大降雨量（10 年一遇、20 年一遇、50 年一遇、100 年一遇）降雨条件下桥区的积水情况。

表 5-41 中统计了不同预案情况下不同积水深度的面积，以及其占研究区域总面积（0.27 千米²）的百分比。图 5-38、图 5-39 显示了不同设计重现期下桥区的最大积水水深图及积水点积水过程图。

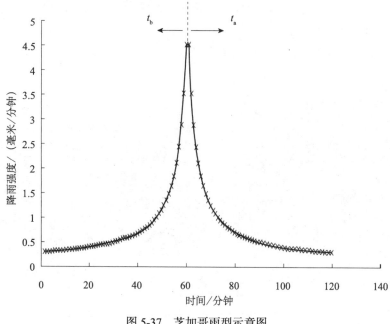

图 5-37　芝加哥雨型示意图

表 5-41　模拟结果统计表

重现期 水深 / 米	10 年		20 年		50 年		100 年	
	面积 / 米²	占总面积 比例 /%	面积 / 米²	占总面积 比例 /%	面积 / 米²	占总面积 比例 /%	面积 / 米²	占总面积 比例 /%
0-0.3	9 369	3.48	13 293	4.94	18 414	6.84	16 425	6.10
0.3-0.5	2 322	0.86	2 961	1.10	5 337	1.98	4 365	1.62
0.5-1	3 285	1.22	4 014	1.49	5 652	2.10	7 164	2.66
1-2	585	0.22	1 809	0.67	6 831	2.54	7 569	2.81
>2	0	0.00	495	0.18	801	0.30	2 403	0.89

　　根据模拟结果，在降水过程中桥区最大积水深度达到了 5.4 米，严重阻碍了交通且在没有外力干预的情况下很难退水。不同设计重现期下的积水过程预测了不同降雨条件下桥区的积水情况，可以用于灾前紧急预案的制订。

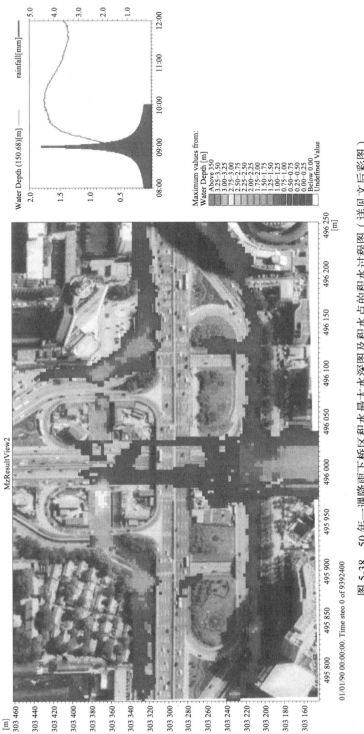

图 5-38　50 年一遇降雨下桥区积水最大水深图及积水点的积水过程图（详见文后彩图）

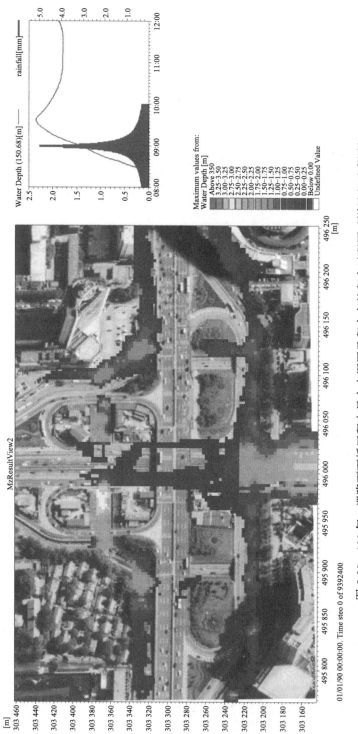

图 5-39　100 年一遇降雨下桥区积水最大水深图及积水点的积水过程图（详见文后彩图）

第六章 基于指标体系的地下管线运行风险分析

第一节 概　　述

一、构建指标体系的原则

建立科学、合理的风险分析指标体系，既需要所涉及领域的专业知识，也需要依赖于所掌握的基础数据和资料。同时，风险分析指标体系的建立应当在保证科学性和可操作性的基础上，遵循以下基本原则。

（1）系统性。风险评估必须坚持系统性的工作原则，不能停留在"点"上，要尽可能运用系统的分析方法，统筹考虑各个流程、各个环节、各种类型的风险。

（2）专业性。要充分发挥专家的作用，依托专业科研机构，运用现代科学技术与方法，充分借鉴国内外相关理论和研究成果。

（3）综合性。风险的出现往往是多方面因素的耦合与叠加，要跳出单灾种的局限，充分考虑多方面的影响和各种次生、衍生灾害等因素，要注重运用综合分析手段。

（4）实效性。要紧密结合具体工作时间、空间要求和内容，结合实际情况，围绕地下管线管理工作需要，本着适用优先的原则开展各项工作。

由于管线系统的复杂性，对其进行风险分析，更需要在各组成要素基础上集合各方面指标，是一个有机的统一体，其风险分析指标体系的建立还应遵循以下几个原则。

（1）全面性与代表性相结合。能用来评价管线安全的因素很多，也很复杂。根据这些分析指标的内容与特点，可将其分为综合性指标与单项要素指标。但同时要求指标体系内容简单、准确，并具有代表性。指标往往经过加工处理（通常以概率表示），要求 其能够准确、清楚地反映问题，能全面并综合地反映构成管线系统可靠性指标体系的各种要素。

（2）定性分析与定量分析结合，以定量为主。指标体系应尽量选择可量化指标，对难以量化的重要指标可以采用定性描述指标，然后进行定量化转化。

（3）科学性与可操作性相结合。指标的构成应以理论分析为基础，建立在科学合理分析基础上，但在实际应用中必须考虑数据和信息的可获得性，尽可能多利用现有的统计数据并进行加工处理。

（4）动态性与静态性相结合。地下管线是动态的系统，其风险评估也是一个不断变化的动态过程。这就要求指标体系的构建需充分考虑动态与静态相结合，要求分析指标及其评价标准应充分考虑动态性，因此，分析指标体系也应该是动态与静态的统一。

二、构建指标体系的方法

从评价和分析方法的角度看，对城市地下管线的风险进行分析所采用的方法和对其他系统或对象的风险分析方法大同小异，基本上都是根据评估的目标来选择是从定性还是从定量的角度进行分析。

（一）定性与半定量风险分析方法

定性风险分析方法是最广泛使用的风险分析方法。该方法借助于对事物的经验、知识、观察及对发展变化规律的了解，科学地进行分析和判断。定性风险分析不对风险进行量化处理，只用于对事故发生的可能性等级和后果的严重程度等级进行比较，因此，该方法通常只关注威胁事件所带来的损失，而忽略事件发生的概率。多数定性风险分析方法依据系统面临的威胁、脆弱点及控制措施等元素来决定安全风险值。在定性分析时并不使用具体的数据，而是指定期望值，如设定每种风险的影响值和概率值为"高""中""低"。有时单纯使用期望值，并不能明显区别风险值之间的差别，可以考虑为定性数据指定数值。此时，此种定性分析方法可认为属于半定量方法。例如，设"高"的值为3，"中"的值为2，"低"的值为1。但是要注意的是，这里考虑的只是风险的相对值，并不能说明该风险到底有多大。所以，不要赋予半定量分析方法相对等级太多的意义，否则将会导致错误的决策。

下面是常用的两种半定量风险分析方法。

（1）专家打分法。该方法是一种最常见、最简单、最易于应用的分析方法。它的应用由两部分组成：首先，通过风险识别将系统中可能发生的所有风险一一列出，设计风险调查表；其次，利用专家经验对风险因素的重要性进行评价，再综合整个系统的风险。

（2）概率和影响矩阵。该方法用概率和影响矩阵的方式对风险事件发生的可能性和影响进行描述，计算其风险值，依据风险值进行排序。特点是原理明确、形式直观、计算简易。

（3）调查研究法。调查研究法是在通过调查研究及广泛收集有关指标的基础上，利用比较归纳法进行归类，并根据评价目标设计分析指标体系，再以问卷的形式把所设计的分析指标体系寄给有关专家填写的一种搜集信息的研究方法。这种方法最大的优点就是简单、容易操作，但是缺点是人为主观要素可能会表现得很强烈。

（4）目标分解法。目标分解法是通过对研究主体的目标或任务具体分析来构建分析指标体系。对研究对象的分解一般是从总目标出发，按照研究内容的构成进行逐次分解，直到分解出来的指标达到可测的要求。这种方法其实是一种自顶向下的系统化分析方法，优点是只要明确目标，通过层层深入的分解，能够得到多层次的分析指标体系，但缺点是对分析者的综合要求非常高。

（二）定量风险分析方法

和定性风险分析不同，定量风险分析则是指借助于经济学、数学、计算机科学、统计学、概率论及决策理论来进行逻辑分析和推理。定量风险分析方法利用了两个基本的元素：风险事件发生的概率和可能造成的损失。把这两个元素简单相乘的结果称为 ALE 或 EAC。理论上可以依据 ALE 计算威胁事件的风险值，并且做出相应的决策。

定量风险分析方法要求特别关注资产的价值和威胁的量化数据，但是这种方法存在一个问题，就是数据的不可靠和不精确。对于某些类型的安全威胁，存在可用的信息。例如，可以根据频率数据估计人们所处区域的自然灾害发生的可能性（如洪水和地震），也可以用事件发生的频率估计一些系统问题的概率，如管线爆裂和阀门损坏。但是，对于一些其他类型的威胁来说，不存在频率数据，或者威胁事件之间又是相互关联的，这就使得定量分析过程非常耗时和困难。

下面是几种常用的定量风险分析方法。

（1）蒙特卡罗模拟法。该方法又称统计实验法或随机模拟法，是一种通过对随机变量的统计实验、随机模拟求解数学、物理、工程技术问题近似解的数学方法，其特点是用数学方法在计算机上模拟实际概率过程，然后加以统计处理。

（2）模糊综合评价。该方法是指对多种模糊因素所影响的事物或现象进行总的评价，又称模糊综合评判。对城市生命线系统风险的模糊综合评价就是应用模糊综合评价方法对城市生命线系统的安全、危害程度等进行定量分析评价。

（3）危险概率评价法。该方法是较精确的系统危险定量评价方法，它通过评价某种伤亡事故发生的概率来评价系统的危险性。在应用该方法进行分析时，关键是要确定对系统的危险性分析指标。目前常用的指标有安全指数法和死亡事故发生概率。

（4）道化学火灾爆炸指数法。该方法是以工艺过程中物料的火灾、爆炸潜在危险性为基础，结合工艺条件、物料量等因素求取火灾、爆炸指数，进而可求出经济损失的大小，以经济损失评价生产装置的安全性。

（5）重大事故后果分析法。该方法是由世界银行国际信贷公司编写的《工业污染事故评价技术手册》中提出的易燃、易爆、有毒物质的泄漏、扩散、火灾、爆炸、中毒等重大工业事故的事故模型和计算事故后果严重性的公式，主要用于工业污染事故评价。由于该方法主要是针对泄漏、火灾、爆炸、中毒等重大事故的后果进行分析，在分析过程中运用数学模型，因此可以较精确地计算出事故后果的严重度。

（三）定性与定量相结合的风险分析方法

在实际分析方法应用中，还有一些方法是定性分析与定量分析相结合的。下面是几种定性与定量相结合的风险分析方法。

（1）层次分析法。该方法是对风险评测的一种定性与定量相结合的决策工具，已经得到了广泛的应用。这种方法改变了最优化技术处理问题的局限，而且简单、直观，容易掌握，同时也是一种很好的风险评估方法。

（2）多元统计法。多元统计法是通过因子分析和聚类分析等方法，从初步拟定的较多指标中找出关键性指标。具体地说，它一般先进行定性分析，初拟出有关研究对象所要评价的各种要素，然后进行第二阶段的定量分析，也就是对第一阶段所提出的分析结果进行进一步的深化和扩展。在这一阶段中，一般是对第一阶段初拟的指标体系进行聚类分析和主成分分析。聚类分析的目的在于找出初拟指标体系中各指标之间的有机联系，把相似的指标聚类。主成分分析的目的在于找出初拟指标体系中那些起决定作用的综合性较大的指标。通过聚类分析和主成分分析，就可根据初拟指标体系中各项指标间关系的密切程度（相关系数）与概括能力（贡献率）大小，筛选出具有决定意义的指标体系。接着再进行因子分析，指出新指标体系中各指标的主次位置。多元统计是解决多因子问题的一种有效方法。其主要的优点是具有逻辑和统计意义，科学性强；能综合简化要素，解决要素的归属、要素间的联系和隶属位次等问题；能建立定性与定量相结合的分析指标体系；能处理大量的数据和信息。

（四）人工智能方法

近年来，人工智能方法也越来越多地被应用到风险评估领域。例如，人工神经网络方法，因影响系统安全性的基本因素多，关系复杂，数据干扰大，因素测度难以确定，将高度非线性的人工神经网络模型应用于风险分析与评价，通过不同层神经元之间的学习、组织和推理，以网络输出层的评价模式作为分析的结果，为系统风险分析提供了新思路。

三、地下燃气管线运行风险分析的特点

根据前面章节的分析，燃气管线具有高危险性，本章主要以燃气管线为代表介绍地下管线运行风险分析的指标体系构建的方法和过程。

（一）传统风险分析方法的不足

在传统的燃气管线风险分析方法中，肯特法是较为完整、系统、便捷的一种方法。根据美国《管线风险管理手册》（Muhlbauer，1992），美国即采用肯特法建立燃气管线风险分析指标体系。这里以肯特法为例分析传统方法的局限性。肯特法将影响事故可能性的因素分为外界干扰、腐蚀、误操作、设计缺陷等四类，将影响后果严重性的因素分为性质、扩散方式及周边环境情况等，根据相关规范及管线事故历史统计数据，通过专家打分的方式得到风险值，进行风险评价（Markowski and Mannan，2009）。评价时将影响事故可能性各因素取值之和，除以影响后果严重性的扩散冲击指数，即可得出管段风险等级分值（潘家华，1995）。

但与此同时，肯特法也存在一些缺陷和不足，再加上城市燃气管线与城市外长输管线有较大不同，因此将肯特法运用到城市燃气管线风险评估当中有较大的局限性。为确定城市燃气管线风险分析指标体系，首先需要分析实际的燃气管线事故历史数据，根据燃气管线事故类型和特点，确定影响燃气管线事故发生的因素和类别，从中提取适当的因素作为燃气管线风险分析的指标。

目前，运用肯特法的风险分析指标体系进行城市燃气管线风险分析，尚存在一些不足之处。

（1）肯特法对不同类型的影响因素都采用同样的评分分值（100分），并通过加和运算得出总的风险值。实际上，不同类型的影响因素其影响的大小有较大差别，不宜使用单一模型、统一赋值、简单计算的方式进行评估。在确定燃气管线风险分析指标体系的过程中，首先应当正确辨识不同种类风险影响因素在总的风险评估结果中所占的比重，科学地建立各指标的权重。

（2）肯特法假定同类影响因素间相互独立。实际上各影响因素间存在紧密的联系，部分因素间易发生交互作用，甚至存在因果关系。因此忽略因素间的影响将产生较大的误差。在燃气管线风险评估过程中，应当考虑多种风险相互影响所产生的后果，充分把握不同致灾机理间的耦合关系，综合研判多种致灾因素的综合作用。

（3）肯特法主要应用于城市外油气管线的长输管线。由于城市燃气管线的运行条件、所处环境较城市外的长输管线有较大不同，所以其指标体系并不适用于城市燃气管线风险评估。

（二）城市燃气管线与油气长输管线的不同

城市燃气管线与肯特法所应用的油气长输管线系统有较大的不同，主要体现在以下几个方面（王凯全等，2008；曾静和陈国华，2007）。

1. 外界干扰影响的作用不同

在实际的工业应用过程中，长输管线各管段跨越不同的地形地貌，并多以原土覆盖、野外环境为主，其遭受地质应力和气候变化等自然力的侵害较大，受自然腐蚀的影响相对较大，受外力破坏的可能性相对较小；城市燃气管线各管段所处的地形地貌波动不大，地表覆盖层多以水泥或沥青路面为主，管线穿越道路、桥梁、房屋等各种构筑物，与电力、通信、上下水等各类管线相临，因此管线遭受自然力影响较少，受人为破坏或外力破坏的可能性较大。

2. 腐蚀效应的电化学腐蚀作用不同

长输管线由于周边环境、设施变化幅度较小，受杂散电流和金属埋地物的影响较小。而对于城市燃气环境，来自于杂散电流和埋地金属物的干扰普遍存在，严重干扰了城市燃气管线的阴极保护，从而加剧了腐蚀效应。一般来说，埋地的钢管的腐蚀受到金属本身结构不均匀、表面粗糙度不同，以及作为电解质的土壤物理化学性质不均匀、含氧量不同、pH不同等因素综合影响，将产生大量复杂的电化学反应，使管线阳极区的金属离子不断电离而受到腐蚀。城市环境中，地表建筑密集，工业活动频繁，大量建筑与机械设施的各种电器设备漏电或接地，均在土壤内形成大量的杂散电流的循环，造成燃气管线处于复杂多变的杂散电流环境之中，大大加速了管线的腐蚀过程。

3. 腐蚀效应中内腐蚀效应的作用不同

长输管线在输送过程中，内部介质燃气的成分和物理状态（压力、温度、湿度等）都可能发生变化，因此，长输管线的腐蚀破坏包括来自土壤、大气的外腐蚀及管线内腐蚀等；而对于城市燃气管线，由于商品燃气清洁干燥，内部介质危害不大，大气腐蚀和管内腐蚀不明显，主要的腐蚀破坏来自于土壤的电化学腐蚀和酸性腐蚀作用。

4. 管线设计和管理重点不同

长输管线必须在不同的地点设计、安装升压或降压设备，以适应正常输送和用户使用的需要，对这些设备的维护是长输管线管理的重要内容；城市燃气管线基本上为恒压运行，压力波动小，基本不需安装变压设备，因此来自调压设施的风险相对较小，但应对管线内失效传播、维持管线功能的能力也较低。

5. 管线泄漏概率和后果严重性不同

由于城市燃气管线周边环境变化情况与长输管线有较大差异，人口密度、重点防护目标的分布和密集程度都不相同。长输管线铺设在野外，周边环境在较大空间尺度内都不会发生很大变化，但城市燃气管线通往城市各个角落，周边环境在几百米甚至十几米都可能有很大不同。两类管线发生泄漏的影响因素不同，燃气管线泄漏的概率也就不同。同时，由于长输管线通常敷设在野外人口稀少地区，周围建筑物分布少，发生事故后，直接人员伤亡和财产损失不大，且一般不会导致链式反应，间接伤害形式比较简单；城市燃气管线敷设在人口稠密的城市地区，周边环境复杂，燃气泄漏、火灾、爆炸等事故，将会造成非常严重的人员伤亡和财产损失，并将进一步引发链式反应，导致次生、衍生灾害，造成更大范围的、长期的社会危害。因此，城市燃气管线泄漏的事故后果（人员伤亡和财产损失）要比城市外长输管线严重得多。

综上，对城市燃气管线进行风险评估，需要针对城市燃气管线所处的环境特点设立相应的指标体系。

（三）城市燃气管线事故的特点

EGIG 针对来自欧盟十五个国家的燃气管线事故历史数据进行了统计分析，统计内容包括发生事故管线的基础数据和燃气事故的不同原因等（EGIG，2008）。其中，发生事故管线的基础数据包括该管段的直径、压力、使用年限、涂层种类、管线埋深、材料等级和管壁厚度等；燃气事故的原因包括外部破坏、腐蚀、建造错误与材料失效、地质活动、误燃、维护与运行错误，以及其他未知原因等。

通过对数据进行分析比对可以发现，燃气管线发生事故的可能性随管线直径、最小埋深、管线管壁厚度的增加而减小，随流量、运行压力、使用年限（建造时间长短）的增加而增加。因此，建成后的燃气管线存在一定的固有风险，固有风险的大小与燃气管线的运行、施工建造情况有关，包括管输流量、压力、管线直径、最小埋深、管壁厚度和使用年限等。

燃气管线投入使用后，易受到外界风险因素的影响。根据 EGIG 的数据显示，燃气管线事故的原因包括外部破坏、腐蚀、建造错误与材料失效、地质活动、误燃及其维护与运行错误等六类。各类事故的发生原因和机理均不相同。

燃气管线事故发生后，其事故影响范围和事故所造成的后果与燃气管线周边设施分布有关，其影响因素包括人口密度分布、财产密度分布、大型公共设施分布、其他城市生命线系统分布等；同时，事故影响范围也与燃气危害属性（毒性、易燃、易爆等）和环境因素（风力、风向、水源分布等）有关。

第二节　基于"人—物—环—管"系统的指标体系

传统的系统安全理论中，通常将生产安全系统认为是"人—物—环—管"的构成，可以在第四章第四节风险识别结果的基础上，将可能性指标也按照这样的思路进行构建，并进一步分析各指标的含义，如表 6-1 所示。

表 6-1　地下管线运行风险可能性指标

人的因素	人员违章操作	事故率，根据史上发生过多少起由违章操作造成的事故而判断分值。事故率高分值高
	人员执行力度	出勤率，根据史上发生过多少起由人员执行力度不够造成的事故判断分值。出勤率高分值低
	人员的安全意识	根据平均受教育水平、接受了多少的安全教育这些因素判断分值。安全意识高，分值低
	人员的安全技能	根据工作年限、熟练工种判断分值。安全技能好，分值低
	人员配备人数	根据管线配备的安全管理工作人员数量多少判断分值。工作人员配备多，分值低
物的因素	管线材质	根据是 PVC、水泥、铸铁等不同材质判断分值，材质越不容易损坏或腐蚀，分值越低
	管线年代	根据管线施工年代 / 管线使用寿命的比值判断大小。比值越大，分值越高
	管线埋深	是否符合规范要求。符合要求的分值低
	管线输送介质	根据输送介质的性质，易泄漏的、易腐蚀的介质，分值就高
	管线间的安全距离	是否符合规范要求。符合要求的分值低
	管线防护设计	考虑是否有防腐保护，是否设置了安全标识等保护措施。有保护措施，分值就低
	管线相关设施安全性	维修率，根据其他设施的维修率确定分值。维修率高，分值就高

环境的因素	地基沉降	根据管线所处的地理位置环境，以及史上发生地面沉降的事故判断分值。地基稳定性差，分值越高
	洪涝灾害	根据管线所处的地理位置环境，以及史上发生洪涝灾害的事故，排水不畅而引起的积水事故，地面塌陷事故判断分值。危害越大，分值越高
	腐蚀性破坏	根据管线所处的土壤环境是否具有腐蚀性，是否有应力腐蚀等因素判断分值。容易腐蚀，分值越高
	其他地质灾害	地震等。发生此类地质灾害可能性越大，分值越高。
	违章占压	根据评估区域内的管线是否存在建筑物违章占压的现象判断分值。有此现象，分值越高
	车辆碾压	根据评估区域内的管线上方的车辆种类、车流量密度判定分值。车辆压力大，密度大，分值越高
	第三方施工破坏	根据评估的管线周边是否有施工行为，以及历史上因施工造成的管线事故，判定可能性大小
	人为恶意破坏	根据评估管线是否处于敏感区域及是否采取防破坏措施，判定可能性大小
	管线间交互影响	根据历史事故数据判断相互影响分值。事故多，分值高
管理的因素	管线资料完备性	根据是否有管线的基础资料（位置、材质、状况等）。信息越完备，分值越低
	管线安全管理制度	是否有安全管理制度
	管线巡查、维护管理制度	是否有巡查、维护管理制度
	管线操作规程	是否有管线操作规程
	安全培训与宣传教育	安全培训与教育工作的开展情况（频次）
	岗位责任制	是否设置了清晰的岗位责任制

分析风险后果则是按人员（健康、生命）、经济、环境、政治和社会等影响对象，结合地下管线的承受力和控制力分析，认为后果严重程度如表 6-2 所示。

表 6-2　地下管线运行风险后果指标

人员伤亡	事发地的人员密度	事发地人密度越大，分值越高
	人员需要疏散的范围	需要疏散的范围越广，分值越高
	人员疏散能力	考虑疏散方案、避难场所、疏散路线、疏散指挥等因素。有完善的疏散方案，分值就低
	人员自救防护能力	考虑人员的类型、教育背景、安全意识等因素。人员行动能力与自救能力越强，分值越低
	医疗设施水平	考虑周边的医疗设施分布，越充分，分值越低

续表

经济损失	事发地的财产密度	事发地财产密度越大，分值越高
	工程抢救的效率	考虑工程抢险队到现场的距离、时间，以及抢救时的难易程度、事件处置的时间。效率越高，分值越低
	事件影响的范围	事件影响的范围越广，波及的用户和企业越多，分值越高
	应急处置的费用	考虑应急处置时的人员、设备等费用。费用越高，分值越高
环境影响	环境的影响范围	影响范围越大，分值越高
	环境的破坏程度	破坏程度越大，分值越高
	环境的修复能力	越难以修复，分值越高
政治影响	事发地的敏感程度	事发地离敏感区域的距离越近，分值越高
	对国家形象的影响程度	发生的事件非常严重，影响到重要活动或重要目标，分值就高
	对国庆活动的影响	考虑事件是否会影响国庆活动的正常运行
社会影响	媒体的关注度	国内外媒体的曝光程度
	群众的关注度	考虑群众的议论、舆情等因素。关注度大，分值就高
	舆论传播的控制水平	考虑危机处理中新闻发言人的应对水平，对舆论内容和导向的控制能力
	社会秩序	考虑事件的发生会不会扰乱民众的正常生活，引起一些社会矛盾

第三节　基于"压力—状态—响应"模型的指标体系

一、"压力—状态—响应"模型的特点

"压力—状态—响应"模型，也叫 PSR（Pressure-State-Response）模型。这种模型以因果关系为基础，从系统论的角度来考查环境问题变化的起源与结果（殷东克等，2002），即人类活动对环境施加一定的压力，因为这些压力，环境改变了其原有的性质或自然资源的数量（状态）；人类又通过环境、经济和管理策略等对这些变化做出反应，以恢复环境质量或防止环境退化（马小明和张立勋，2002）。

从 PSR 模型的构造思路可以看出，这种模型能够很好地将人为因素和自然因素相结合，并注重人为因素对自然因素的影响，以及自然因素在受到影响后对人为因素的反馈。正因为如此，PSR 模型在自然环境评估、土地质量评估、农业

可持续发展评估、水资源承载力评估等领域得到了广泛的应用。

PSR 框架模型有以下优点。

（1）系统性。由于 PSR 模型的构造思路是考虑"人"与"环境"之间的相互作用和相互影响，所以由 PSR 模型建立的分析指标体系，更能反映被评估对象在风险发生前和发生后的系统性。

（2）可操作性。确切地说，PSR 模型是对现有分析指标体系的重新分类。因为同一个指标因素在不同的分析指标体系中的权值是不一样的，也就是说，对整个对象的风险分析所做的贡献也是不同的。因此，即使是相同的指标要素构成的不同层次的分析指标体系，最后得到的评价结果也是不同的。PSR 模型是按照被评估对象从"风险发生前的人为影响"到"风险发生后的反馈"这一过程中表现出的"行为"来组建分析指标体系，这一构建思路和人们分析问题、解决问题的思路是一致的，因此可操作性非常强。

（3）易获取性。现有研究成果中的指标体系结构，不论是从哪个方面选择分析指标体系，都已经比较成熟。因此，对于 PSR 模型来说，只要按照构建思路对已有的分析指标体系进行重新分类即可，各项指标要素的数据来源都可以从其他分析方法的案例中获得，因此利用 PSR 模型来构建分析指标体系是非常容易的。

PSR 模型是经济合作与发展组织（OECD）提出的用于研究环境问题的框架体系，也是一种环境与生态分析指标体系确定方法。应用 PSR 模型构建分析指标体系的关键之处是要按照"压力"、"状态"和"响应"这三个方面来选择指标要素。对于环境和生态评价问题来说，人为因素给环境造成的压力、环境自身的状态，以及环境在承受压力后自然产生的反馈与响应，这一过程正是环境和生态发生变化的过程，所以应用 PSR 模型来对这类问题进行评价是非常适合的。

城市燃气管线系统的风险，严格意义上讲，并不完全符合 PSR 模型的描述，但是结合风险事故发生过程前后与人为／环境因素之间的联系，又符合 PSR 模型的思路。所以，本节的研究将管线系统的风险定位在"功能失效"上，着重从"外部行为＋管线系统自身状态 —> 系统功能失效后的决策"这一过程来阐述风险的发生、发展与评价。也就是说，管线系统的"压力"来自于环境要素和人为破坏的要素，管线系统的"状态"主要是指管线系统的一些物理属性，管线系统的"响应"则是指在发生风险事故后，城市管线系统管理者的补救措施。因此，从这个角度上说，PSR 模型是可以适用于本节所研究的管线系统的风险分析上的。

通过调研，PSR 模型尚未在国内外城市地下管线系统风险分析领域中得到应用。因为该模型在总体上反映的是资源环境、人口、社会经济发展目标及资源管理决策之间的相互依存、相互制约的关系，适合应用在资源环境保护的评价领域，而不是城市管线系统的分析。但通过分析可以知道，城市的各类管线系统，就其功能失效这一事故来说，需要从人与环境对管线造成的压力、管线自身状态以及功能失效后管理者的响应等方面进行分析，所以，在这里本节以 PSR 模型为基础，对燃气管线系统的风险分析指标体系进行建模。

二、基于PSR模型的燃气管线系统风险分析指标体系

基于 PSR 模型的燃气管线系统风险指标体系，就是按照 PSR 模型的建模思路，按照"压力"、"状态"和"响应"三个方面，对现有燃气管线系统分析指标体系进行重组。

和现有文献中已有的管线系统风险分析指标体系相比，本研究的基于 PSR 模型的管线系统风险分析指标体系有以下特点。

1. 创新性

通过广泛的文献调研，目前在城市地下管线系统风险评估领域，尚未使用 PSR 模型进行指标体系构建。因此，本节的研究结果有一定的创新性。

2. 针对性

本节的研究成果是针对管线系统在发生功能型失效的风险事故时所采用的风险分析指标体系，因此基于 PSR 模型的管线系统风险分析指标体系非常有针对性。另外，由于针对的是发生功能失效型的风险事故，所以在数据获取上也较为方便，增加了该模型的实用性。

3. 易操作性

本节的研究成果实际上是根据 PSR 模型的构建思路，对已有风险分析指标要素进行分类和重组，使管线系统风险分析的相关研究统一化。因此，数据获取相对比较容易。所以该模型在应用时会比较容易操作。

虽然使用 PSR 模型构建了管线系统风险分析指标体系，但只是对已有的风险分析指标要素进行简要的分析和分类重组。这样建立起来的风险分析指标体系显然不适合直接应用于实际工程项目，因此，需要对在重新分类重组的过程中不同风险分析指标因素的位置进行适当的调整，对各指标对整个风险分析起到怎样的权重贡献并没有做进一步的研究。另外，对于实际的风险评估应用来说，很多能够分析出的指标因素在实际数据获取时是相当困难的，也并不是分析指标要素越多，效果就越好。因此，在使用 PSR 模型构建管线系统风险分析指标体系后，继续展开了管线系统的风险分析指标筛选的工作。

（一）"压力"指标分析

燃气管线系统的"压力"指标，主要是指周围环境或人类活动对燃气管线系统产生的影响和压力。按照 PSR 模型的要求，燃气管线系统风险分析指标中的"压力"指标，如表 6-3 所示。

表 6-3　燃气管线系统风险分析"压力"指标

一级指标	二级指标	三级指标
自然过程	地形 / 地质状况	—
	自然灾害状态	—
	土壤覆盖与移动情况	覆盖层性质 最小埋深 最大跨距 管沟情况 管线转弯情况 土壤移动情况
人类活动	人口情况	居民平均素质 流动人口情况 居民公共道德与财产意识 居民对管线保护意识 维护者安全意识 安保措施
	建筑与交通情况	车辆活动 工业建筑活动 所在城市位置 交通荷载
	设计与施工情况	设计人员资质 设计人员经验 设计软件可靠性 设计人员失误 设计验收 材料质量 施工管理措施 施工人员培训 施工监督 施工验收

（二）"状态"指标分析

燃气管线系统的状态指标，主要是指燃气管线系统中的各类管线自身的物理属性。除了管材、管龄、管径、埋深等基本物理属性，燃气管线由于大多都敷设于地下，所以对其状态属性更多是从其抗腐蚀、设计安全的角度出发进行研究。

按照 PSR 模型的要求，燃气管线系统风险分析指标中的"状态"指标，如表 6-4 所示。

表 6-4　燃气管线系统风险分析"状态"指标

一级指标	二级指标	三级指标
基本物理属性	管线材质	—
	管径	—
	管龄	—
	管壁厚度	—
	埋深	—
	连接形式	—
	管线压力等级	—
抗腐蚀物理属性	管内腐蚀	产品腐蚀 管内保护
	外腐蚀	阴极保护 包覆层情况 土壤腐蚀性 系统运行年限 其他金属 交流干扰 腐蚀环境 管线压力变化 管材缺陷 钢铁种类 腐蚀检测
系统安全系数	设计压力等级	—
	试验压力等级	—
	水压试验持续时间	—
	距上次试验时间	—
	试验工程师资质	—

（三）"响应"指标分析

燃气管线系统的响应指标，主要是指燃气管线系统发生功能失效型事故后相关管理部门采取的措施和举动。按照 PSR 模型的要求，燃气管线系统风险分析指标中的"响应"指标，如表 6-5 所示。

表 6-5 燃气管线系统风险分析"响应"指标

一级指标	二级指标
报警应答	记录时间
	记录报告的一致性
	通知方法
	非工作时间的通知方法
	应答时间
	应答操作
故障维修	维修规程
	维护频率
	维护工作人员素质
	维修效果
	施工管理措施
	施工监督
	施工验收
	工艺过程
	材料质量
安保宣传	宣传力度
	宣传方式
巡线	巡线手段
	巡线规章
	巡线频率
	巡线人员素质

三、地下管线系统风险分析指标约简

（一）约简方法适用性分析

在众多风险分析指标要素中，筛选出具有代表性的指标体系，进行管线系统评价，有很多种方法可以实现。最常用的是聚类法、主成分分析法、粗糙集方法等。

在事故发生的现场采集数据是比较困难的，因此在事故案例中采集数据往往是不完备的。由于聚类法和主成分分析法的精度都是靠大量的完备性样本来保证的，如果直接用聚类法和主成分分析法进行约简处理，会因数据的不完备而出现很大的处理误差。因此在这里使用聚类法和主成分分析法并不适合。

粗糙集是近年来比较流行的人工智能方法。该方法对知识的抽象和表达与其他方法不同，最不同的一点就是对知识的描述。针对本节的研究对象，粗糙集方法主要有以下两方面优势。

（1）适合处理事故现场中获取的不完备信息。粗糙集方法本来就是针对不完备数据集提出的一种数据处理方法。一般来说,在管线系统的风险事故现场很难获取到很完备的数据信息,因此,适用粗糙集对管线系统风险分析指标进行约简,非常有针对性。

(2)处理方法简单。不论是聚类方法还是主成分分析方法,都需要设定一定的精度阈值来确定在何时结束算法的运行。但对于粗糙集来说,整个处理过程无须设定精度阈值,而是依靠集合中的元素之间的关系来确定是否还需要下一步的简约。因此,粗糙集比聚类方法和主成分分析方法在处理方法上更为简单,更容易被接受,也更容易在评价系统的软件设计中被实现。

综上所述,本节应用 PSR 模型初步建立了地下管线风险分析指标体系后,采用粗糙集方法对其中的指标要素进行约简,最终形成基于 PSR 的地下管线系统风险分析指标体系。

(二)基于粗糙集的属性约简方法

在粗糙集理论中,一个知识表达系统 S 是由一个有序四元组构成的,可以表示为

$$S = (U, R, V, f) \tag{6-1}$$

式中,U 为对象的非空有限集合,它包含所有数据对象,称为论域;R 为对象所有属性的集合,属性可以分为条件属性集和决策属性集;V 为对象的所有属性值的集合;$f: U \times R \to V$ 为一个信息函数,它为每个对象的每个属性赋予一个信息值。

从定义上看,粗糙集理论中的知识表达系统实际上就是一个决策表。该决策表是一个二维表,每一列为属性列表,每一行为不同对象的信息函数。

粗糙集理论用于属性约简最简单的方法是构造差别矩阵。这是一种最基本、最常用的约简算法。该算法将求解知识表达系统约简的问题转化为化简数学逻辑公式,求解思路如下:首先根据差别矩阵的定义求出差别矩阵,并得到差别函数,然后利用逻辑学中的合取、析取及吸收率的相关知识化简差别函数,得到极小析取范式。该范式中的每一个析取项都是原有知识表达系统中的一个约简,然后根据具体需求进行分析和判断,找出符合需求的约简。

差别矩阵的定义为,$S = (U, R, V, f)$ 为决策表,$R = C \cup D$,C 表示条件属性集,D 表示决策属性集,且 $C \cap D = \phi$,差别矩阵 $\boldsymbol{M} = m_{ij}$:

$$m_{ij} = \begin{cases} \{a \in C \mid f(x_i, a) \neq f(x_j, a)\} \\ \phi, \ \text{其他情况} \end{cases} \tag{6-2}$$

式中,$f(x, a)$ 表示数据对象 x 在条件属性 a 上的具体取值。

这种构造差别矩阵的方法只是考虑了系统中的条件属性,完全不考虑决策属

性在信息系统中的重要性。在系统中，可能会存在条件属性相同而决策属性不相同的对象，也就是存在不相容的情况。按照这种方法进行约简，这些重复的对象就会被只保留其中任意一个，而其他的对象则会被删除。实际上如果将这些重复对象删除后，就会减少原有系统的部分决策规则，也就降低了系统的分类能力。

针对这种差别矩阵的不足，研究学者提出了另一种方法，即在对差别矩阵进行判别时加入决策属性的信息，定义区分矩阵 $M=m_{ij}$：

$$m_{ij} = \begin{cases} \{a \in C \mid f(x_i,a) \neq f(x_j,a)\,\text{且}\,D(x_i) \neq D(x_j)\} \\ \phi\,，\text{其他情况} \end{cases} \tag{6-3}$$

式中，$f(x,a)$ 为数据对象 x 在条件属性 a 上的具体取值；$D(x)$ 为 x 在决策属性 D 上的取值。

根据区分矩阵的定义，属性约简可以按照下面的步骤进行。

（1）求出差别矩阵 M。

（2）将 M 中的单属性元素加入核集。

（3）用析取的形式表达 M 中多个条件属性组成的元素。

（4）将 M 中不包含核属性的元素表示为合取式，同时将包含核属性的元素值置为 0。

（5）将合取式转换为析取式的形式。

（6）取出析取式中的析取项，即为约简后的属性集。

（三）基于粗糙集的燃气管线系统风险分析指标选择

应用基于粗糙集的属性约简方法，在燃气管线系统风险分析的众多影响因素中筛选出影响系统风险结果的最小指标集，作为燃气管线系统风险分析的指标集合。

本节对调研获取的 11 组燃气地下管线系统"压力"指标原始数据，根据数据的类型和取值范围，进行归一化处理，将每个压力指标的原始数据都量化为 0～4 范围内的正整数，同时将风险等级从低到高分别定义为 1～5 范围内的正整数。

按照上述的方法，可以得到经过约简的燃气管线系统的压力指标，如表 6-6 所示。

表 6-6　约简后的燃气地下管线系统风险分析指标

一级指标	二级指标	三级指标
压力	人口情况	居民对管线保护意识
		安保措施
	建筑与交通情况	车辆活动
		工业建筑活动
		所在城市位置
		交通荷载

续表

一级指标	二级指标	三级指标
状态	管线材质	—
	管径	—
	管龄	—
	管壁厚度	—
	埋深	—
	管线压力等级	—
	管内保护	—
	抗腐蚀	阴极保护
		包覆层情况
		土壤腐蚀性
响应	报警应答	应答时间
		应答操作
	故障维修	维护频率
		维修效果
	巡线频率	—

将约简后的燃气地下管线系统的压力指标和表 6-1 提到的压力指标进行对比，可以发现如下内容。

（1）自然过程的压力，在决策过程中基本上没有起作用。也就是说，在进行燃气管线系统的风险评价时，除非是特殊地质环境，否则可以不考虑自然过程的影响。

（2）在人类活动中，设计与施工情况基本上没有起决策作用。虽然从 PSR 模型的角度来分析，设计与施工情况也属于人类活动，但对管线系统的压力作用并不明显。

（3）在人类活动的人口情况中，居民平均素质、流动人口情况等指标，也不是造成风险的决策属性。一是因为这些指标的值在调研获取数据时难度比较大；二是很难量化表示，有时候只能以不完备的信息出现在决策表中。但是居民对管线保护意识这一指标项，却被保留了。因为燃气管线系统发生的功能失效型风险事故，有一部分是家庭使用的燃气管线泄露，居民对管线保护意识这一指标项虽然难以量化，但在约简过程中仍然体现了对决策的贡献。

同理，可以得到经过约简的燃气地下管线系统的状态指标和响应指标，如表 6-6 所示。

将约简后的燃气地下管线系统的状态指标和表 6-2 中的状态指标进行对比，可以发现如下内容。

（1）燃气管线系统的基本物理属性中被约简掉的属性数量较少。这说明燃气管线系统的状态指标中的指标项目，对燃气管线系统的风险起到的作用比较大。

（2）在抗腐蚀物理属性的各项指标中，仅有阴极保护、包覆层情况和土壤腐蚀性等3项指标被保留，其他指标项均被约简。

（3）本节选择的导致燃气管线系统发生风险事故的状态指标，和大多数研究成果中采用的分析指标体系相似。

将约简后的燃气管线系统的响应指标和表6-3中的响应指标进行对比，可以发现如下内容。

（1）安保宣传要素完全被约简掉。因为宣传力度和宣传方式对风险事故的发生能够产生的影响基本上可以忽略不计。

（2）报警应答中的记录时间、通知方法等指标被约简掉了。现实中可以找到合理的解释：系统响应更注重应答时间和应答的操作，包括对管线系统的维修频率和维修效果。而记录报告的一致性、通知方法等指标，更多的是一种工作规范，对风险事故发生基本上不产生任何影响，所以被约简掉了。

（3）对于燃气管线系统，增加了巡线这一指标，并在相关指标项中保留了巡线频率这一项。

第四节　燃气管线运行模糊风险分析模型

一、模型结构

本部分按模块化的思路为城市燃气管线的风险分析提出了一种完整的指标体系。分析了燃气管线失效的原因，提出了七模块风险分析模型（图6-1）。指标体系依据各个管线段的客观数据，用先进科学的数学处理方法，得到各管段运行的风险值。

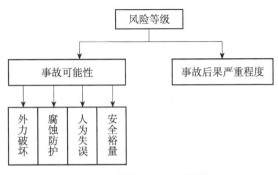

图 6-1　七模块风险分析结构图

从事故发生的可能性和事故后果严重程度讨论事故发生的原因。事故可能性根据其成因分为外力破坏、腐蚀防护、人为失误、安全裕量等四个模块综合确定，后果严重程度评估包括人员伤亡、经济损失、政治影响、社会舆论等方面的考虑。

二、可能性分析

（一）外力破坏

1. 影响因素分析

外力破坏主要是指因第三方活动或环境自然变化而使管线受损，造成管线破裂，导致燃气外泄。外力破坏在城市燃气管线事故中占有相当高的比例。

城市燃气管线外力破坏因素包括管线的埋设深度、人在管线附近的活动状况、管线附属设备状况、管线附近其他市政设施、管线附近施工活动、管线沿线标志是否清楚、管线维护管理水平、地质地貌变迁及地基沉降等。

2. 评估单元划分

评估单元划分原则如下。

（1）管径和压力级制为分段主因素。

（2）地面人流和建筑物情况为第二分段因素。

（3）阀门和凝液缸为第三分段因素。

根据上述原则，将100千米被测管线划分为80个评估单元，并完成了评估数据的现场采集。

3. 分析模型建立

根据外力破坏影响因素的特征，采用事故树分析法和模糊综合评估方法相结合的数学模型。通过事故树分析，建立布尔代数模型，求取最小割集（径集）；得到引起外力破坏的各种基本事件及它们的重要度，然后运用模糊集理论求得外力损坏的事故概率。

（二）腐蚀防护

1. 影响因素分析

腐蚀防护状态取决于防腐层现状、阴极保护有效性、土壤理化性能、杂散电流分布等诸多因素（张扬等，2006）。凡是影响上述方面的因素都有可能直接或间接地影响管线的腐蚀防护状态。许多因素对腐蚀防护状态的影响是非线性的，各因素之间有着不同的相关程度，完全测取需要很长时间和巨大投资，且各数据间存在大量的信息重复。使模型变量维数无谓加大，因而有必要根据城市燃气管线的具体情况，进行降维预处理。

首先通过聚类分析，依据6条市政管线和6个庭院小区的管段检测数据和开挖情况，对影响腐蚀防护状态的因素进行相关分析和聚类分析。结果表明：影响腐蚀防护状态的 44 个因素在相关系数大于 0.5 的条件下，明显地聚为 8 类。为了从同类因素中选取有代表性的特征因素，对同类因素进行主成分分析。以贡献率作为选择特征因素的依据，同时也对 44 个因素直接进行主成分分析，以避免聚类分析可能产生的漏项。最后通过 SPSS 软件分析可知，整合出的 8 个主要因素的特征贡献率已达到 95.1%。

2. 分析单元划分

将分析过程分为两步：①利用所有的基本因素和组合因素对原子级管段进行初评；②把相邻且初评结果相同的管段进行归并，再利用该组合的修正因素，修正初评结果，得出最终评估结果。

3. 分析模型建立

针对城市燃气管线历史数据匮乏的实际情况，以管线现状调查数据为主，运行记录数据为辅，采用 BP 神经网络建立了腐蚀防护状态的评估模型。其具有如下特点。

（1）主要依据管线现状实测数据，历史数据仅作为参考。

（2）通过中间层参数设计，较好实现了各影响因素的非线性映射。

（3）充分考虑了各影响因素间的交互作用。

（4）具备强大的自学习、自修正功能。先用少量样本建立模型，随着检测数据的逐渐积累，可不断进行自学习，使评估结果接近实际情况。

（三）人为失误

1. 影响因素分析

人为失误的原因主要有两个方面：一方面是人的素质，即从事管线设计、施工、运行和维护人员的技术和道德素质；另一方面是指对从事设计、施工、运行和维护人员工作的监督（Jo and Crowl，2008）。

对人为失误进行定量或精确评估是十分困难的，往往采用定性、打分或模糊评定的方法进行。在评估中应考虑的因素也较多，主要分为"设计失误"、"施工失误"、"运行失误"和"维护失误"等几个方面。

2. 数据采集

为了收集上述的各种影响因素，并考虑数据与资料的归纳与整理方便，设计了《人为失误因素的数据采集表》。

（四）安全裕量状态

1. 影响因素分析

安全裕量应考虑的因素较多，其中管线所采用钢管的壁厚、设计压力的选取，以及它与操作压力的差距、设计时所计及的载荷性质、所要求的水压试验、允许的超压情况和对管线地质情况的考虑等都对管线的运行安全有影响（Chowdhury et al.，2009）。

2. 数据采集

为了收集上述的各种影响因素，并考虑数据与资料的归纳与整理方便，设计了《安全裕量数据采集表》。

（五）事故可能性的综合分析

1. 建立因素集

前面对"腐蚀防护"、"外力损坏"、"人为失误"和"安全裕量"等四个影响事故可能性的因素分别进行了等级评估，而这四个因素对事故可能性的影响需用模糊集理论进行综合评估，得到事故可能性的等级。

2. 数据准备

1）建立备择集

将事故可能性分为 5 个等级，用模糊语言表示，形成备择集：

V={ 基本不可能发生、较不能发生、可能发生、很可能发生、肯定发生 }

2）建立权重集

上述四个因素对事故可能性的影响是不同的，它们之间的差别通过权重集来体现，根据 AHP 分析得到其权重集为 A。

3. 模糊分析

（1）一级模糊综合分析是确定每个因素对事故可能性的影响，为隶属度矩阵。则 $B = A \circ R$

（2）二级模糊综合分析就是综合所有因素对事故可能性的影响，并根据隶属度相关原则得出事故可能性的等级。二级模糊综合评估集 $C = B \circ V^T$

（3）分析结果根据最大隶属度原则确定综合可能性的值。

三、后果严重性分析

后果严重性指管线发生事故时危害可能波及的范围和程度，包括人身伤害和财产的损失、对周边设施及环境的破坏、对社会安定及企业声誉的影响、给用户造成的损害、抢修所需的经济投入等。

由于后果严重性所涉及的因素大多难以准确量化，且随时间发生变化，需借助灰色理论，进行模糊处理。可以直接建立多变量输入、单变量输出的神经网络模型，并结合遗传算法对神经网络进行调优，将有关参数代入模型，即可综合测算出各管段的事故严重度分值。

1. 影响因素分析

影响后果严重性分析的因素包括：燃气泄漏速率、管线所在地区的人口和建筑物密度、车流量、周边环境的重要度、一旦发生事故人员疏散能力和管线的可维修性、停止供气的影响、相邻管沟和电缆沟的情况、相邻管沟与住宅的相通情况等。

2. 分析模型建立

管线事故后果严重性的分析采用了层次分析法与模糊集理论相结合的数学模型。对实地采集或调查的数据和资料进行分析，将影响事故后果严重性的各因素作为模糊分析因素，建立因素集，并建立相应的备择集；建立模糊关系矩阵和评估因素的权重集，求得模糊综合分析结果向量，设定模糊隶属度函数，得到事故发生所造成后果的模糊值。

3. 影响因素值的确定

为了对调查表得到的数据进行统计和分析，将上述影响因素分为 8 大类，根据各管段或区域的具体调查数据与资料，可对每一个因素按因素分级表确定等级，5 级是对事故后果影响最小值，1 级是对事故后果影响最大值。

四、模糊分析过程

根据工程模糊数学理论，建立城市埋地燃气管线安全性模糊综合分析指标体系，通过确定因素集、确定评价等级集、确定因素权重集、确定因素评价矩阵、模糊综合分析及指标处理等过程，客观地评价城市埋地燃气管线的风险。同时，将其应用到现实的案例中，证实该分析体系的有效性。

（一）确定因素集

被评价对象的各因素组成了因素集，即

$$U = \{u_1, \ u_2, \ \cdots, \ u_i, \ \cdots, \ u_m\} \ (i = 1, \cdots, \ m) \tag{6-4}$$

式中，U 为因素集；u_i 为因素集中第 i 个因素；m 为因素集中因素集的总数。

（二）确定风险等级集

对每个因素的评价结果一般分为 4 个评价等级：低 (v_1)、中 (v_2)、高 (v_3)、极高 (v_4)，评价等级的有限集合为

$$V = \{v_1, \ v_2, \ v_3, \ v_4\} \tag{6-5}$$

式中，V 为评价等级集；v_1、v_2、v_3、v_4 为第一、第二、第三、第四评价等级，即

低、中、高、极高。

（三）确定因素权重集

各因素权重反映各因素间的内在关系，体现了各因素在因素集中的重要程度。各因素权重组成了因素权重集，即

$$A = \{a_1,\ a_2,\ \cdots,\ a_i,\ \cdots a_m\}$$ （6-6）

式中，A 为因素权重集；a_i 为因素集中第 i 个因素的权重。

利用层次分析法建立权重集（王晓梅，2006；俞树荣等，2005）。

1. 确定两两因素相比的判断值

在确定两两因素评判值之前，要建立被评对象的递阶层结构图，建立层次结构图后，分别对每一层进行因素两两分析并建立判断矩阵。建立评价矩阵时存在 1~9 这 9 个整数作为一个因素比较于另一个因素指标的相对重要度的标度。设 $f_{uj}(u_i)$ 表示因素 u_i 相对 u_j 而言的"重要度"的判断值，其判断值与确定方法如表 6-7 所示。

表 6-7　判断矩阵标度及其含义

$f_{uj}(u_i)$ 标度	含义
1	表示两个因素同等重要
3	表示一个因素比另一个因素稍微重要
5	表示一个因素比另一个因素明显重要
7	表示一个因素比另一个因素强烈重要
9	表示一个因素比另一个因素极端重要
2、4、6、8	表示上述相邻判断的中值

2. 构造判断矩阵

若因素 u_i 和因素 u_j 比较的标度 $f_{uj}(u_i)$ 是 a_{ij}，则因素 u_j 和因素 u_i 比较其重要程度为 $1/a_{ij}$。对于 m 个因素的评价问题来说，根据以上取值原则可以得到两两比较的判断矩阵：$\bar{A} = \left(a_{ij}\right)_{m \times m}$。

3. 确定因素重要程度系数

得出判断矩阵后，计算判断矩阵每一行元素的乘积 M_i，以及 M_i 的 m 次方根，$W_i = \sqrt[m]{M_i}$，从而得到向量 $\left[W_1, W_2, \cdots, W_m\right]^{\mathrm{T}}$，作归一化处理后得到特征向量：

$$a = \left[\frac{W_1}{\sum\limits_{i=1}^{m} W_i}, \frac{W_2}{\sum\limits_{i=1}^{m} W_i}, \cdots, \frac{W_m}{\sum\limits_{i=1}^{m} W_i} \right] \tag{6-7}$$

其结果是否合理，就要看所建立的判断矩阵是否符合矩阵一致性。所以在得出权重矩阵后，要进行检验，检验过程如下。

（1）计算判断矩阵的最大特征值：$\lambda_{\max} = \sum\limits_{i=1}^{m} \frac{(\overline{A}a)_i}{mW_i}$。

（2）定义一致性指标 CI 和平均随即一致性指标 RI：$CI = \dfrac{\lambda_{\max} - m}{m-1}$。

对于 1～9 阶判断矩阵，Saaty 给出了 RI 的取值，如表 6-8 所示。

表 6-8　平均随即一致性指标 RI

m	1	2	3	4	5	6	7	8	9
RI	0	0	0.58	0.90	1.12	1.24	1.32	1.41	1.45

（3）定义一致性比率 $CR = \dfrac{CI}{RI}$，一般认为 CR<0.1 时，判断矩阵的一致性是可以接受的。所以具有一致性的判断矩阵 $\overline{A}$ 得出的特征向量 a 即为各因素的权重 A。

4. 确定因素矩阵

因素评价矩阵表示从因素集 U 到评价等级 V 的模糊映射关系，可表示如下：

$$R = \begin{bmatrix} R_1 \\ R_2 \\ \vdots \\ R_i \\ \vdots \\ R_m \end{bmatrix} = \begin{bmatrix} r_{1,1} & r_{1,2} & r_{1,3} & r_{1,4} \\ r_{2,1} & r_{2,2} & r_{2,3} & r_{2,4} \\ \vdots & \vdots & \vdots & \vdots \\ r_{i,1} & r_{i,2} & r_{i,3} & r_{i,4} \\ \vdots & \vdots & \vdots & \vdots \\ r_{m,1} & r_{m,2} & r_{m,3} & r_{m,4} \end{bmatrix} \tag{6-8}$$

式中，R 为因素矩阵；$r_{i,j}$ 为对于因素 u_i 做出第 j 个值的隶属度。根据工程实践经验确定对燃气管线比较适合的隶属函数，即三角形函数，从而确定矩阵中的 $r_{i,j}$。

5. 模糊综合分析

模糊综合分析是对因素集中各因素 u_i 进行的综合分析，可知：

$$B = A \circ R = (a_1, a_2, \cdots, a_m) \tag{6-9}$$

式中，B 为模糊综合分析向量；A 为因素权重集的向量表示。

6. 分析指标建立

采用最大隶属度原则来确定评价指标，其中原评价等级集用矩阵 V 表示，可得

$$C=B \circ V^{\mathrm{T}} \tag{6-10}$$

式中，C 为综合反映管线安全性的分析指标，即综合分析指标。

五、算例分析

以 A、B 两段管段（位于同一城市的不同区域）为例，采用模糊综合分析对城市地下燃气管线进行分析。经过 A 管段需要供气的用户为 30 000 户、铸铁管 5 千米；经过 B 管段需要供气的用户为 10 000 户、铸铁管 3 千米。对其风险因素进行分析，可得如图 6-2 所示的城市地下燃气管线事故因素层次结构图。

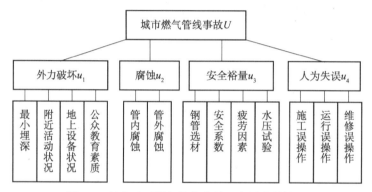

图 6-2　城市地下燃气管线事故因素层次结构图

（一）利用层次分析法建立权重集 A

根据实际经验和统计数据，选取标度，建立判断矩阵 U：

$$\begin{bmatrix} U & u_1 & u_2 & u_3 & u_4 \\ u_1 & 1 & 1/6 & 1/2 & 1/4 \\ u_2 & 6 & 1 & 5 & 4 \\ u_3 & 2 & 1/5 & 1 & 1/2 \\ u_4 & 4 & 1/4 & 2 & 1 \end{bmatrix}$$

计算特征向量：$a = (a_1, a_2, a_3, a_4) = (0.068, 0.597, 0.121, 0.214)$。

判断矩阵的特征值：$\lambda_{\max}=4.1$，CI=0.035。对于四阶矩阵，取 RI=0.90，从而 CR = CI/RI = 0.039<0.1，因此认为权数分配 A 是合理的。

（二）确定因素矩阵

专家组分别对 A、B 两管段进行测评，并以低、中、高、极高的值进行评

分，对管线进行评价。根据式（6-8）计算得

$$
R_A = \begin{bmatrix} 0.3 & 0.2 & 0.3 & 0.1 \\ 0.5 & 0.3 & 0.2 & 0.0 \\ 0.1 & 0.2 & 0.4 & 0.2 \\ 0.1 & 0.3 & 0.4 & 0.1 \end{bmatrix}, \quad R_B = \begin{bmatrix} 0.4 & 0.3 & 0.2 & 0.1 \\ 0.6 & 0.3 & 0.1 & 0.0 \\ 0.2 & 0.3 & 0.3 & 0.1 \\ 0.1 & 0.4 & 0.2 & 0.2 \end{bmatrix}
$$

（三）模糊综合分析

由因素评价矩阵 R 和因素权重集 A，根据式（6-9），分别得到 A、B 两段管线的模糊综合分析向量：

$$B_A = A \circ A_A = (0.4, 0.3, 0.2, 0.1)$$

$$B_B = A \circ R_B = (0.3, 0.3, 0.1, 0.2)$$

（四）分析指标建立

采用加权平均法先对等级赋值，如"低"为 90 分，"中"为 80 分，"高"为 60 分，"极高"为 40 分。根据式（6-5）得 $V = (90, 80, 60, 40)$。

根据式（6-10）得 $C_A = B_A \circ V^T = 76$，$C_B = B_B \circ V^T = 65$。

（五）计算结果分析

（1）A 管段的管线安全性要比 B 管段的好，这与实际抢修数据相符。由于 B 管段的老管网还未进行全面整改，故应该加强巡检，切实保障管线的安全运行。

（2）从总的指标看，两个管段风险值都在 60～80 范围内，说明所评价的城市地下燃气管线的安全性都属于中等水平，尚需改进。

（六）多层次模糊风险评价

第二级因素对相应的第一级因素的影响指标都可以用上述方法计算，最后综合分析得出各管段的相对风险值，此处不一一列举。

六、小结

（1）模块化的可能性和后果严重性模型针对不同问题的内在本质，事故可能性与后果严重性同时考虑，综合评级结果不仅用于指导日常管理和大修安排，而且直接用于指导安全管理，提供了一个提高管线管理水平的简便方法。

（2）应用层次分析法和模糊数学方法建立多层次模糊风险分析模型，可以全面考虑影响燃气管线安全的各种因素，将定性和定量的分析有机地结合起来，既

能够充分体现分析因素和过程的模糊性，又能尽量减少个人主观臆断所带来的弊端，比一般的专家打分法等方法更符合客观实际，因此，分析结果更可信可靠。

（3）多层次模糊风险分析方法给出了各个因素之间及其对上层因素的权重计算方法，据此可以识别出影响城市地下燃气管线安全的主要风险因素，从而有针对性地采取措施以防止事故的发生。

第五节 基于可靠性和脆弱性的燃气管线风险分析指标体系

在这个方法中，以某市燃气管线为实例深入分析了管线事故发生的原因，对事故进行统计分析，建立了燃气管线系统风险评估的指标体系（尤秋菊等，2013）。在对事故可能性的评估中，结合燃气管线本身参数设计和周围的环境特点，通过对单一管线与管线网络的可靠性分析实现了对事故可能性的修正；在对后果严重程度的评估中，引入事故风险的承受能力和控制能力对燃气管线的脆弱性进行分析，实现了对后果严重程度的修正。在对事故可能性和后果严重程度进行分级后，通过风险矩阵可以计算出燃气管线系统的风险等级。

一、可靠性分析

（一）单一管线可靠性

为了得到管线的失效概率，以可靠性的基本原理为理论依据，通过建立极限状态方程，对管线的失效概率进行分析。结构可靠性分析的首要任务就是建立极限状态方程。如果描述结构极限状态的基本变量 x_1, x_2, $\cdots$, x_n 为随机变量，则结构的极限状态可表示为

$$Z=g(x_1, x_2, \cdots, x_n)=0 \tag{6-11}$$

式中，$Z=g(x_1, x_2, \cdots, x_n)$ 称为功能函数。如果功能函数 $Z>0$，则管线是安全的；如果 $Z<0$，则管线已失效；如果 $Z=0$，则管线处于极限状态。因此，结构的可靠度可表述为结构处于可靠状态的概率，即

$$P_r=P[Z=g(x_1, x_2, \cdots, x_n)>0] \tag{6-12}$$

而结构的失效概率则表示为

$$P_f=P[Z=g(x_1, x_2, \cdots, x_n)<0] \tag{6-13}$$

由于 $Z=g(x_1, x_2, \cdots, x_n)$ 的分布函数为连续函数，所以有 $P_r+P_f=1$ 或 $P_f=1-P_r$。在结构可靠性问题中，P_r 一般远远大于 P_f，因此为了描述问题简单

起见，大多采用失效概率 P_f 的概念。目前，管线腐蚀失效概率的计算方法主要有蒙特卡罗（monte-Carlo）法、一次二阶距法、改进的一次二阶距法及雷－菲（J-C）法。

针对另一个易引发管线故障的因素——第三方破坏，引入了国外的经验公式对其进行分析计算（Jo and Ahn，2002）。

$$\lambda_s = 0.001\exp(-4.18d - 2.185\,62) \tag{6-14}$$

$$\lambda_m = 0.001\exp(-4.12d - 2.028\,41) \tag{6-15}$$

$$\lambda_g = 0.001\exp(-4.05d - 2.134\,41) \tag{6-16}$$

式中，d 为管径；s、m 及 g 分别为小孔洞、中孔洞和大孔洞的管线故障模式，其孔洞大小分别对应于小于 5% d、5%～20%d 和大于 20%d。

若采用这一故障率的经验公式，由于没有考虑到实际的运行条件，结果难免存在较大误差。据此，考虑到燃气管线第三方破坏的故障率与其失效模式、管线自身设计参数和周围的环境有密切的关系，引入了不同影响因素，如覆土层深度、管径、壁厚等对故障率进行修正，从而建立了第三方破坏的故障率模型：

$$\lambda_{i,w} = \lambda_i K_{DC} K_{WT} K_{PD} K_{PM} \tag{6-17}$$

式中，$\lambda_{i,w}$ 为第三方破坏的故障率；w 为第三方破坏；λ_i 为管线的故障率；K_{DC}、K_{WT}、K_{PD}、K_{PM} 分别为覆土层深度、管壁厚度、人群密度及预防措施的修正系数（表 6-9、表 6-10，其中 t_{dc} 为覆土层深度；h 为管壁厚度；d 为管径；h_{min} 为最小壁厚）。

表 6-9　由第三方破坏引起的故障率的修正系数

因素	修正系数	条件
覆土层深度	2.54	$t_{dc} < 0.91$ 米
	0.78	$0.91 \leqslant t_{dc} \leqslant 1.22$ 米
	0.54	$t_{dc} > 1.22$ 米
管壁厚度	1	$h=h_{min}$ 或 $d > 0.9$ 米
	0.4	$6.4 < h \leqslant 7.9$ 毫米及 $0.15 < d \leqslant 0.45$ 米
	0.2	$h > h_{min}$
人群密度	18.77	城市
	3.16	郊区
	0.81	乡村
预防措施	1.03	设置标记牌
	0.91	其他

表 6-10　不同管径的最小壁厚

d / 米	h_{min} / 毫米
0～0.15	4.8
0.15～0.45	6.4
0.45～0.60	7.9
0.60～0.90	9.5
0.90～1.05	11.9
1.05	12.7

考虑最严重的情况，利用该修正公式计算了不同管径的某市燃气管线的故障率（表 6-11）。

表 6-11　由经验公式计算的不同管径不同失效模式的故障率

管径 / 毫米	小孔洞泄漏的故障率 /10^{-3}	中孔洞泄漏的故障率 /10^{-3}	断裂泄漏的故障率 /10^{-3}	总的故障率 /10^{-3}
100	3.63	4.28	3.88	11.79
150	2.95	3.48	3.17	9.60
200	2.39	2.83	2.59	7.81
250	1.94	2.31	2.11	6.36
300	1.58	1.88	1.72	5.18
350	1.28	1.53	1.41	4.22
400	1.04	1.24	1.15	3.43
450	0.84	1.01	0.94	2.79
500	0.68	0.82	0.77	2.27
550	0.55	0.67	0.63	1.85
600	0.45	0.55	0.51	1.51
650	0.36	0.44	0.42	1.22
700	0.30	0.36	0.34	1.00
750	0.24	0.29	0.28	0.81
800	0.19	0.24	0.23	0.66
850	0.16	0.20	0.19	0.55
900	0.13	0.16	0.15	0.44
950	0.10	0.13	0.12	0.35
1000	0.08	0.11	0.10	0.29
1050	0.07	0.09	0.08	0.24

（二）管线网络可靠性

城市燃气管线网络的可靠性函数定义为 t 时刻网络的供气能力与理想状态的供气能力的比值。具体表达式如下：

$$R(t) = Q_x(t) / Q_0 = 1 - \sum_{j=1}^{L} \frac{\Delta Q_j}{Q_0} \frac{\lambda_i}{\sum \lambda_i} (1 - e^{-\sum \lambda_i t}) \qquad (6\text{-}18)$$

式中，$Q_x(t)$ 为管线网络 t 时刻的供气能力；Q_0 为管线网络理想状态的供气能力；ΔQ_j 为对应状态 j 下被关断的用气量即工作能力的下降值；λ_i 为网络中管线、阀门等设备的故障率。

从式（6-18）可以看出，燃气管线网络可靠度函数 $R(t)$ 与被关断的供气量 ΔQ_j、故障率 λ_i 和工作时间 t 有关，因此，$R(t)$ 比较全面地反映了可靠性因素，是评价网络可靠性的重要指标。

故障率的计算方法在前面已有论述，可以根据经验公式进行计算，也可以根据历史数据和资料进行统计得到。工作时间 t 可指定，网络理想状态的供气能力 Q_0 也是确定的，因此关键是确定参数 ΔQ_j。多气源的 ΔQ_j 比单气源的 ΔQ_j 易于求得，原因是对于多气源的燃气管线来说，由于气源多，燃气在管线网络中的流向可以随工况改变而改变，必须确定理想状态下气流方向，才能准确确定事故出现后被切断的气量。燃气管线网络中，环状管网由于其在事故状态下被关断的气量小于支状管网，所以其可靠性明显高于支状管网，可靠度的常规值一般为 0.7～0.9，将网络可靠度的计算结果与常规值相比较，即可评价出该网络可靠性，并可据此采取相应的措施。

（三）系统脆弱性分析

网络系统的脆弱性主要通过燃气系统及其服务对象对燃气事故风险的承受能力和控制能力两个方面体现。通过脆弱性分析可以详细了解系统的自身结构、系统的信息发布状况，以及应急保障方案、应急救援物资、设备设施的储备、应急组织、应急人员状况，从而为维护系统的正常运行及提高系统的应急保障能力提供保障，基于此确定后果的补偿系数。

二、风险分析指标体系建立

（一）指标体系建立

通过燃气管线系统调研，并对历史事故案例进行统计分析，得到引起燃气管线系统事故的可能性因素主要为设计与施工因素、腐蚀因素、第三方破坏、自然灾害、管理因素。

燃气管线事故的后果严重性主要从人员伤亡、直接经济损失和无形损失三方面进行预测评估。同时，鉴于燃气管线系统风险控制能力与燃气管线系统风险承受能力两方面因素对系统的整体风险程度存在一定的影响，将其作为燃气管线系统风险评估中的补偿系数，从而对风险结果进行修正。综合分析燃气管线系统风险后果严重程度及其可能性大小、风险控制能力和承受能力，咨询相关专家意见，得到了一套适合算例所在城市的燃气管线系统风险评价指标体系（表6-12～表6-14）。

（二）指标体系权重分析

由燃气运营、燃气系统自动控制、安全工程、市政结构、燃气输配方面的专家对各级指标中各项指标的相对权重进行打分。

表 6-12　燃气管线系统风险评估可能性指标权重

一级指标	二级指标	权重	三级指标	权重
可能性 P	设计与施工因素 P_1	0.24	设计质量 P_{11}	0.10
			施工质量 P_{12}	0.10
			管线埋设最小深度 P_{13}	0.08
			地面设施防护 P_{14}	0.09
			土壤扰动 P_{15}	0.09
			设计裕量 P_{16}	0.08
			冗余措施、备用设备 P_{17}	0.08
			用地标志 P_{18}	0.07
			穿/跨越保护 P_{19}	0.07
			外部支持系统可靠性 P_{110}	0.08
			设备标识 P_{111}	0.08
			设备设施自动化 P_{112}	0.08
	腐蚀因素 P_2	0.18	服役时间 P_{21}	0.16
			外防腐层状况 P_{22}	0.17
			阴极保护 P_{23}	0.14
			土壤腐蚀 P_{24}	0.14
			杂散电流 P_{25}	0.15
			介质腐蚀 P_{26}	0.07
			内防护 P_{27}	0.03
			应力腐蚀 P_{28}	0.14
	第三方破坏 P_3	0.21	车辆碾压 P_{31}	0.23
			施工破坏 P_{32}	0.30
			人为破坏 P_{33}	0.24
			违章占压 P_{34}	0.23
	自然灾害 P_4	0.16	地震 P_{41}	0.39
			雷电 P_{42}	0.23
			洪涝灾害 P_{43}	0.38

续表

一级指标	二级指标	权重	三级指标	权重
可能性 P	管理因素 P_5	0.21	安全管理制度 P_{51}	0.17
			操作规程 P_{52}	0.17
			巡线频率 P_{53}	0.14
			安全管理人员资质 P_{54}	0.14
			作业人员资质 P_{55}	0.14
			培训教育 P_{56}	0.13
			信息沟通 P_{57}	0.11

表 6-13 燃气管线系统风险评估严重性 S 指标权重

一级指标	二级指标	三级权重
严重性 S	最高工作压力 S_1	0.06
	最大泄漏量 S_2	0.27
	地形 S_3	0.08
	风速 S_4	0.12
	人口密度 S_5	0.27
	沿线环境 S_6	0.20

表 6-14 燃气管线系统风险评估补偿系数 C 指标权重

一级指标	二级指标	三级指标	权重
补偿系数 C	补偿系数 C_1	应急预案 C_{11}	0.19
		预案演练 C_{12}	0.17
		应急组织 C_{13}	0.14
		应急资源 C_{14}	0.13
		抢修能力 C_{15}	0.14
		预测预警能力 C_{16}	0.13
		事故分析制度 C_{17}	0.10
	补偿系数 C_2	影响地域 C_{21}	0.37
		影响人群 C_{22}	0.33
		事发时间 C_{23}	0.30

统计各位专家的打分情况，运用层次分析法，对各位专家的打分进行归一化处理，得到各级指标的权重（表 6-12～表 6-14）。

（三）风险计算方法

1. 可能性计算方法

根据打分情况，按照下述公式计算评估系统风险可能性 P 的分值。

$$P = z_1P_1 + z_2P_2 + z_3P_3 + z_4P_4 + z_5P_5 \qquad (6\text{-}19)$$

式中，z_i 为权重；P_1 为设计与施工得分；P_2 为腐蚀得分；P_3 为第三方破坏得分；P_4 为自然灾害得分；P_5 为管理因素得分。

$P_1 \sim P_5$ 分别等于其下设的各项指标得分之和。计算公式如下：

$$P_i = \sum z_{ij}P_{ij} \qquad (6\text{-}20)$$

式中，i 为 $1 \sim 5$；j 为各一级指标下设的二级指标数量；P_{ij} 为第 i 个一级指标下的第 j 个二级指标的得分；z_{ij} 为第 i 个一级指标下的第 j 个二级指标的权重。

基于指标体系的风险可能性分值是通过专家的头脑风暴法和层次分析法得到，属于经验数值，具有一定的主观性，在此基础上运用贝叶斯理论将此经验数值与可靠性分析中对管线故障的统计数据相结合，不但克服了主观性的缺点，也弥补了统计数据不足的缺陷，使得最后的评估结果更加符合客观实际。

$$P_x = PR_{kk} \qquad (6\text{-}21)$$

式中，P 为指标体系计算得到的可能性分值；R_{kk} 为管线或网络的可靠度；P_x 为经可靠性修正的可能性分值。

通过采用头脑风暴法、专家评议法、资料分析法，将燃气管线系统失效可能性划分为 4 级：A（基本不可能发生）、B（较不可能发生）、C（可能发生）、D（很可能发生）、E（肯定发生）。根据 P_x 的可能性分值，即可得到可能性的定性值。

2. 后果严重程度计算方法

根据打分情况，按照下述公式计算系统事故后果严重程度 S 的分值。

$$S = r_1S_1 + r_2S_2 + r_3S_3 + r_4S_4 + r_5S_5 + r_6S_6 \qquad (6\text{-}22)$$

式中，S 为严重程度得分；$S_1 \sim S_6$ 分别为最高工作压力、最大泄漏量、地形、风速、人口密度、沿线环境的得分（表 6-15）；$r_1 \sim r_6$ 分别为最高工作压力、最大泄漏量、地形、风速、人口密度、沿线环境的权重。

表 6-15　后果严重性指标权重打分表

指标	权重分值（满分100）	备注
最高工作压力 S_1		在评估周期内，出现过的最高工作压力
最大泄漏量 S_2		在评估周期内，出现过的最大泄漏量
风速 S_3		管段所在地区的全年平均风速
地形 S_4		管段所在地区的地形情况对后果的影响（闭塞区或开阔区）
人口密度 S_5		管段所在地区人口密度对后果的影响
沿线环境 S_6		管段沿线环境对后果的影响

表 6-13 用于评判以上 6 个指标对燃气系统失效严重程度的影响。影响程度用指标得分值的形式体现，分值越大则该指标对系统失效严重程度的影响越大。6 个指标中，对系统失效严重程度影响最大的指标得分值记为 100，其他 5 个指标参考该指标进行评分。

风险的后果严重程度会受到许多外界因素的影响，如风险的承受能力和控制能力，基于此确定了后果的补偿系数，补偿系数包含补偿系数 C_1 和补偿系数 C_2 两部分的内容。

根据打分情况，按照下述公式计算评估系统风险补偿系数 C_1 和 C_2 的分值。

$$C_1 = f_1 C_{11} + f_2 C_{12} + f_3 C_{13} + f_4 C_{14} + f_5 C_{15} + f_6 C_{16} + f_7 C_{17} \tag{6-23}$$

式中，f_i 为补偿系数 C_1 中第 i 个指标的权重；C_{1i} 为补偿系数 C_1 中第 i 个指标的得分（表 6-16，i 分别为 1～7）。

表 6-16　补偿系数权重 C_1 打分表

一级指标	权重分值（满分100）	二级指标	权重分值（满分100）	备注
应急管理		应急预案 C_{11}		考虑系统失效后，应急控制能力对后果严重程度的影响
		预案演练 C_{12}		
		应急组织 C_{13}		
		应急资源 C_{14}		
		抢修能力 C_{15}		
		预测预警能力 C_{16}		
		事故分析制度 C_{17}		

$$C_2 = g_1 C_{21} + g_2 C_{22} + g_3 C_{23} \tag{6-24}$$

式中，g_i 为补偿系数 C_2 中第 i 个指标的权重；C_{2i} 为补偿系数 C_2 中第 i 个指标的得分（表 6-17）；i 分别为 1，2，3。

表 6-17　补偿系数权重 C_2 打分表

一级指标	权重分值（满分100）	二级指标	权重分值（满分100）	备注
无形损失		影响地域 C_{21}		考虑事故发生地点和影响到的区域的特点或重要性，以及社会关注程度
		影响人群 C_{22}		考虑受影响人群的敏感度及社会关注程度
		事发时间 C_{23}		考虑事发时间的敏感性，如受影响的区域是否有重大活动等

补偿系数指标 C 从系统失效后的应急管理 C_1 和无形损失 C_2 这两方面考虑，

用于表征补偿系统失效的严重程度。针对一级指标，即应急管理 C_1 和无形损失 C_2，分别评判补偿系数 C_1、C_2 下设的一级指标对燃气系统失效严重程度的影响。影响程度用指标得分值的形式体现，分值越大则该指标对系统失效严重程度的影响越大。由于补偿系数 C_1、C_2 各设了一个一级指标，故一级指标的得分为100。针对一级指标应急管理 C_1 和无形损失 C_2 下设的二级指标，分别评判各二级指标对所属上一级指标的影响。影响程度用指标得分值的形式体现，分值越大则该指标对上一级指标的影响越大。各二级指标中，对所属上一级指标影响最大的得分值记为100，其他指标参照该指标进行评分。

$$C=C_1C_2 \tag{6-25}$$

式中，C 为补偿系数得分。

$$S_x=CS \tag{6-26}$$

式中，S_x 为经修正的严重程度得分。

将燃气管线系统失效后果严重性划分为五级，1（影响很小）、2（一般）、3（较严重）、4（很严重）、5（特别严重）。根据 S_x 的可能性分值，即可得到后果严重性等级。

（四）风险值计算

风险值由风险的可能性和后果严重程度决定。

$$R= R=P_xS_x \tag{6-27}$$

式中，R 为燃气管线系统的风险得分；P_x 为燃气管线系统失效可能性得分；S_x 为后果严重程度得分。

根据燃气管线系统失效的可能性，以及可能造成的后果严重程度，下一步再通过风险矩阵的方法，将风险等级分为低、中、高和极高四个等级，即可计算出风险等级。

三、小结

燃气管线系统风险的定量分析是风险管理的重点和难点，将可靠性和脆弱性引入风险评估中，可以有效利用风险分析指标体系的基础，运用概率论与数理统计的手段获知网络失效风险等级与后果影响情况，通过实际算例对某市燃气管线系统的运行概况及近几年发生的事故进行分析，在调研行业专家和燃气输配现场的基础上，对燃气管线系统的内容要求逐项开展了研究，得出了以下结论。

（1）从设计与施工因素、腐蚀因素、第三方破坏因素、自然灾害因素和管理因素5个方面建立了风险评估的指标体系，为事故可能性和后果的分析提供了分析依据。

（2）在事故可能性和后果严重程度的评估中引入了脆弱性分析，即风险控制能力分析和承受能力分析，通过脆弱性分析建立了燃气系统风险评估的指标体系。

（3）在脆弱性分析的基础上引入了可靠性分析对事故的可能性进行修正，在可靠性分析中首先对某市燃气系统事故进行了统计，得到了故障率的基础数据，同时考虑覆土层厚度、管壁厚度、人群密度和预防措施，对故障率进行了修正，通过对可靠度的分级实现了修正系数的量化。

第六节　多因素耦合的燃气管线风险分析指标体系

本节所建立的指标体系由管线脆弱性指标、事故诱因指标、事故后果指标及各指标的权重共同组成。其中，管线脆弱性指标和事故诱因指标为可能性指标，事故后果指标为后果指标。风险评估的指标能够同时描述事故发生的可能性和后果严重程度，并充分考虑了不同致灾因子相互耦合对综合风险的影响；各指标的权重则能够综合评估、对比各种事故发生的相互关系、重要性，便于通过分析和比较得出最终的风险评估结果。

本节所建立的指标体系，以管段为单位，分析多种因素对该管段发生风险事故可能性的影响；通过分析事故的影响范围及该范围内的人员、财产分布，确定风险的后果。可能性指标考虑了周边地质环境因素、系统固有危险性、人为因素等；后果指标考虑了气候条件、周边环境设施、人为干预因素等。在指标确定过程中，参考肯特指数法的指标确定方法和指标体系，根据城市燃气管线的特点和事故历史数据进行针对性修正，确定适用于城市燃气管线的、符合客观规律的城市燃气管线风险分析指标。

在权重的确定过程中，通过整理实际的燃气管线事故历史数据和燃气管线属性数据，根据可靠性工程数学概率模型和灰色关联度法计算各项事故及原因的发生概率和后果严重程度，确定各项指标之间的权重。对于具有事故历史数据（燃气事故发生概率）的可能性指标，通过可靠性工程的数学概率模型计算可靠度，并根据可靠度计算指标的权重；对于具有管线属性数据的可能性指标和后果指标，采用灰色关联度的算法计算各指标与燃气管线风险的关联度，根据关联度的大小计算指标的权重。

综合可能性指标和后果指标，可以计算城市燃气管线的风险等级，并根据燃气管线的特点及事故历史数据，结合实际管线数据，验证其科学性和准确性。

一、城市燃气管线风险分析指标确定

（一）城市燃气管线风险分析指标的选取

综合燃气管线事故历史数据及其影响因素，建立城市燃气管线风险分析指标。燃气管线风险分析指标体系可以分为管线脆弱性指标、事故诱因指标和事故后果指标三类。其中，管线脆弱性指标和事故诱因指标为可能性指标，事故后果指标为后果指标。图 6-3 为该指标体系的总体框架。

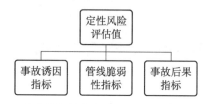

图 6-3　城市燃气管线风险分析指标体系组成框架

管线脆弱性指标主要用于描述燃气管线应对燃气事故的脆弱性和鲁棒性，即管线系统的固有风险，可分为管线线路运行情况指标和管线铺设建造情况指标两类，主要包括管输气体流量、管输气体压力、最小埋深、管线直径、管壁厚度、管线使用年限等。

事故诱因指标主要用于分析事故发生的可能性，可以分为外界干扰指标、腐蚀指标、设计缺陷指标、误操作指标、地质活动指标五大类，主要包括地面活动情况、电化学腐蚀等。

事故后果指标主要用于分析事故发生后果的严重程度，可以分为泄漏危害指标和事故影响指标，主要包括人口密度、大型公共设施和建筑分布、介质危险性、财产分布、城市生命线分布等。

（二）燃气管线脆弱性指标

管线脆弱性指标（图 6-4）主要用于描述燃气管线应对燃气事故的脆弱性和鲁棒性，即燃气管线系统的固有风险，可分为线路运行指标和铺设建造指标两类，如图 6-4 所示。

1. 线路运行

通过管线运行状态的量化指标，描述管线输送介质主要运行参数对燃气管线风险的影响。具体指标包括两个。

1）管输气体流量

对于城市燃气管线来说，管线内气体的流量随时间而变化，在风险评估的过

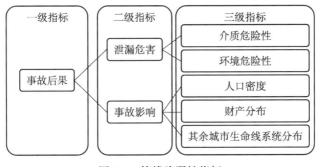

图 6-4　管线脆弱性指标

程中，应选择流量最大值进行风险评估。管输气体的设计流量指燃气管线中所分析的管段内的燃气设计流量，即最大流量。一般来说，管输气体设计流量越大，燃气管线的风险越大。

2）管输气体压力

管输气体压力指燃气管线中所分析的管段内的燃气运行压力。一般来说，管输气体压力越大，燃气管线风险越大。对于城市燃气管线来说，管线内气体的压力随时间变化，在风险评估的过程中，应选择正常运行情况下的最大压力值进行风险评估。

2. 铺设建造

通过管线铺设、建造时的工程参数的量化指标，描述管线工程参数对燃气管线风险的影响。具体指标包括四个。

1）管壁厚度

管壁厚度指燃气管线中所分析的管段的管线厚度。一般来说，管壁厚度越大，燃气管线风险越小。对于城市燃气管线来说，一旦管线建造、埋设、施工完毕，则管壁厚度等建造参数就不再变化。在风险评估的过程中，可根据燃气管线铺设建造工程参数进行风险评估。

2）管线直径

管线直径指燃气管线中所分析的管段的管线内壁直径。一般来说，管线直径越大，则外防护措施越好，燃气管线风险也越小。对于城市燃气管线来说，一旦管线建造、埋设、施工完毕，则管线直径等建造参数就不再变化。在风险评估的过程中，可根据燃气管线铺设建造工程参数进行风险评估。

3）最小埋深

最小埋深指燃气管线中所分析的管线埋设时的最小深度。一般来说，管线埋深越浅，则燃气管线风险越大。对于城市燃气管线来说，一旦管线建造、埋设、施工完毕，则管线直径等建造参数就不再变化。陆地管线可根据埋设施工的埋深大小进行风险评估；水下管线应考虑管线处于水面以下的深度。在风险评估的过程中，可根据燃气管线铺设建造工程参数进行风险评估。

4）管线使用年限

管线使用年限指燃气管线中所分析的管段在使用寿命内已使用的时间长短。一般来说，燃气管段使用年限约接近于使用寿命，则燃气管线风险越大。在风险评估的过程中，可根据燃气管线投入使用的时间进行风险评估。

（三）事故诱因指标

事故诱因指标主要用于分析事故受外界条件诱发的可能性，即燃气事故发生的外部原因。可以分为外界干扰指标、腐蚀指标、设计缺陷指标、误操作指标、地质活动指标五大类，如图6-5所示。

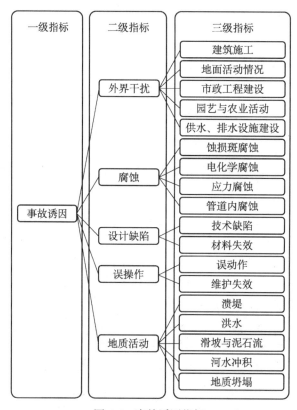

图6-5 事故诱因指标

1. 外界干扰

外界干扰指因非燃气管线工作人员的人类各项活动直接或间接作用导致燃气管线设施损坏的情况。外界干扰的主要形式包括：建筑和道路施工中挖坏、铲坏、压坏燃气管线及相应的辅助设施，各种人为地面活动等。外界干扰发生的可能性与燃气管线外地面上的人员、设施活动状况，工程项目施工、土地使用规划等因素有关。

根据外界干扰的事故特点，外界干扰的可能性指标包括五个。

1）建筑施工

建筑施工指燃气管线埋设地上方及周围区域进行城市、工厂、大型建筑物修缮或建造施工情况。一般来说，燃气管线埋设地上方及周围建筑施工活动越多，则燃气管线因挖掘、碾压等作用导致燃气管线损坏的可能性越大，即燃气管线风险越大。对于城市燃气管线来说，燃气管线周围建筑施工情况随时间变化。在风险评估的过程中，可选择活动最频繁时期的数据进行风险评估，或采用相同的指标值进行风险评估。

2）地面活动情况

地面活动情况指燃气管线埋设地上方及周围区域交通车辆流量、人员流量等。一般来说，城市燃气管线埋设地上方及周围区域地面活动越频繁，燃气管段因碾压、冲击作用而失效损坏的可能性越大。经过公路、铁路的燃气管段风险要高于其他地区。对于城市燃气管线来说，燃气管线周围地面活动情况随时间变化。在风险评估的过程中，可选择活动最频繁时期的数据进行风险评估，或采用相同的指标值进行风险评估。

3）市政工程建设

市政工程建设指燃气管线埋设地上方及周围区域道路修缮、市政设施建设与维护工程等。一般来说，城市燃气管线埋设地上方及周围区域市政工程建设项目越多，燃气管段因建筑挖掘、碾压作用而失效损坏的可能性越大。对于城市燃气管线来说，燃气管线周围市政工程建设情况随时间变化。在风险评估的过程中，可选择活动最频繁时期的数据进行风险评估，或采用相同的指标值进行风险评估。

4）供水、排水设施建设

供水、排水设施建设指燃气管线埋设地周围区域进行城市供水、排水设施的建造、改造施工等。一般来说，城市燃气管线埋设地周围区域供水、排水工程建设项目越多，燃气管段因建筑挖掘、碾压作用、埋设影响而失效损坏的可能性越大。对于城市燃气管线来说，燃气管线周围供水、排水设施建设情况随时间变化。在风险评估的过程中，可选择活动最频繁时期的数据进行风险评估，或采用相同的指标值进行风险评估。

5）园艺与农业活动

园艺与农业活动指燃气管线埋设地上方及周围区域进行城市绿化施工或城

乡农业生产等活动。一般来说，城市燃气管线埋设地周围区域园艺与农业活动越多，燃气管段因地面土壤变化、挖掘影响而失效损坏的可能性越大。对于城市燃气管线来说，燃气管线周围进行园艺与农业活动的情况随时间变化。在风险评估的过程中，可选择活动最频繁时期的数据进行风险评估，或采用相同的指标值进行风险评估。

2. 腐蚀

腐蚀是一种在日常生产、生活中十分常见的现象，机理可归纳为电池作用和电解作用。在电池作用中，绝大多数的金属腐蚀属于微电池作用。一般来说，通常可见到的金属腐蚀发生需要四个因素，即一个阳极、一个阴极、存在于两极之间的电子连接、一种电解液。其中任何一个因素不具备，都将使腐蚀过程停止，腐蚀的防止措施也是根据这个原理而制定的。腐蚀是导致燃气钢管穿孔、破裂的重要因素。腐蚀原因要考虑到输送介质的腐蚀性（发生在管线内部的腐蚀）、电化学腐蚀发生的可能性、应力腐蚀等因素。

根据腐蚀的事故特点，腐蚀的可能性指标应当包括如下几个。

1）蚀损斑腐蚀

蚀损斑腐蚀指发生在管线表面的一般性的氧化腐蚀作用。对于城市燃气管线，燃气管线发生蚀损斑腐蚀的可能性与空气湿度、土壤湿度、管线外防护层种类、管线材料等因素有关。一般来说，裸露在潮湿空气中的燃气管段，受空气氧化腐蚀穿孔、裂隙而失效损坏的可能性较大。在风险评估的过程中，可以根据当地的气象数据、土壤腐蚀性数据和管线建造材料数据进行风险评估。

2）电化学腐蚀

电化学腐蚀指管线金属材料与电解质溶液接触，发生原电池反应，被氧化而形成腐蚀。电化学腐蚀发生的可能性与燃气管段周围空气湿度、土壤湿度、建筑物数量与种类有关。一般来说，燃气管段埋设地上方及周围区域工厂、加油站等建筑设施越多，接地的杂散电流越大，燃气管线发生电化学腐蚀而失效损坏的可能性越大。在风险评估的过程中，可以根据当地的环境数据和周边设施数据进行风险评估。

3）应力腐蚀

应力腐蚀指在特定组合的腐蚀环境下，管线在承受最大拉应力处发生破裂腐蚀的情况。应力腐蚀发生的可能性与燃气管段周围空气湿度、土壤湿度、管线埋设弯曲度、城市燃气用气高峰期的燃气管线运行压力有关。一般来说，燃气管段在线路内弯曲程度越高、土壤移动可能性越大；燃气管线运行压力变化越频繁，则燃气管线发生应力腐蚀而失效损坏的可能性越大。对于应力腐蚀指标，在风险评估的过程中，可以根据燃气管段运行压力数据进行风险评估。

4）管线内腐蚀

管线内腐蚀指管线内由管输介质腐蚀性而造成的燃气管线内部腐蚀。内腐蚀的风险大小与介质腐蚀性的强弱及内防腐措施有关。城市燃气在进入城市管线之前都经过了脱硫、脱水的处理。但是，由于各种燃气处理设备的损坏而管线又无实时监测设备或监测设备未能检测到时，此时就有造成管线损害的可能性。内腐蚀的评价包括介质腐蚀和内防腐措施。在风险评估的过程中，可根据燃气管线管输介质腐蚀性和管线材料等数据进行风险评估。

3. 设计缺陷

设计缺陷主要指管线初始设计与目前运行情况的关系。原始设计与管线的风险状况有密切关系。设计时为简化计算，不得不采取一些简化模型来选取一些系数，这些与实际情况的差异都会直接影响管线的风险状况。设计时要考虑到管线诸多因素，具体包括运用规范、选定运行参数和选择材料不当、对施工质量的要求不正确、对当地的工程地质状况判断或处理失误、管线的安全设施和安全截断设置不合理等。

根据设计缺陷的事故特点，设计缺陷的可能性指标应当包括如下几个。

1）技术缺陷

技术缺陷指在燃气管线设计、施工过程中因未能采取先进技术导致的损害。技术缺陷的风险大小与燃气管线设计的时间有很大关系。一般来说，设计、建造得越早，采用先进技术的可能性越小，燃气管线由于设计上的技术缺陷而失效破裂的可能性越大。在风险评估的过程中，可以根据燃气管线设计、建造的时间等数据，选取设计、建造的最早时间进行风险评估。

2）材料失效

材料失效指在燃气管线设计、施工过程中因未能采用先进材料，或由于管线材料长期受力、腐蚀导致的损害。材料失效的风险大小与设计、建造燃气管线时所采用的管线材料、管埋方式、管线长度等有关。目前，燃气管线的管线材料主要为钢制材料。在风险评估的过程中，可根据燃气管线管线长度、埋设方式等数据进行风险评估。

4. 误操作

误操作是指管线操作者自身的操作错误的潜在影响。燃气管线的误操作包括设计、施工、运营、维护等多个方面的不正确操作。

根据误操作的事故特点，误操作的可能性指标应当包括如下几个。

1）误动作

误动作指在管线运行过程中，因管线工作人员操作不当导致的燃气管线损害，包括操作规程不完善、工人不熟练、遇到非常情况处理不当、安全系统操作失灵、机械工人维修不善、电信电力工人误操作等。对于采用统一、规范的执行操作规程的燃气管线，可以用相同的误动作假设进行风险评估。

2）维护失效

维护失效指在管线维护过程中因对设备、仪表维护不当导致的燃气管线损害，包括压力表标定失误、设备维护不当、管理部门对维护不够重视、维护的要求和操作规程的不正确，以及在实行维护活动期间的操作错误等。对于采用统一、规范的维护操作规程的燃气管线，可以用相同的维护失效假设进行风险评估。

5. 地质活动

地质活动指由不可抗拒的自然因素导致的燃气管线设施损坏，如地震、洪水、山体活动等。事故发生的可能性与当地燃气管线所处的地质地理自然条件、土地移动可能性有关。

根据地质活动的事故特点，地质活动的可能性指标应当包括如下几个。

1）溃堤

溃堤指堤坝垮塌导致城市燃气管线受到波及而受到损害。发生溃堤事故导致燃气管线失效破裂的可能性决定于燃气管线与附近堤坝的相邻距离，因此在风险评估过程中，可以根据燃气管线周围是否存在堤坝、堤坝和燃气管线间的直线距离等数据进行风险评估，或采用相同的失效假设进行风险评估。

2）洪水

洪水指河水泛滥，高速水流冲垮城市燃气管线系统导致城市燃气管线损害。发生洪水事故导致燃气管线失效破裂的可能性与燃气管线是否位于河流流域附近、当地最大降雨量是否易导致洪水发生等因素有关，因此在风险评估过程中，可以根据管线附近的河流与燃气管线的距离进行风险评估，或采用相同的失效假设进行风险评估。

3）滑坡与泥石流

滑坡与泥石流指山体地质灾害导致埋设的城市燃气管线损害。发生滑坡与泥石流事故导致城市燃气管线失效破裂的可能性与当地山体地形、地势、降雨量等因素有关，即与当地土壤移动的可能性有关。土壤移动包括山崩、滑坡、泥石流和塌方等。在一定情况下，管线可能遭受到因为土壤移动而产生的应力的作用，土壤的移动可能会突然发生并且是灾难性的，或者造成管线的长期变形。在风险评估过程中，可以根据燃气管线所处的地形、地势、坡降等因素进行风险评估。

4）河水冲积

河水冲积指燃气管线暴露在河水流经范围内，因河水冲积作用导致的燃气管线损害。河水冲积导致燃气管线失效破裂的可能性与燃气管线是否位于水下或河水流经区域有关，因此在风险评估过程中，可以根据管线与河流线路相交情况进行风险评估，或采用相同的失效假设进行风险评估。

5）地质坍塌

地质坍塌指地震或地面塌陷导致燃气管线损害。地质坍塌导致燃气管线失效破裂的可能性与燃气管线所处区域的地质活动情况有关，包括是否处于地质活动频繁地区等，因此在风险评估过程中，可以根据燃气管线所处地区地质活动频率进行风险评估，或采用相同的失效假设进行风险评估。

（四）事故后果指标

事故后果指标主要用于分析事故发生的后果，即事故发生后对外部环境的影响，以及所造成的损失，可以分为泄漏危害指标和事故影响指标两大类，如图6-6所示。

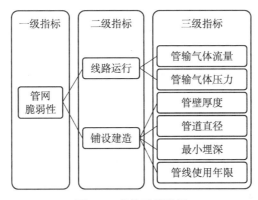

图6-6　事故后果指标

泄漏危害指标包括介质危险性和环境危险性。介质危险性可分为两类，即当前危险和长期危险。当前危险指突然发生并应立即采取措施的危险，如爆炸、火灾、剧毒泄漏等；长期危险指危害持续时间较长的危险，如水源的污染、潜在致癌气体的扩散等。介质危险性可以从介质的毒性、可燃性、易爆性及活化性等方面进行评估；环境危险性主要用于分析燃气管线周边土质、地势、风向风力等自然条件的特点，分析燃气管线泄漏事故后果向外传播的影响因素。事故影响指标主要分析燃气管线泄漏事故后果在影响范围内的所造成的后果严重程度，分析造成人员伤亡、财产损失、城市生命线系统次生衍生灾害的可能性。

1. 泄漏危害指标

1）介质危险性

介质危险性指由于管输介质自身物理、化学性质导致其所具有的危险性，包括毒性（二氧化硫含量等）、可燃性、易爆性等。对于城市燃气管线，管输介质为燃气，可燃性、易爆性相同，均较高；毒性决定于燃气中的二氧化硫含量。在风险评估过程中，可以根据管输燃气中二氧化硫的含量进行风险评估；对于城市燃气管线，由于二氧化硫含量较低，可以近似认为是无毒的，并用相同的介质危险性值进行风险评估。

2）环境危险性

环境危险性指燃气管线当地的气象条件与自然环境情况导致其所具有的危险性。环境危险性的大小与当地常年风力风向、空旷地域面积（隔离区）、是否有水源分布等因素有关。常年风力越大、空旷地域面积越小，环境危险性就越大。在风险评估过程中，可以通过当地的气象数据和环境数据进行风险评估。对于城市城区，可采用相同的环境危险性值进行风险评估。

2. 事故影响指标

1）人口密度

人口密度指燃气管线周围地区单位面积的人口数量。人口密度的大小与燃气管线周围大型建筑物、商业区、工业区、居住区的种类和建筑物数量有关。燃气管线周围区域人口越密集，燃气管线失效造成的人员伤亡越严重。在风险评估的过程中，可以采用单位面积的人口数值进行风险评估，或根据燃气管线周围人员流量密集建筑物的数量和分布进行估算。

2）财产分布

财产分布指燃气管线周围地区大型高成本建筑或经济设施的分布，如银行、大型商业区、火车站等重要防卫目标。燃气管线周围大型建筑越多，燃气管线失效造成的财产损失越严重。在风险评估的过程中，可以根据燃气管线周围大型重要设施的数量进行风险评估。

3）城市生命线系统分布

城市生命线系统分布指燃气管线周围供水、供电和交通等城市生命线网络系统的分布。一般来说，燃气管线失效将会进一步导致供水、供电中断或交通混乱，从而进一步引发次生、衍生灾害。在风险评估过程中，可以根据燃气管线与其他生命线系统的距离关系、耦合关系进行风险评估。

利用风险评估模式，比较上述指标的相互重要性，确定其权重，建立考虑多因素耦合的城市供气系统风险指标体系。

二、城市燃气管线风险分析指标权重计算

指标体系中，可能性指标的权重应当反映该因素所演变为事故的可能性概率；后果指标的权重应当反映该因素所导致的事故后果的严重程度。

对于指标体系中的一级指标，管线脆弱性指标、事故诱因指标和事故后果指标的权重可以按照相同数值分配，即均为 1。

对于可能性指标中的管线脆弱性指标，其权重的确定应当根据实际燃气管线的管线数据，通过灰色关联度法计算权重，即权重与进行风险评估的燃气管线的实际属性有关，需首先进行管线运行基础数据的收集和整理，再进行权重计算，评估燃气管线的固有风险值。

对于可能性指标中的事故诱因指标，应当根据实际的燃气管线事故历史数据，通过可靠性工程数学概率统计的方法计算燃气管线失效率和可靠度函数，并通过可靠度函数确定权重。在计算过程中，首先计算二级指标的权重，再按二级指标类别依次计算三级指标的权重。当研究对象不具备当地实际的燃气管线事故历史数据时，可以根据 EGIG 的燃气管线事故历史数据进行估算。

对于事故后果指标，其权重的确定可以参照肯特法指标体系中对事故后果指标的设定思路进行确定，综合考虑燃气管线事故可能造成燃气管线人员伤亡、财产损失、城市生命线系统次生衍生灾害等不同事故后果，评估燃气管线失效可能造成危害的大小。对于处于相同城区的燃气管线，燃气管线周边设施和环境情况基本相同，可以采用相同的权重进行风险评估。

（一）可靠性工程概率模型

根据可靠性工程相关原理，设备或零件的失效过程满足浴盆曲线，属于典型的失效率曲线。浴盆曲线分为三段，分别对应于三个时期：早期失效期、偶然失效期和耗损失效期。

1）早期失效期

在早期失效期，设备或零件的失效率随时间由高值迅速下降。这是由于部分元件在试验初期造成大量损坏，所以内部存在缺陷，基本上在调试过程中将被予以排除（可靠性筛选）。在可靠性分析中，筛选检验可以促使失效率下降并逐渐趋于稳定。

2）偶然失效期

在偶然失效期，设备或零件的失效率趋于常数，描述了系统正常工作下的可靠性。在这个时期所产生的失效，可以认为是随机的、偶然的，偶然失效期也是系统的主要工作时期，失效率在较长的运行时间内稳定在较低水平。

3）耗损失效期

在耗损失效期，设备或零件的失效率迅速上升。随着使用时间的增加，元件老化耗损，元件的大部分性能逐渐丧失。失效，既可能来源于偶然失效，也可能来源于耗损失效。耗损失效期的失效分布一般为正态分布。

处于正常运营阶段的燃气管线，其失效率处于浴盆曲线中段偶然失效期，失效率较低，失效率函数近似为常数，可靠度函数满足指数分布。处于偶然失效期的原件可以用指数分布描述不可修复部件的寿命分布，其可靠度函数满足指数规律（余建星，2001）。

对于长度为 L 千米的管线，假设在长度为 N 年的时间段里，共计出现的事故总数为 M 次。则在时间 t 内该燃气管段的不可靠度为

$$F(t) = 1 - R(t) = 1 - e^{-rt} \tag{6-28}$$

式中，$F(t)$ 为时间 t 内该燃气管段的不可靠度；$R(t)$ 为该时间段内燃气管段的可靠度；t 为该管段的使用年限；r 为失效率函数，满足：

$$F(t) = M/(N \cdot L) \tag{6-29}$$

对于多种不同原因导致燃气管线失效，可以根据上述方法和数据，计算不同因素所导致的燃气管线失效率：

$$F_i(t) = M_i/(N \cdot L) \tag{6-30}$$

式中，$F_i(t)$ 为时间 t 内该燃气管段的不可靠度；M_i 为总计出现的事故总数。

由于指数分布无记忆性，r 满足：

$$r(t) = r \tag{6-31}$$

于是，该种事故原因下燃气管线不可靠度函数为

$$\begin{aligned} &F_i(t) = 1 - R_i(t) = 1 - e^{rt} \\ &r_i = -\ln(1 - F_i(t))/t = -\ln(1 - M_i/(N \cdot L))/t \end{aligned} \tag{6-32}$$

式中，$R_i(t)$ 为该时间段内燃气管段的可靠度；r_i 为第 i 种事故所导致的失效率函数。

因此，第 i 种燃气管线事故的权重为

$$\omega_i = \frac{r_i}{\sum_i r_i} \tag{6-33}$$

根据实际的燃气管线事故历史数据，即可计算得出不同因素所导致的燃气管线失效率，从而计算出各级指标的权重（EGIG，2008；何淑静等，2003）。

（二）灰色关联度算法

一般来说，灰色系统是指部分信息已知，部分信息未知的系统。"灰"的特

征，包括系统中元素信息不完全、结构信息不完全、边界信息不完全或运行行为信息不完全等。

灰色系统理论以灰色系统为主要研究对象，其理论内容主要包括如下五个方面。

（1）以灰色朦胧集为基础的理论体系。

（2）以灰色关联空间为依托的分析体系。

（3）以灰色序列为基础的方法体系。

（4）以灰色模型（GM）为核心的模型体系。

（5）以系统分析、评估、建模、预测、决策、控制、优化为主体的技术体系。

在实际应用过程中，灰色系统理论通过灰色生成或序列算子的作用弱化随机性，挖掘潜在的规律，并通过灰色差分方程与灰色微分方程之间的互换实现利用离散的数据序列建立连续的动态微分方程，从而构造信息不完全的研究对象模型（Deng，1989）。

灰色关联度分析（grey relational analysis，GRA）是灰色系统理论应用的主要方面之一。它是针对数据较少且不明确的情况，利用既有数据所包含的潜在信息进行数据处理，并进行预测或决策。目前，灰色关联分析已成功应用于决策、预测、综合评估、灰色建模精度检验及诊断等多个方面。

一般的抽象系统都包含有许多种因素，多种因素共同作用的结果决定了系统的发展态势。在抽象系统研究和分析过程中，需要研究诸多因素中的主要因素与次要因素。灰色关联度分析的基本原理是，认为若干个统计数列所构成的各条曲线几何形状越接近，即各条曲线越平行，则它们的变化趋势越接近，亦即关联度越大。因此，可利用各方案与最优方案之间关联度的大小对评价对象进行比较、排序。该方法首先计算各个方案与由最佳指标组成的理想方案的关联系数矩阵，由关联系数矩阵得到关联度，再按关联度的大小进行排序、分析，得出结论（罗党，2004）。

灰色关联度分析的优点主要有如下两点。

（1）灰色关联度综合评价法计算过程简便，分析原理通俗易懂，可用原始数据进行直接计算。

（2）灰色关联度法无须大量原始样本，不需要借助经典的统计学分布规律，可以通过一定数量的具有代表性的进行分析。

灰色关联度分析的缺点包括如下三点。

（1）由于与关联系数有关的因素很多，如参考序列、比较序列、规范化方式、分辨系数等，不同的取值均会得出不同的关联系数计算结果。

（2）目前常用的灰色关联度量化模型所求出的关联度多为正值，难以全面反映事物之间的关系，尤其是事物之间普遍存在的负相关关系。

（3）灰色关联分析法不能解决各个分析指标间相关所造成的评价信息重复问题，评判结果受指标选择的影响很大。

一般来说，灰色单层次综合评价主要步骤包括：分析指标的确定、最优指标集的确定、数据的无量纲化处理、评价矩阵的确定、各权重的确定、关联度的确定等（田娜，2006）。

1. 分析指标的确定

所谓分析指标就是评价对象的各种属性或性能，它们是对被评价对象进行评价的依据。管线系统的分析指标按其属性可分为两类：第一类是趋上优指标，即指标值越大，评估结果越大；第二类是趋下优指标，即指标值越小，评估结果越大。

2. 最优指标集的确定

最优指标集是从各评价对象的同一指标中选出最优的一个组成的数集，它是各评价对象比较的基准。最优指标集和各评价对象的指标值共同组成指标集矩阵。

$$N = \begin{pmatrix} X_0(1) & X_0(2) & \cdots & X_0(m) \\ X_1(1) & X_1(2) & \cdots & X_1(m) \\ \vdots & \vdots & & \vdots \\ X_n(1) & X_n(2) & \cdots & X_n(m) \end{pmatrix} \qquad (6\text{-}34)$$

式中，$X_i(k)$ 表示第 i 个评价对象的第 k 个经模糊处理的指标值，即 i 为所评价的对象，k 为指标值。

3. 数据的规格化处理

在应用上述指标所包含的基础数据进行运算、分析之前，需首先对数据进行统一的规格化处理，提高数据的可信度和计算的可行性。

首先，在选取风险分析指标的过程中，为全面考虑影响风险评估体系的指标，会同时存在定量指标和定性指标。因此，需利用等级值划分将定性指标量化为定量值，从而便于综合风险值的计算。

其次，在选取的指标体系中可能同时存在正相关和负相关的指标，因此需将与综合风险值为负相关的分析指标转化为正相关。在实际的应用过程中，可以运用灰色关联定理，求指标的倒数，将负相关转化为正相关。

最后，由于参评指标通常具有不同的量纲，所以必须对其进行无量纲化处理。通过序列变换使之化为数量级大体相近的无量纲数据，以实现可比性。通用的数据变换方法主要有以下七种：初值化变换、均值化变换、百分比变换、倍数

变换、区间化变换、归一化变换和极差最大化变换。本节采用均值化变换，即每
列的值均除以各列的平均值：

$$Y_i = \left(\frac{X_i(1)}{\overline{X_1}}, \quad \frac{X_i(2)}{\overline{X_2}}, \quad \cdots, \quad \frac{X_i(m)}{\overline{X_m}} \right)$$

$$i = 0, 1, 2, \cdots, n \qquad (6\text{-}35)$$

$$\overline{X_k} = \frac{1}{n} \sum_{i=1}^{n} X_i(k)$$

$$k = 1, 2, \cdots, m$$

4. 计算绝对差数列

以数列 X_1 为参考数列，根据公式 $\Delta_{ij}(k) = \left| Y_i(k) - Y_j(k) \right|, (k = 1, 2, \cdots, n)$，用参考数列减去其他各列，然后取绝对值，得绝对差数列。

5. 计算关联系数

比较绝对差数列得到 $\Delta_{\min}$ 和 $\Delta_{\max}$，根据关联系数公式计算：

$$\xi_{ij}(k) = \frac{\Delta_{\min} + \rho \Delta_{\max}}{\left| Y_i(k) - Y_j(k) \right| + \rho \Delta_{\max}} \qquad (6\text{-}36)$$

式中，ρ 为分辨系数，取值 [0，1]，其值的大小只影响关联系数的大小，不影响关联序，一般取中间值 0.5。

6. 计算关联度

根据关联度公式，可得比较数列 X_j 对参考数列 X_1 的关联度，即对各列求平均，得到每列的平均值：

$$r_{ij} = \frac{1}{m} \sum_{k=1}^{m} \xi_{ij}(k) \qquad (6\text{-}37)$$

7. 计算关联系数平均值

同样按上述步骤，依次改变参考数列，求出所有两两数列的关联度值，得到关联矩阵 $\boldsymbol{R}(n \times n)$，其中 $\boldsymbol{R}$ 的对角元素均为 1。求出关联矩阵 $\boldsymbol{R}$ 中各行平均值 $\overline{r_i}$，

$$\overline{r_i} = \frac{1}{n} \sum_{j=1}^{n} r_{ij} \qquad (6\text{-}38)$$

8. 计算指标权重：

指标权重的计算满足：

$$\omega_i = \overline{r_i} / \sum_{i=1}^{n} \overline{r_i} \qquad (6\text{-}39)$$

根据实际的燃气管线事故的运行数据和环境数据，即可计算得出各级指标的权重。

三、风险分析

管线的风险分析与其他装置的风险分析有所不同，由于管线各段工作条件的多样性，整条管线各段的风险程度也不尽相同。因此，对燃气管线进行风险分析，必须对整个燃气管线进行适当的区域划分，根据管段属性将燃气管线划分为不同的管段。划分管段的状态特征包括周围人口密度、环境土壤条件、防腐层状况、管线使用年限、管线设计与运行参数等。与此同时，还需要根据这些因素的重大变化，以及评价的成本、初始和期望的数据精度，综合确定合适的分段数，指定风险可接受区域、风险可容忍区域等范围的风险限值（汪定怡和吕学珍，2005；Schlechter，1996）。

在风险分析时，每个三级指标的评分值介于 0 和 10 分之间，将评分值与指标权重相乘，并对所有指标进行加和，即可得出燃气管线风险值，用于风险评估。

（一）风险分析的步骤

通过上述建立的城市燃气管线风险分析指标体系进行风险分析的步骤如下。

（1）收集、整理燃气管线的基本数据，包括管线运行参数和管线数据、周边环境和设施的数据、燃气管线泄漏事故原因等历史数据。

（2）根据数据信息种类和特点选择适当的方法，计算燃气管线风险分析指标体系的权重。

（3）根据燃气管线数据信息，对燃气管线的风险进行评分，包括：根据燃气管线运行参数和管线数据信息，对燃气管线脆弱性指标进行评分；根据燃气管线周边环境和管线运行情况，对燃气管线事故诱因指标进行评分；根据管输介质危险性及影响范围内周边环境和设施的数据信息，对泄漏事故后果指标进行评分。

（4）根据评分结果，将管线脆弱性指标、事故诱因指标、泄漏危害指标和事故后果指标相乘，计算燃气管线的综合风险评估值，并根据风险评估值评定燃气管线的风险等级，进行风险管理，制定改进措施。

一般来说，影响风险的因素大致可以分为可变因素和非可变因素两类。可变因素是指通过人的努力可以改变的因素，非可变因素指通过人的努力也不可能改变或只能有很少改变的因素。对于实际的燃气管线，有些影响因素介于可变与不可变因素之间，在分类时可以根据管线实际情况和风险评估的目的进行调整。在安全管理过程中，可以针对特定的可变因素制定改进措施，提高燃气管线整体的安全性。

（二）管线脆弱性的评分方法

对于管线脆弱性指标，管输气体设计流量、管输气体设计压力、管壁厚度、管线直径、最小埋深、使用年限均可以根据燃气管线铺设、运行的基础数据得出，其指标权重的计算也需根据管线基础数据通过灰色关联度法计算。因此，在风险评估的过程中，管线脆弱性指标的评估值也可以根据基础数据得出。

考虑到数据值与风险的正负相关性，对于含有 m 个管线的燃气管线，假设管输气体设计流量 Q、管输气体设计压力 P、管壁厚度 C、管线直径 D、最小埋深 H、使用年限 N 均已知，则各管段各指标的风险评估值为

$$A_{1i} = \frac{Q_i}{Q_{max}} \times 10; \quad A_{2i} = \frac{P_i}{P_{max}} \times 10; \quad A_{3i} = 1 - \frac{C_i}{C_{max}} \times 10;$$
$$A_{4i} = 1 - \frac{D_i}{D_{max}} \times 10; \quad A_{5i} = 1 - \frac{H_i}{H_{max}} \times 10; \quad A_{6i} = \frac{N_i}{N_{max}} \times 10 \tag{6-40}$$

式中，A_{ji} 为第 i 个管段的第 j 个指标的指标值；Q_{max}、P_{max}、C_{max}、D_{max}、H_{max}、N_{max} 为该项指标各管段数据中的最大值。

对于没有设计压力的管线，可以根据设计压力的等级进行赋值，即"低压管段"为 1，"中压管段"为 4，"高压管段"为 10。

（三）事故诱因的评分方法

对于事故诱因指标，可以根据该段燃气管线所受各种外界事故诱因影响的严重程度进行评分。在实际应用和风险管理过程中，燃气管线所受不同外界事故诱因的影响程度通常与该地区的经济发展水平、地表人员与车流活动情况、建筑物与设施密集程度等情况有关，可以据此设定评分标准，并根据实际情况调查进行评分。

1. 外界干扰

1）建筑施工

建筑施工可以根据燃气管线周围地区建筑施工情况进行评估，包括建筑施工项目数量和施工频繁程度等。在风险评估工程应用中，也可以根据该地区的城市发展程度进行评估。对于城区设施健全、没有土地使用开发的地区，"建筑施工"指标值为 1。对于正在进行大型居住区或商业区、工厂建设的地区，"建筑施工"指标值为 10，如表 6-18 所示。

表 6-18　建筑施工指标值评估方法

建筑施工等级	活动情况描述	指标值 T_1
频繁活动地区	燃气管线所在地区发展程度较低，处于刚刚开始开发阶段，建筑施工活跃	10
中等活动地区	燃气管线所在地区发展程度中等，处于快速发展阶段，部分建筑已经建设完成	7
低活动地区	燃气管线所在地区发展程度较高，部分设施已经建设完全，建筑施工活动较少	4
无活动地区	燃气管线所在地区建筑设施健全，不存在新的土地使用开发和建设；或该地区为农田、绿地、公园	1

2）地面活动情况

地面活动情况可以根据燃气管线周围地区公路、铁路分布情况进行评估，包括道路的分布数量和车辆的流量。在风险评估工程应用过程中，可以根据燃气管线邻近区域（10 米）范围内大型主干道、立交桥、铁路的道路数量进行评估。对于燃气管线沿线没有道路的地区，"地面活动情况"指标值为 1；对于穿越多条主干道路的燃气管段，"地面活动情况"指标值为 10，如表 6-19 所示。

表 6-19　地面活动情况指标值评估方法

地面活动情况等级	活动情况描述	指标值 T_2
频繁活动地区	燃气管线穿越一条及以上交通主干道路（含铁路），或邻近两条以上交通主干道路	10
中等活动地区	燃气管线穿越一条交通道路，或邻近一条交通主干道路（含铁路），或邻近两条普通交通道路	7
低活动地区	燃气管线邻近一条交通道路	4
无活动地区	燃气管线周围区域内不存在交通道路	1

3）市政工程建设

市政工程建设可以根据燃气管线周围地区市政设施完善程度进行评估，包括道路、标志物、广场、车站、绿化带等市政设施。在风险评估工程应用中，也可以根据该地区的城市市政设施发展程度和经济发展程度进行评估。一般经济发展程度较高的地区，设施维护、新标志物建设、维护、翻新施工通常较多。对于经济发展程度较低的地区，"市政工程建设"指标值为 1；对于经济发展程度较高、人口密集的地区，"市政工程建设"指标值为 10，如表 6-20 所示。

表 6-20 市政工程建设指标值评估方法

市政工程建设等级	活动情况描述	指标值 T_3
频繁活动地区	燃气管线所在地区为经济发展程度较高的市中心地区，商业活动集中，各项设施更新建设频繁	10
中等活动地区	燃气管线所在地区为经济发展程度中等的城区，商业活动不集中，各项设施更新较慢	7
低活动地区	燃气管线所在地区为城乡结合部，市政工程建设项目较少	4
无活动地区	燃气管线所在地区为城郊农村地区，一般没有市政工程建设项目	1

4）园艺与农业活动

园艺与农业活动可以根据燃气管线周围地区土地使用类型进行评估，包括城区内农田、公园、大型绿地等。在风险评估工程应用中，可以根据燃气管线所在地区的公园、绿地、农田数目进行评估。对于建筑物密集的城区，"园艺与农业活动"指标值为1。对于广场、公园、大型绿地，"园艺与农业活动"指标值为10，如表6-21所示。

表 6-21 园艺与农业活动指标值评估方法

园艺与农业活动等级	活动情况描述	指标值 T_4
频繁活动地区	燃气管线所在地区为城郊农村地区，有大型农田。或燃气管线所在地区有花圃、动物园、植物园等公共设施	10
中等活动地区	燃气管线所在地区为城乡结合部地区，有少量农田。或燃气管线所在地区有城市小型公园等	7
低活动地区	燃气管线所在地区为城区生活区，有少量大型绿地	4
无活动地区	燃气管线所在地区为城市建筑密集地区，一般没有绿地或绿地面积很小	1

5）供水、排水设施建设

供水、排水设施建设可以根据燃气管线周围地区供水、排水设施建设施工情况进行评估，包括施工项目数量和施工频繁程度等。在风险评估工程应用中，也可以根据燃气管线周围地区土地使用类型进行评估，包括城区内居住区、商业区、工业区等。对于广场、公园、大型绿地，"供水、排水设施建设"指标值为1；对于居住区和大型工业区等用水量较大的地区，"供水、排水设施建设"指标值为10，如表6-22所示。

表 6-22　供水、排水设施建设指标值评估方法

供水、排水设施建设等级	活动情况描述	指标值 T_5
频繁活动地区	燃气管线所在地区为大型居住区或大型工业区，用水量大，供水、排水设施建设与维护频繁	10
中等活动地区	燃气管线所在地区为小型居住区或商业区，或绿化设施较多，用水量中等，供水、排水设施建设与维护相对不频繁	7
低活动地区	燃气管线所在地区为多为城市广场或生活区，用水量较小，供水、排水设施建设与维护不频繁	4
无活动地区	燃气管线所在地区为市内山区或城市发展程度较低、用水量较低地区	1

2. 腐蚀

1）蚀损斑腐蚀

蚀损斑腐蚀是目前燃气管线腐蚀的主要原因，其影响因素包括：燃气管线埋设地区常年土壤湿度、燃气管线外保护层种类等。一般来说，对于地面和管沟中的管线还存在外部环境的腐蚀，如大气环境常年空气湿度、酸雨发生的可能性等。但是由于地面管线的腐蚀易于检查和修复，所以埋地管线发生蚀损斑腐蚀失效的可能性高于同类地面管线失效的可能性。在风险评估工程应用中，主要针对埋地管线进行蚀损斑腐蚀风险评估，根据燃气管线外防护层的种类、土壤的腐蚀性进行风险评估。对于弱腐蚀性土壤中使用沥青作为外防护层的管线，"蚀损斑腐蚀"指标值为1；对于强腐蚀性土壤中使用牛油胶布作为外防护层的管线，"蚀损斑腐蚀"指标值为10，如表6-23所示。

表 6-23　蚀损斑腐蚀指标值评估方法

土壤腐蚀性	外防护层				
	牛油胶布	胶带	PE夹克	沥青	指标值 C_1
极弱	5	3	2	1	10
弱	7	5	4	2	7
中	8	6	5	3	4
强	10	8	7	5	1

2）电化学腐蚀

电化学腐蚀可以根据燃气管线埋设地区杂散电流的多少进行评估。杂散电流是由原来正常电路漏失而流入别处的电流。当燃气管线附近有高压交流电线时，会在管线附近产生磁场或电场，并在管线内形成电流，当电流离开管线时会损害涂层或管材。一般来说，燃气管线附近的高压交流电线、电气化铁路、电化学保护装置等都可能产生杂散电流。对于燃气管线，一般管地电位越低则电化学腐蚀越强。在风险评估工程应用中，可以根据燃气管线是否有阳极保护及管地电位的高低进行风险评估。对于管地电位低于 500 且有阳极保护的管线，"电化学腐蚀"指标值为 1；对于管地电位高于 1500 且没有阳极保护的管线，"电化学"指标值为 10，如表 6-24 所示。

表 6-24　电化学腐蚀指标值评估方法

阳极保护	管地电位				指标值 C_2
	>-500	$-500\sim-1000$	$-1000\sim-1500$	<-1500	
有	1	2	3	5	10
无	5	6	8	10	7

3）应力腐蚀

应力腐蚀可以根据燃气管线的运行压力进行评估。一般来说，管线内应力变化越大，则燃气管线应力腐蚀可能性越大。在风险评估工程应用中，可以根据燃气管线设计压降的大小进行风险评估。对于设计压降低于 0.5 的管线，"应力腐蚀"指标值为 1；对于设计压降高于 1.5 的管线，"应力腐蚀"指标值为 10。如表 6-25 所示。

表 6-25　应力腐蚀指标值评估方法

应力腐蚀等级	设计压降 / 千帕	指标值 C_3
应力变化频繁	>1.5	10
应力变化中等	$1.0\sim1.5$	7
应力变化较小	$0.5\sim1.0$	4
应力变化很小	<0.5	1

4）管线内腐蚀

管线内腐蚀的风险大小与介质腐蚀性的强弱及内防腐措施有关。一般来说，由于城市民用燃气管线管输介质的腐蚀性较低，内腐蚀发生的可能性相对较小。在风险评估工程应用中，可以根据燃气管线管输介质的腐蚀性进行风险评估。一般来说，未经脱硫处理的工业用燃气"管线内腐蚀"评估值为 10，城市民用燃气"管线内腐蚀"评估值为 1，如表 6-26 所示。

表 6-26 管线内腐蚀指标值评估方法

管线内腐蚀等级	腐蚀情况及原因描述	指标值 C_4
强腐蚀	管输燃气为未经脱硫处理的工业用燃气	10
中等腐蚀	管输燃气为未经脱硫处理的工业用燃气，管线有内涂层防护	7
只在特别情况下出现腐蚀	管输燃气为未经脱硫处理的工业用燃气，管输介质内加入缓蚀剂	4
基本无腐蚀	管输燃气为经脱硫处理的城市民用燃气	1

3. 设计缺陷

1）技术缺陷

技术缺陷可以根据燃气管线设计、建造的时间年限进行评估。一般来说，设计、建造越早的燃气管线，采用的先进技术越少，存在技术缺陷的可能性越大。在风险评估工程应用中，设计、建造时间距今 5 年以内的燃气管线，"技术缺陷"指标值为 0；设计、建造时间距今 15 年以上的燃气管线，"技术缺陷"指标值为 10，如表 6-27 所示。

表 6-27 技术缺陷指标值评估方法

技术缺陷等级	设计、建造距今时间 / 年	指标值 D_1
1 级	>15	10
2 级	10～15	7
3 级	5～10	4
4 级	0～5	1

2）材料失效

在燃气管线设计阶段，管线长度、管壁厚度的设计已经考虑了燃气管线受到外界压力的影响，但在土壤移动较为频繁的地区，土壤长期的慢性移动将导致燃气管线受到持续的应力作用，最终导致燃气管线破裂失效。因此，在燃气管线设计阶段，一般很难完全考虑到土壤移动及其他自然条件变化导致的燃气管线材料失效的情况。燃气管线长度越长，则受到土壤长期慢性移动的应力影响越大，管线失效破裂的可能性也越大。在风险评估工程应用中，材料失效可以根据燃气管线埋设方式和管线长度进行评估。一般来说，对于埋设方式为管埋、长度大于150 米的管线，"材料失效"指标值为 10；对于埋设方式为出露、长度小于 50 米的管线，"材料失效"指标值为 1，如表 6-28 所示。

表 6-28　材料失效指标值评估方法

埋设方式	管道长度 / 米				指标值 D_2
	0～50	50～100	100～150	>150	
出露	1	2	3	5	10
管埋 / 直埋	6	7	8	10	7

4. 误操作

1）误动作

误动作与燃气管线工作人员的工作情况进行有关。一般来说，误动作与燃气管线工作人员数量、培训程度、技术水平、巡线频率、应对突发紧急情况的能力等因素有关。在风险评估过程中，可以根据燃气管线工作人员的操作能力进行评估。对于普通的城市燃气管线，可以取"误动作"指标值为 5，如表 6-29 所示。

表 6-29　误动作指标值评估方法

误动作等级	工作人员操作能力	指标值 I_1
1 级	能力较低	10
2 级	正常	5
3 级	能力较强	1

2）维护失效

维护失效与燃气管线工作人员的工作情况进行有关。一般来说，维护失效与燃气管线工作人员数量、培训程度、技术水平、责任心等因素有关。在风险评估过程中，可以根据燃气管线工作人员的维护能力进行评估。对于普通的城市燃气管线，可以取"维护失效"指标值为 5，如表 6-30 所示。

表 6-30　维护失效指标值评估方法

维护失效等级	工作人员操作能力	指标值 I_2
1 级	能力较低	10
2 级	正常	5
3 级	能力较强	1

5. 地质活动

1）溃堤

溃堤可以根据燃气管线遭受溃堤事故影响的可能性进行评估。一般来说，燃气管线周围存在河流堤坝时，水流流量越大、该地区常年降雨量越大，燃气管线受溃堤事故影响的可能性越大。在风险评估工程应用中，紧邻大流量江、河、湖的燃气管线，"溃堤"指标值为10；燃气管线周围地区没有水流时，"溃堤"指标值为0，如表6-31所示。

表6-31　溃堤指标值评估方法

溃堤指标等级	溃堤事故发生可能性	指标值 G_1
1级	高	10
2级	中	7
3级	低	4
4级	无	0

2）洪水

洪水可以根据燃气管线遭受洪水事故影响的可能性进行评估。一般来说，燃气管线周围存在河流堤坝且燃气管线处于河水外流流域时，若水流流量越大、该地区常年降雨量越大，燃气管线受洪水事故影响的可能性越大。在风险评估工程应用中，紧邻大流量江、河、湖的燃气管线，"洪水"指标值为10。燃气管线周围地区没有水流时，"洪水"指标值为0，如表6-32所示。

表6-32　洪水指标值评估方法

洪水指标等级	洪水事故发生可能性	指标值 G_2
1级	高	10
2级	中	7
3级	低	4
4级	无	0

3）滑坡与泥石流

滑坡与泥石流可以根据燃气管线遭受土壤快速移动影响的可能性进行评估。一般来说，燃气管线周围存在山体或燃气管线位于海拔变化较大的山体环境中时，土壤快速移动可能性越大，则燃气管线受滑坡与泥石流事故影响的可能性越大。在风险评估工程应用中，燃气管线位于山体环境中且土壤快速移动可能性很大时，"滑坡与泥石流"指标值为10；燃气管线位于平原地区时，"滑坡与泥石流"指标值为0，如表6-33所示。

表 6-33 滑坡与泥石流指标值评估方法

滑坡与泥石流指标等级	土壤快速移动发生可能性	指标值 G_3
1 级	高	10
2 级	中	7
3 级	低	4
4 级	无（平原地区）	0

4）河水冲积

河水冲积可以根据燃气管线暴露在水流中的影响可能性进行评估。一般来说，燃气管线位于江、河、湖等水下环境中时，燃气管线受河水冲积影响的可能性越大。在风险评估工程应用中，燃气管线位于水流较大的江、河、湖等水下环境中时，"河水冲积"指标值为 10。燃气管线位于陆地区域时，"河水冲积"指标值为 0。如表 6-34 所示。

表 6-34 河水冲积指标值评估方法

河水冲积指标等级	水流速度	指标值 G_4
1 级	高	10
2 级	中	7
3 级	低	4
4 级	无（陆地管线）	0

5）地质坍塌

地质坍塌可以根据燃气管线遭受地质坍塌影响的可能性进行评估。一般来说，燃气管线位于山体范围内或地下水、地质活动频繁地区时，燃气管线受地质坍塌事故影响的可能性越大。在风险评估工程应用中，燃气管线受地质坍塌影响可能性很大时，"地质坍塌"指标值为 10；燃气管线受地质坍塌影响可能性很小时，"地质坍塌"指标值为 1，如表 6-35 所示。

表 6-35 地质坍塌指标值评估方法

地质坍塌指标等级	地质坍塌发生可能性	指标值 G_3
1 级	高	10
2 级	中	7
3 级	低	4
4 级	极低	1

（四）事故后果的评分方法

1. 泄漏危害

1）介质危险性

介质危险性可以根据管输燃气的危害性进行评估。一般来说，燃气具有易燃、易爆、有毒等介质危险性。对于城市民用燃气管线，管输介质的毒性可以忽略；对于城市工业用燃气管线，管输介质的毒性与燃气中二氧化硫含量有关。城市燃气的易燃、易爆等危险性均较大。因此，在风险评估工程应用中，可以根据燃气管线的用途进行分类评估，城市民用燃气管线的"介质危险性"为7，城市工业用燃气管线的"介质危险性"指标为10，如表6-36所示。

表6-36　介质危险性指标值评估方法

介质危险性指标等级	燃气管线用途	指标值 R_1
1级	工业	10
2级	民用	7

2）环境危险性

环境危险性可以根据燃气管线周围环境情况进行评估。一般来说，燃气管线所处地区常年风力越大、空旷地域面积越小，则环境危险性越大。对于城市燃气管线，管线所在地区常年风力、风向基本相同。因此，在风险评估工程应用中，可以根据燃气管线周围地区空旷地域面积、燃气扩散遮蔽物数量进行评估，城市燃气管线处于建筑物密集区时"环境危险性"为10，处于空旷地区时"环境危险性"指标为1，如表6-37所示。

表6-37　环境危险性指标值评估方法

环境危险性指标等级	燃气扩散环境	指标值 R_2
1级	扩散阻拦物数量很多，燃气容易汇集	10
2级	扩散阻拦物数量较多，但燃气不易汇集	5
3级	环境空旷，燃气不易汇集	1

2. 事故影响

1）人口密度

人口密度可以根据燃气管线周围地区人口分布进行评估。一般来说，燃气管线周围地区人口密度越大，则燃气泄漏造成的人员伤亡事故后果越严重。在风险评估工程应用中，可以根据燃气管线周围地区土地使用类型进行评估，或根据燃气管线周围地区大型建筑物数量进行评估，并考虑区域内人员的防护能力和应急响应经验。城市燃气管线处于居住区、商业区时"人口密度"为10，处于无人荒地时"人口密度"指标为1，如表6-38所示。

表6-38　人口密度指标值评估方法

人口密度指标等级	人口分布情况	指标值 E_1
1级	燃气管线位于居住区、商业区内	10
2级	燃气管线位于交通密集地区	7
3级	燃气管线位于工业区内	4
4级	燃气管线位于人烟稀少地区	1

2）财产密度

财产密度可以根据燃气管线周围地区人口分布进行评估。一般来说，燃气管线周围地区财产密度越大，则燃气泄漏造成的财产损失事故后果越严重。在风险评估工程应用中，可以根据燃气管线周围地区大型建筑物数量进行评估，或根据燃气管线周围重点防卫目标的数量进行评估，包括银行、高科技产业、工业等。城市燃气管线处于工业区时"财产密度"为10，处于无人荒地时"财产密度"指标为1，如表6-39所示。

表6-39　财产密度指标值评估方法

人口密度指标等级	人口分布情况	指标值 E_2
1级	燃气管线位于工业生产活动频繁的工业区	10
2级	燃气管线位于重点行业所在地区	7
3级	燃气管线位于城市生活区内	4
4级	燃气管线位于较荒芜地区	1

3）城市生命线系统分布

城市生命线系统分布可以根据燃气管线周围地区电力、供水、交通、通信网络分布情况进行评估。一般来说，燃气管线周围地区涉及的城市生命线系统越多，则燃气泄漏引发的次生、衍生灾害越严重。在风险评估工程应用中，可以根据燃气管线周围地区其他的城市生命线系统分布数量进行评估。城市燃气管线与两个以上城市生命线系统交错时"城市生命线系统分布"指标为10，城市燃气管线周围100米范围内没有其他的城市生命线系统时"城市生命线系统分布"指标为1，如表6-40所示。

表 6-40 城市生命线系统分布指标值评估方法

城市生命线系统指标等级	城市生命线系统分布情况	指标值 E_3
1 级	燃气管线与两个以上其他城市生命线系统相交错	10
2 级	燃气管线与一个其他城市生命线系统相交错	7
3 级	燃气管线不与其他城市生命线系统相交错，但燃气管线周围 100 米范围内有其他的城市生命线系统	4
4 级	燃气管线周围 100 米范围内没有其他的城市生命线系统	1

四、小结

本节针对城市燃气管线的风险分析方法进行了系统的分析和研讨，针对城市燃气管线的特点和事故历史数据，建立了一套多因素耦合的城市燃气管线风险分析指标体系，用以综合评定燃气管线事故发生的可能性大小和后果严重程度（韩朱旸，2010）。通过对燃气管线事故历史数据的分析和研究，所建立的指标体系充分考虑了燃气管线自身固有风险、外界原因诱发及周边环境情况对燃气管线总风险的影响，考虑了多种因素相互耦合、共同作用对总风险的影响。

本节所建立的城市燃气管线风险分析指标分为管线脆弱性指标、事故诱因指标和事故后果指标，综合描述风险的可能性和后果。其中管线脆弱性指标根据燃气管线建设、运行的相关数据，描述燃气管线自身固有风险与燃气管线事故间的关联关系；事故诱因指标根据不同类型的燃气管线事故的数据，描述不同客观原因导致燃气管线事故的可能性；事故后果指标根据燃气管线周边环境情况及燃气的危害性，描述燃气管线事故所可能造成的危害性，包括直接危害和次生、衍生灾害等。

本节采用可靠性工程的数学概率模型和灰色理论的灰色关联度模型计算燃气管线风险分析指标体系的权重。权重的计算既需要对燃气管线事故历史数据进行分析、计算，也需要对燃气管线所处的环境、周边设施情况进行数学量化。根据数据统计和基础数据调查得到城市燃气管线定性风险评估的基础信息，将基础信息作为权重计算的数据信息，并根据科学、有效的方法计算燃气管线定性风险分析指标体系的权重，计算指标体系中各项指标对燃气管线总风险的影响作用。

文中所提出的城市燃气管线风险评估方法为一般性方法，可针对实际的城市燃气管线进行修正，能够普遍适用于不同地区的城市燃气管线，对辅助决策部门进行风险管理、评估燃气管线的安全性能、指导生产实践具有重要意义。

本节根据燃气管线事故的历史数据和燃气管线周边设施、环境数据，建立城市燃气管线风险分析指标体系，通过指标体系评估城市燃气管线的风险。本节所建立的指标体系由管线脆弱性指标、事故诱因指标、事故后果指标及各指标的权重共同组成，综合描述燃气管线事故发生的可能性和后果严重程度。其中，管线脆弱性指标包括线路运行指标和铺设建造指标等2个二级指标、6个三级指标，描述了因燃气管线 建造、运行所导致的固有风险；事故诱因指标包括外界干扰指标、腐蚀指标、设计缺陷指标、误操作指标、地质活动指标等5个二级指标、18个三级指标，描述了因不同类型的外部诱因导致燃气管线失效的可能性；事故后果指标包括泄漏危害指标和事故影响指标等2个二级指标、5个三级指标，描述了燃气管线周边环境设施及人口分布导致的燃气管线失效事故后果的严重程度。

通过这些方法，得到了风险可能性、后果严重程度或风险综合值，为下一步风险评价提供了分析基础。

第七章 城市地下管线运行风险评价与评估机制

第一节 风险评价：确定风险评估的结果

现代管理学之父彼得·德鲁克曾说过："管理者必须决定是否用现在拥有的时间和金钱等资源来换取未来。"风险评估的作用就在于需要明确地告诉人们应该如何分配资源，应对所面临的风险。风险分析的结果只是得到风险的得分，或是风险可能性和后果严重程度的得分，对于这个分值处于什么样的水平，需要通过风险评价来判定。最常用的就是将风险由高到低进行分级评价。以下就是对不同级别风险内涵的阐述。

（1）极高风险：需要立即采取措施，如需研究长期解决方案时，必须立即采取临时措施。

（2）高风险：必须被降低，但还有时间进行更详细的分析和调查，补救措施必须在规定时间内完成，如果解决方案要更长时间提出，则需要采用临时紧急措施。

（3）中风险：需要重视，但在采取措施时可考虑费用问题，需要在规定时间内寻求解决方案。

（4）低风险：需要采取措施，但不重要。

一、风险矩阵法

风险矩阵法 (risk matrix) 是最常用的风险评价方法之一（李素鹏，2013），尤其是风险分析的时候用的是分别对可能性和后果严重程度的二元分析。风险矩阵法是美国空军电子系统中心 (ESC, Electronic System Center) 的采办工程小组于 1995 年 4 月提出的一种基于采办全寿命周期的风险评估和管理方法。美国米托公司 (MITRE Corporation) 开发了一套风险矩阵应用软件，使其进一步得到了推广和普及。在"澳大利亚/新西兰 2007 版风险管理标准"中也专门推荐了这种方法。2008 年之前北京市开展的公共安全风险评估工作中，推出的工作细则也是以风险矩阵法作为基本方法（尹培彦等，2012）。风险矩阵法的基本过程如下。

对于可能性指标，确定最高分段为 100～80 分，对应于"肯定发生"；80～60 分对应于"很可能发生"，60～40 分对应于"可能发生"，40～20 分对应于"较不可能发生"，20～0 分对应于"基本不可能发生"，见表 7-1。分值越高，事故发生的可能性越大。

表 7-1　风险可能性的分级

级别	说明	对应分值 P
A	肯定发生	$80.0 \leqslant P \leqslant 100.0$
B	很可能发生	$60.0 \leqslant P < 80.0$
C	可能发生	$40.0 \leqslant P < 60.0$
D	较不可能发生	$20.0 \leqslant P < 40.0$
E	基本不可能发生	$0 \leqslant P < 20.0$

后果严重性分为"影响很小"、"一般"、"较大"、"重大"和"特别重大"五级。确定最高分段为 100～80 分，对应于"特别重大"；80～60 分对应于"重大"，60～40 分对应于"较大"，40～20 分对应于"一般"，20～0 分对应于"影响很小"，见表 7-2。分值越高，事故发生的后果越严重。

表 7-2　风险后果等级划分

级别	说明	对应分值 C
1	特别重大	$80.0 \leqslant C \leqslant 100.0$
2	重大	$60.0 \leqslant C < 80.0$
3	较大	$40.0 \leqslant C < 60.0$
4	一般	$20.0 \leqslant C < 40.0$
5	影响很小	$0 \leqslant C < 20.0$

在可能性分析和后果严重程度分析的基础上，通过表 7-3 确定风险等级。

表 7-3　风险分级表

		后果分级				
		5	4	3	2	1
	E	低	低	低	中	高
	D	低	低	中	高	极高
可能性分析	C	低	中	高	极高	极高
	B	中	高	高	极高	极高
	A	高	高	极高	极高	极高

二、支持向量机

在建立了评价对象的评价指标体系和评分标准后，就可以采用适当的评价方法进行评价了。最常用的评价方法就是专家打分法，也可以根据被评价对象的特点选择其他的评价方法。应用传统的统计学方法进行风险评价时，其前提是要有足够多的样本来进行推断。当样本数目有限时则难以取得理想的效果。近年来，人工智能方法越来越多被应用在评价领域，支持向量机是 20 世纪末期建立的一种统计学习理论的学习方法，对于解决有限样本情况下的机器学习问题非常有效，近年来也逐渐应用在风险评价与分析领域，尤其是评价对象具有小样本、非线性和多特征等问题，本章将采用支持向量机方法以燃气管线为例进行风险评价。

（一）基本原理

支持向量机是在统计学习理论的 VC 维理论和结构风险最小原理的基础上发展起来的一种新的机器学习方法。它具有理论完备、适应性强、全局优化、训练时间短和泛化性能好等优点，可以在风险矩阵法的基本思路之上加以结合，提高风险相关数据利用的客观性和高效性。

假设存在样本 $(x_1, y_1), \cdots, (x_1, y_1)$，$x \in R$，$y \in \{+1, -1\}$，$l$ 为样本数，n 为输入维数，学习的目标就是构造一个决策函数，将测试数据尽可能正确地分类。

对于上面的假设，分类的目的就是找到一个超平面将这两类样本完全分开。该超平面可描述为

$$(\omega \cdot x) + b = 0 \qquad (7\text{-}1)$$

其中，"·"是向量点积。分类的结果如下：

$$\omega \cdot x_i + b \geqslant 0, \qquad y_i = +1$$
$$\omega \cdot x_i + b < 0, \qquad y_i = -1$$

ω 是超平面的法线方向，$\dfrac{\omega}{\|\omega\|}$ 为单位法向量，其中 $\|\omega\|$ 是欧氏模函数。

此时假设空间为

$$f_{\omega,b} = \operatorname{sgn}(\omega \cdot x + b) \tag{7-2}$$

为减少分类超平面的重复，对 (ω,b) 进行如下约束：

$$\min_{i=1,2,\cdots,l} |(\omega \cdot x_i) + b| = 1 \tag{7-3}$$

如果训练样本可以被无误差地划分，以及每一类数据与超平面距离最近的向量与超平面之间的距离最大，则称这个超平面为最优超平面。

图 7-1 中 H 为分类超平面，H_1、H_2 分别为过各类中离分类超平面最近的样本且平行于分类超平面的平面，它们之间的距离叫作分类间隔。

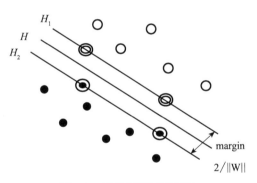

图 7-1　最优超平面示意图

由约束条件可得

$$H:(w \cdot x) + b = 0 \tag{7-4}$$

$$H_1:(w \cdot x_i) + b \geqslant 1, y_i = 1 \tag{7-5}$$

$$H_2:(w \cdot x_i) + b \leqslant -1, y_i = -1 \tag{7-6}$$

归一化后得到

$$y_i((w \cdot x_i) + b) \geqslant 1 \qquad i = 1,\cdots,l \tag{7-7}$$

其中，H_1 和 H_2 到 H 的距离为 $1/\|w\|$，分类间隔为 $2/\|w\|$。

1) 线性可分情况

对线性可分的情况，求解最优超平面的问题可归结为如下二次规划问题：

$$\min_{\omega,b} \frac{1}{2}\|\omega\|^2 \tag{7-8}$$
$$\text{s.t.} \quad y_i(\omega \cdot x_i + b) \geq 1, i = 1, 2, \cdots, l$$

上式表示在经验风险为零的情况下使 VC 维的界最小化，从而最小化 VC 维，这正是结构风险最小化原理。这是一个凸规划问题，引入拉格朗日函数进行求解：

$$L(\omega,b,\alpha) = \frac{1}{2}\|\omega\|^2 - \sum_{i=1}^{l}\alpha_i(y_i(\omega \cdot \alpha_i + b) - 1) \tag{7-9}$$
$$\text{s.t.} \quad \alpha_i \geq 0$$

其中，α_i 为每个样本对应的拉格朗日乘子。一般地，解中只有一部分（通常是一少部分）α_i 不为零，对应的样本 x_i 就是支持向量（support vector，SV）。图 7-1 中在 H_1、H_2 上的点就是支持向量。这样，ω_i 可表示为

$$\omega^* = \sum_{sv}\alpha_i y_i x_i \tag{7-10}$$

二次规划问题的对偶问题为求解如下目标函数的极大化：

$$\max_{\alpha} W(\alpha) = \sum_{i=1}^{l}\alpha_i - \frac{1}{2}\sum_{i,j=1}^{l}\alpha_i\alpha_j y_i y_j(x_i \cdot x_j) \tag{7-11}$$
$$\text{s.t.} \quad \sum_{i=1}^{l}\alpha_i y_i = 0$$
$$\alpha_i \geq 0, i = 1, \cdots, l$$

最终得到的分类决策函数为

$$f(x) = \text{sgn}(\omega \cdot x + b) \tag{7-12}$$

2) 非线性情况

当训练样本集为非线性时，通过一个非线性函数 ϕ 将训练集样本 x 映射到一个高维线性特征空间，在这个维数可能为无穷大的线性空间中构造最优超平面，并得到分类器的决策函数。

将 x 做从输入空间 R^n 到特征空间 H 的变换 ϕ：

$$x \rightarrow \phi(x) = (\phi_1(x), \phi_2(x), \cdots, \phi_i(x), \ldots)^T \tag{7-13}$$

其中，$\phi_i(x)$ 是实函数。以特征向量 $\boldsymbol{\Phi}(x)$ 代替输入向量 x，则分类决策函数变为

$$f(x) = \text{sgn}(\phi(x) \cdot \omega + b) = \text{sgn}(\sum_{i=1}^{l}\alpha_i y_i \phi(x_i) \cdot \phi(x) + b) \tag{7-14}$$

在上面的对偶问题中，无论是目标函数还是决策函数都只涉及训练样本之间的内积运算。这样，在高维空间只需进行内积运算，避免了复杂的高维运算。同时，这种内积运算可以用原空间中的函数实现，甚至不需要知道它的变换形式。根据泛函的有关理论，只要一种核函数满足 Mercer 条件，它就对应着某一变换空间中的内积。也就是说，在最优超平面中采用适当核函数 $K(x_i \cdot y_j) = \phi(x_i) \cdot \phi(y_j)$，就可以实现某一非线性变化后的线性分类，而且不增加计算复杂度。此时，二次规划目标函数变为

$$W(\alpha) = \sum_{i=1}^{l} \alpha_i - \frac{1}{2} \sum_{i=1}^{l} \sum_{j=1}^{l} \alpha_i \alpha_j y_i y_j K(x_i, x_j) \qquad (7\text{-}15)$$

相应的分类决策函数也变为

$$f(x) = \mathrm{sgn}(\sum_{i=1}^{l} \alpha_i y_i K(x, x_i) + b) \qquad (7\text{-}16)$$

这就是支持向量机方法的基本原理。

（二）支持向量机用于风险评价的一般步骤

基于支持向量机的城市地下管线风险评价实际上是一个数据泛化拟合问题。首先根据输入的样本进行学习，然后对不在学习样本集中的输入数据进行分类，并输出相应的分类值。输入的样本必须是预先制定类别的，即需要先对其进行专家评价，然后用这些样本构建分类模型，最后用分类模型对需要评价的样本数据进行分类，再将样本的分类类别值对应到样本的风险评价等级，从而实现评价。其应用步骤如下。

1. 确定评价指标体系

评价指标体系是评价工作的前提和基础，所以应用支持向量机方法对地下管线进行评价，也必须确定待评价对象的指标体系。

2. 选择样本集和数据预处理

关于训练样本集的选择，在这里需要选择三类样本。第一类样本是已经有评价定论的数据，这部分样本是作为分类器模型构建必须使用的基础数据；第二类样本是对构建好的分类器模型进行验证的，所以这一类样本也必须有评价定论；第三类样本是没有评价定论的数据，这部分样本就是要使用构建好并被验证的分类器模型进行分类（评估）的数据。其中，第一类和第二类样本中必须存在至少一个正例样本或者反例样本，即至少有一个样本的类别值为 +1，表示评价效果非常好，即管线系统的可靠性或安全性的风险级别最低；反之，如果第一类和第二类样本中出现偏差，将导致分类器构造错误。

另外，选择样本时，必须保障样本的数量不能过多，因为支持向量机是基于小样本空间上的统计学习方法，也就是说，支持向量机方法在数量较少的样本上就能取得很好的分类性能。如果样本数量过多，反倒会降低分类器模型构建的速度。

选择好样本后，为了加快分类器模型构建过程的收敛速度，除了量化所有的样本外，还有必要对输入样本的原始数据进行一定的预处理。

3. 选择合适的模型参数

在构建分类器模型时，分类器中的参数选择是非常重要的。通过对管线系统数据的分析，可以知道系统数据是线性不可分的所以可以选择径向基核函数（RBF）。该函数一是可以实现非线性映射，二来由于参数的数量和质量都会影响分类器模型的复杂度，而 RBF 核函数比起常用的多项式核函数要更为简单，而且参数也更容易通过寻优的方法来其约定。

对训练效果影响最大的是相关参数的选择。支持向量机决定参数的步骤是：先选择一组分类好的数据，然后将其随机拆成几组，用其中的一组参数训练并预测其他组的数据，看正确率如何（重复这样的步骤，也叫作交叉检验）。如果正确率不够的话，则换掉当前参数再重复训练（这一步也叫作参数优选）最后，用选好的参数建立分类模型进行分类。

4. 构建分类器模型

建立支持向量机分类模型，在构建好分类器模型后，必须进行交叉检验。

5. 对待评价样本进行分类和排序

构建好分类器模型后，就可以对第三类样本（待评价样本数据）进行评价了。假设带评价样本都是二类分类数据，即每个样本的分类值只有 +1 和 −1。在分类结束后，按照每个样本离超平面距离的远近进行排序。排序后再将这种排序关系对应到不同的风险级别上去即可。

（三）多类支持向量机分类器构造

支持向量机算法从本质上讲是一个两类分类器，而对系统的可靠性和安全性评价则分多个等级，两类分类器并不能满足多个等级的评价要求。因此，需要对传统的支持向量机算法加以改造，构造多类分类系统，使分类的值和多个风险级别一一对应。

本章将要采用的多类支持向量机分类模型主要由多个两类分类器组成。每个两类分类器用来辨别当前数据属于哪个等级。这里的风险等级可以与风险矩阵法结合起来。

两类分类器的个数由下述方法确定。在对系统进行训练时，首先将 1 类样本标示为 1，其余样本为另一类，标示为 -1，然后训练分类器 1；然后选择第 2 类样本标示为 1，将其他样本标示为另一类，即标示为 -1，训练分类器 2；依次类推。这样的话，依次训练分类器，就可以构建出支持多类别的多类分类器。其过程如图 7-2 所示。

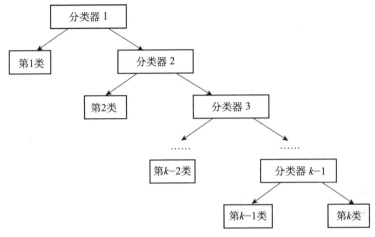

图 7-2 多类分类器构造示意图

第 1 类的样本只需要经过一次分类就可以得到其所属的类，第 2 类样本只需要经过两次分类就可以得到其所属的类，如此直到第 $k-1$ 和第 k 类样本经过 $k-1$ 次分类得到各自所属的类。

经过上述分析，本研究构造了基于支持向量机的风险评价算法。算法流程图如图 7-3 所示。

三、评价标准的确定

风险评价的关键和难点就是在于确定风险评价标准。评价标准的确定需要根据评估的目标、可容忍的程度、风险偏好等各因素决定。下面给出一般的评价标准确定过程。

（一）制定依据

（1）《中华人民共和国安全生产法》，中华人民共和国主席令第 13 号，2014.8.31。

（2）《中华人民共和国突发事件应对法》，中华人民共和国主席令第 69 号，2007.8.30。

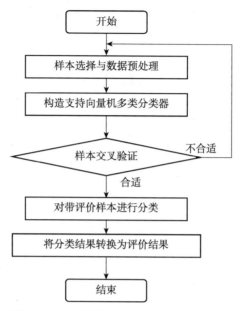

图 7-3　基于支持向量机的风险评价流程图

（3）《城镇燃气管理条例》，国务院令第 583 号，2010.10.19。

（4）《城市供水水质管理规定》，中华人民共和国建设部令第 156 号，2007.5.1。

（5）《城镇燃气设计规范》（GB 50028—2006）。

（6）《锅炉房设计规范》（GB50041—2008）。

（7）《室外给水设计规范》（GB50013—2014）。

（8）《地表水环境质量标准》（GB3838—2002）。

（9）《城市燃气埋地钢质管线腐蚀控制技术规程》（CJJ95—2013）。

（10）《城镇热力网设计规范》（CJJ34—2010）。

（11）《城镇供水厂运行、维护及安全技术规程》（CJJ58—2007）。

（12）《XX 市燃气管理条例》。

（13）《XX 市安全生产条例》。

（14）《XX 市燃气突发事件应急预案》。

（15）《XX 市供热采暖管理办法》。

（16）《XX 市安全生产条例》。

（17）《XX 市供热突发事件应急预案》。

（18）《XX 市安全生产条例》。

（19）《XX 市地下管线抢修预案》。

……

（二）分级方法

1. 燃气管线

影响燃气管线安全运行的主要组成部分为天然气源、储罐、输配管线。

1）各主要组成部分个体风险分级方法

可能性分值计算：

$$P = \sum a_i p_i$$

式中，a_i 为指标权重；p_i 为指标得分。

各主要组成部分个体风险可能性分级方法见表7-4。

表 7-4　可能性的分级

级别	说明	对应分值 P
E	基本不可能	$80.0 \leqslant P < 100.0$
D	较不可能	$60.0 \leqslant P < 80.0$
C	可能	$40.0 \leqslant P < 60.0$
B	很可能	$20.0 \leqslant P < 40.0$
A	几乎肯定	$0 \leqslant P \leqslant 20.0$

各主要组成部分个体风险后果严重程度分级方法见表7-5。

表 7-5　后果严重程度分级

级别	说明	描述
5	很小	无伤亡，财产损失轻微
4	一般	可能造成3人以下死亡，或者10人以下重伤，或者1000万元以下直接经济损失，或者1000户以下居民4小时内无法恢复供气
3	较大	可能造成3人以上10人以下死亡，或者10人以上50人以下重伤，或者1000万元以上5000万元以下直接经济损失，或者1000户以上1万户以下居民连续停止供气24小时（或以上）
2	重大	可能造成10人以上死亡，或者50人以上重伤，或者5000万元以上直接经济损失，或者1万户以上居民连续停止供气24小时（或以上）
1	特别重大	可能造成30人以上死亡，或100人以上重伤，或者1亿元以上直接经济损失，或者3万户以上居民连续停止供气24小时以上

各主要组成部分个体风险等级见表7-3。

2）各主要组成部分整体风险分级方法

（1）风险等级评定单位。①天然气源：以门站"座"为单位进行整体风险等级评定。②储罐：以"个"为单位进行整体风险等级评定。③输配管线：以

"段"为单位进行整体风险等级评定，可以按管径、管压、管线使用年限、人口密度、土壤状况、包覆层状况等进行管段划分。

（2）各主要组成部分整体风险等级确定。①极高风险：10% 以上为极高风险或 30% 以上为高风险。②高风险：10% 以上为高风险或 60% 以上为中风险。③中风险：30% 以上为中风险。④低风险：其他。

3）燃气系统风险分级方法。

（1）极高风险：1 个以上主要组成部分为极高风险或 3 个以上为高风险。

（2）高风险：1 个以上为高风险或 3 个以上为中风险。

（3）中风险：2 个以上为中风险。

（4）低风险：其他。

2. 供热管线

影响供热管线安全运行的主要组成部分为补水、锅炉房、泵站、热力站、热网。

1）各主要组成部分个体风险分级方法

可能性分值计算：

$$P = \sum a_i p_i$$

式中，a_i 为指标权重；p_i 为指标得分。

各主要组成部分个体风险可能性分级如表7-4所示。

各主要组成部分个体风险后果严重程度分级方法见表7-6。

表 7-6　后果严重程度分级

级别	说明	描述
5	很小	无伤亡，财产损失轻微
4	一般	可能造成死亡 3 人以下，或者重伤 10 人以下，或造成停热影响面积 100 万米² 以下，12 小时内不能恢复供热，或居民室温连续 48 小时以上低于 16℃采暖标准，影响面积 5 万米² 以下
3	较大	可能造成死亡 3 人以上 10 人以下，或者重伤 10 人以上 50 人以下，或者造成直接经济损失人民币 500 万元以上 5000 万元以下，或者造成停热影响面积 100 万米² 以上、500 万米² 以下，24 小时内不能恢复供热，或者居民室温连续 48 小时以上低于 16℃采暖标准，影响面积 5 万米² 以上
2	重大	可能造成死亡 10 人以上 30 人以下，或者重伤 50 人以上，或者造成直接经济损失人民币 5000 万元以上、1 亿元以下，或者造成停热影响供热面积 500 万米² 以上，24 小时内无法恢复供热
1	特别重大	可能造成死亡 30 人以上，或重伤 100 人以上，或者造成直接经济损失人民币 1 亿元以上

风险分级如表 7-3 所示。

2）各主要组成部分整体风险分级方法

（1）风险等级评定单位。①补水：以水源"个"数为单位进行整体风险等级评定。②锅炉房：以"座"为单位进行整体风险等级评定。③泵站：以"座"为单位进行整体风险等级评定。④热力站：以"座"为单位进行整体风险等级评定。⑤热网：以"段"为单位进行整体风险等级评定，可以按管径、管压、管线使用年限、人口密度、土壤状况等进行管段划分。

（2）主要组成部分整体风险等级确定。①极高风险：10% 以上为极高风险或 30% 以上为高风险。②高风险：10% 以上为高风险或 60% 以上为中风险。③中风险：30% 以上为中风险。④低风险：其他。

3）供热系统风险分级方法

（1）极高风险：1 个以上主要组成部分为极高风险或 3 个以上为高风险。

（2）高风险：1 个以上为高风险或 3 个以上为中风险。

（3）中风险：2 个以上为中风险。

（4）低风险：其他。

3. 供水管线

影响供水管线安全运行的主要组成部分为水源、水厂、泵站、输配管线。

1）各主要组成部分个体风险分级方法

可能性分值计算：

$$P = \sum a_i p_i$$

式中，a_i 为指标权重；p_i 为指标得分。

各主要组成部分个体风险可能性分级方法见表 7-4。

各主要组成部分个体风险后果严重程度分级方法见表 7-7。

表 7-7 后果严重程度分级

级别	说明	描述
5	很小	无伤亡，财产损失轻微
4	一般	可能造成 3 人以下死亡，或者 10 人以下重伤（中毒），或造成停水影响面积 100 万米² 以下，12 小时内不能恢复供水
3	较大	可能造成 3 人以上 10 人以下死亡，或者 10 人以上 50 人以下重伤（中毒），或者造成直接经济损失人民币 500 万元以上 5000 万元以下，或者造成停水影响面积 100 万米² 以上、500 万米² 以下，24 小时内不能恢复供水

续表

级别	说明	描述
2	重大	可能造成 10 人以上 30 人以下死亡,或者 50 人以上重伤(中毒),或者造成直接经济损失人民币 5000 万元以上 1 亿元以下,或者造成停水影响面积 500 万米^2 以上,24 小时内无法恢复供水
1	特别重大	可能造成 30 人以上死亡,或 100 人以上重伤(中毒),或者造成直接经济损失人民币 1 亿元以上

风险分级见表 7-3。

2)各主要组成部分整体风险分级方法

(1)风险等级评定单位。①水源:以"个"数为单位进行整体风险等级评定。②水厂:以"座"为单位进行整体风险等级评定。③泵站:以"座"为单位进行整体风险等级评定。④输配管线:以"段"为单位进行整体风险等级评定,可以按管径、管压、管线使用年限、人口密度、土壤状况等进行管段划分。

(2)各主要组成部分整体风险等级确定。①极高风险:10% 以上为极高风险或 30% 以上为高风险。②高风险:10% 以上为高风险或 60% 以上为中风险。③中风险:30% 以上为中风险。④低风险:其他。

3)供水系统风险分级方法

(1)极高风险:1 个以上主要组成部分为极高风险或 3 个以上为高风险。

(2)高风险:1 个以上为高风险或 3 个以上为中风险。

(3)中风险:2 个以上为中风险。

(4)低风险:其他。

第二节　地下管线风险评估的GIS实现

完成风险矩阵或是支持向量机的风险评价后,需要采用直观的展示方式,尤其是地下管线是一种地理空间分布特征显著的城市基础设施。地理信息系统(GIS)的展示无疑是合适的。本节结合某区域燃气地下管线数据,在采用前述方法风险评价后进行了 GIS 的实现。

一、指标体系管理功能

指标体系管理,实际上是一个树状数据源的存储与维护。如果指标体系已经确定,那么软件的功能就只是对该指标体系进行存储,并且实现在其上的数据维护工作；否则除了存储和维护工作，软件还需要实现对指标体系进行分析的功能。

地下管线运行风险指标体系管理页面如图 7-4 所示。

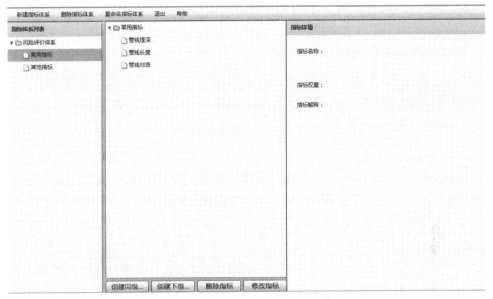

图 7-4 地下管线运行风险指标体系管理

1. 指标体系的存储

指标体系的存储模块可选择建立一个新的指标体系，或者打开现有的指标体系，如图 7-5 (a) 所示。

由于指标体系是典型的树状结构，所以在图 7-5 (a) 中，窗口的左边采用树状视图来显示这种层次结构，而右边则采用文本输出形式显示用户所选择的每一个节点的具体信息。

通过【新建指标体系】菜单，可以新建一个指标体系，首先需要输入指标体系的名称和存储空间，如图 7-5(b) 所示。

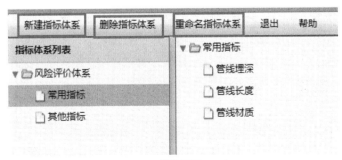

(a) 模块界面

图 7-5 指标体系存储功能

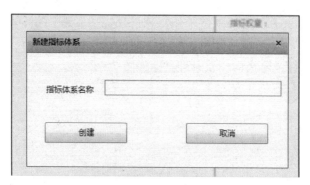

(b) 创建新指标体系

图 7-5　指标体系存储功能（续）

2. 指标体系的维护

在选择了【创建同级指标】菜单功能后，系统将在当前的指标体系中增加一个二级指标，如图 7-6 (a) 所示。在选择了【创建下级指标】菜单功能后，系统将在当前的指标体系中增加一个下级指标，如图 7-6 (b) 所示。如果选择了某个已经建立的二级指标项，则可以通过选择【修改指标】功能进行对当前指标项的修改，如图 7-6 (c) 所示。如果选择了某个已经建立的二级指标项，则可以通过选择【删除指标】功能进行对当前指标项进行删除，如图 7-6 (d) 所示。

(a) 通过菜单进行指标体系维护

新建下级指标

指标名称

指标权重

指标解释

创建　　　　取消

(b) 创建下级指标项

图 7-6　指标体系维护功能

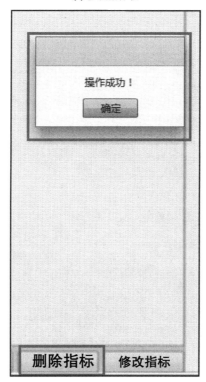

(c) 修改指标项

(d) 删除指标项

图 7-6　指标体系维护功能（续）

　　如果当前指标下还有下一级的指标，则进行提示是否要连同下一级指标一起删除。如果得到了用户的确认，就一并删除，否则将不执行删除操作。

二、GIS的基本框架

这里介绍的 GIS 是实现了已存储的地下管线基本管理功能和相应的风险分析功能，从可视化和其他功能方面比较简单，只是为了展示基本功能。

1. 地下管线视图的基本操作

软件实现了下述基本操作。

（1）视图的基本地图操作，包括管线视图的拖拽移动、缩放、前后视图表现。

（2）管线分析与查询，分为管线的属性查询和空间查询两种功能。属性查询是利用管线的属性定位管线的空间坐标位置，空间查询是利用管线的空间位置查询选中管线的属性信息。

（3）地下管线视图上的快速定位。软件提供了在地下管线视图上的快速定位功能。

（4）地下管线视图上的自定义标注与测量。软件还提供了管线视图上的自定义标注与测量功能。

（5）地下管线视图打印功能。软件提供了管线视图的打印功能。

2. 燃气管线的风险评价

软件实现了管线的评价功能，程序页面如图 7-7 所示。

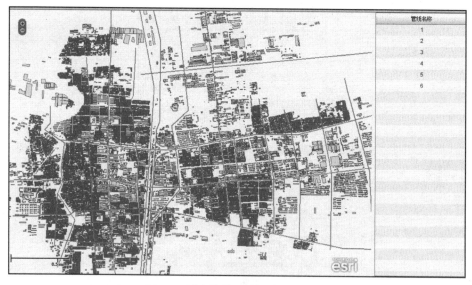

图 7-7　城市管线风险评价系统页面

软件实现的评价功能包括如下几个方面。

（1）选择评价指标体系。选择用户指定的评价指标体系作为评价的标准，如图 7-8 所示。

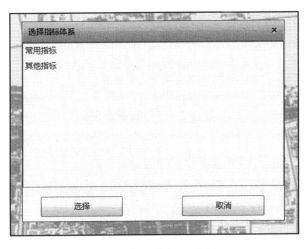

图 7-8　评价指标体系选择

（2）设定管线风险。对指定的风险评价指标体系中的指标项目，选择一组待评价的管线，应用专家打分法进行指标数值设定，如图 7-9 所示。

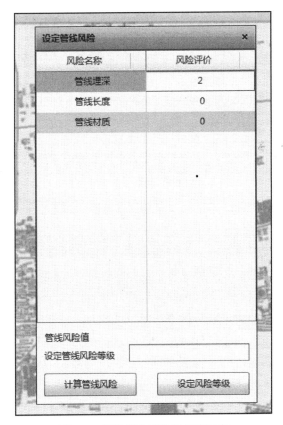

图 7-9　管线风险评估指标值设定

（3）计算并设定风险等级。输入地下管线风险评估指标数值后，软件可自动计算该管线的风险值。同时，需要人工预先设定相应的风险等级，如图7-10所示。

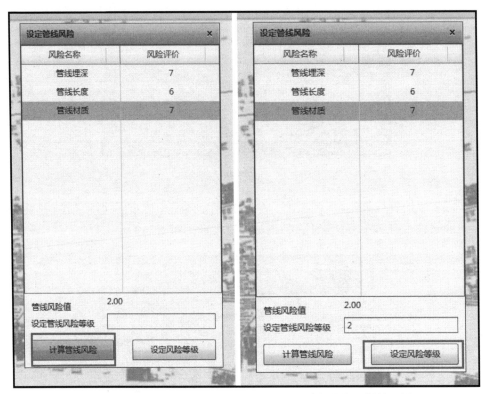

(a) 管线风险计算   (b) 管线风险等级预设

图 7-10 管线风险计算与等级预设

3. 风险评估结果展示

管线风险评估结果展示分为管线风险评估和小区影响评估两种展示。

（1）地下管线风险评估。地下管线风险评估的结果如图 7-11 所示。

（2）小区影响评估。小区影响评估的结果如图 7-12 所示。

第五章和第六章以燃气管线为研究对象，提出了定性分析和定量分析两种风险分析方法。为验证两种风险分析方法的科学性和可行性，这里选取两个城市燃气管线进行风险分析。对于定性风险分析方法，通过计算建立城市燃气管线分析指标体系，并得到各管段的风险值；对于定量风险分析方法，根据定量风险分析模型定量计算各管段的风险值。

这里选取不同尺度的实际管线进行风险评估。其中，城市部分区域级的燃气管线包含 95 个管段，全市区域级的燃气管线包含 5421 个管段。通过第五章和第六章的风险分析方法对两个燃气管线进行风险分析后，进行风险评价并利用地理信息系统绘图，可以对比两个实例分析结果。

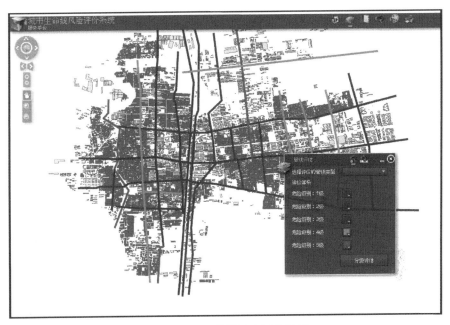

图 7-11　地下管线风险评估结果

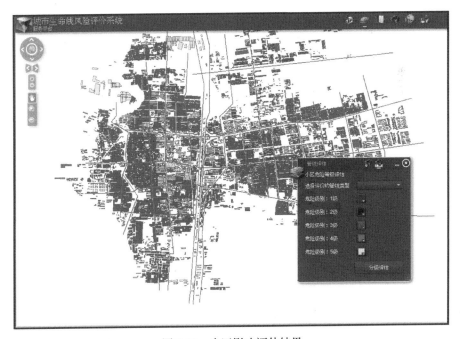

图 7-12　小区影响评估结果

经过验证发现，在两种风险分析方法的基础上开展的评价结果具有良好的相似性和实用性，均能够运用于实际的城市燃气管线风险评估。在实际的应用过程中，方法的选择取决于评估对象的基础数据详尽程度及风险评估所需的计算精度要求。

三、案例1：城市部分区域的燃气管线风险评估

选取某市的部分区域燃气管线作为风险评估对象。该部分区域的燃气管线区划分布如图 7-13 所示。

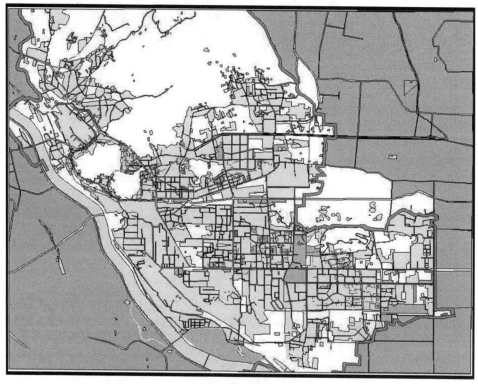

图 7-13　某市部分区域的燃气管线区划示意图

该区域燃气管线共有 95 个管段和 92 个节点，其基础数据包括管线材料、埋设方式、管径、管长、管壁厚度、防腐层种类、防腐层电阻、土壤腐蚀性、漏点线密度、是否有阳极保护、运行年数、管地电位、设计压降、设计流量、上点埋深、本点埋深、权属单位、埋设时间、设计压力级和所在地点等。燃气管线的拓扑结构如图 7-14 所示。

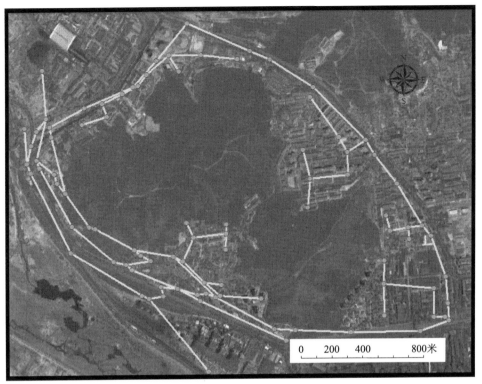

图 7-14　城市部分区域燃气管线（部分）拓扑结构示意图

（一）定性评估——城市燃气管线风险评估指标体系

根据某市部分区域燃气管线的基础数据，计算风险评估指标体系的权重值，建立城市燃气管线风险评估指标体系，并运用所建立的指标体系对改燃气管线的各个管段进行风险评估，分析各管段风险的大小。

1. 管线脆弱性指标权重计算

使用灰色关联度算法对该城市燃气管线的管线脆弱性指标的权重进行计算，关联系数矩阵如下：

$$R_{(6\times6)} = \begin{bmatrix} 1 & 0.780 & 0.933 & 0.715 & 0.741 & 0.726 \\ 0.461 & 1 & 0.940 & 0.736 & 0.771 & 0.787 \\ 0.933 & 0.940 & 1 & 0.949 & 0.948 & 0.952 \\ 0.715 & 0.736 & 0.949 & 1 & 0.707 & 0.579 \\ 0.741 & 0.771 & 0.958 & 0.707 & 1 & 0.748 \\ 0.726 & 0.787 & 0.952 & 0.579 & 0.748 & 1 \end{bmatrix}$$

计算可得，管线脆弱性指标的权重为

$$A_1 = 0.154,\ A_2 = 0.169,\ A_3 = 0.193,$$
$$A_4 = 0.158,\ A_5 = 0.165,\ A_6 = 0.161$$

2. 事故诱因指标权重计算

根据实际的燃气管线事故历史数据，可以计算得出不同原因所导致的燃气管线失效率，从而计算出指标的权重 (EGIG，2008；王凯全等，2008)。本章采用 EGIG 的燃气管线事故历史数据进行验证计算（EGIG，2008）。

1）二级指标的权重计算

根据 EGIG 的数据及其分析，1970～2007 年，欧洲大型燃气管线共有 1172 次燃气管线失效事故，其中，外部破坏所占比例为 49.6%，共计 581 次；腐蚀所占比例为 15.4%，共计 180 次；建造错误与材料失效所占比例为 16.5%，共计 193 次；误燃及其他失误等原因所占比例为 11.3%，共计 132 次；地质活动所占比例为 7.3%，共计 86 次。不同事故原因及发生次数如表 7-8 所示。

表 7-8　EGIG 燃气管线失效事故历史数据

事故原因	事故起数	所占比例 /%	指标归类
外部破坏	581	49.6	外界干扰
腐蚀	180	15.4	腐蚀
建筑错误与材料失效	193	16.5	设计错误
误燃及其他失误等原因	132	11.3	误操作
地质活动	86	7.3	地质活动
其他	0	0	无

根据上述燃气管线事故历史数据，$N \cdot L = 3.15 \times 10^3$ 千米·年，燃气管线已使用年限取为 15 年，即可计算出二级指标（外界干扰、腐蚀、设计缺陷、误操作和地质活动）的失效率密度函数和不可靠度函数，求出外界干扰、腐蚀、误操作、设计缺陷的指标权重为

$$T=0.514,\ C=0.148,\ D=0.160,\ I=0.108,\ G=0.070$$

2）三级指标的权重计算

根据 EGIG 的数据及其分析，1970～2007 年，欧洲大型燃气管线共有 581 起由外界干扰诱发的燃气管线失效事故，其中，建筑挖掘施工所占比例为 38%，共计 221 次；地面使用活动所占比例为 9%，共计 52 次；市政工程建设所占比例为 9%，共计 52 次；园艺与农业活动所占比例为 9%，共计 52 次；供水、排水设施建设所占比例为 8%，共计 46 次。不同事故原因及发生次数如表 7-9

所示。

表 7-9　EGIG 燃气管线外界干扰事故历史数据

事故原因	事故起数	所占比例 /%	指标归类
建筑挖掘施工	221	38	建筑挖掘施工
地面活动使用	52	9	地面活动
市政工程设施建设	52	9	市政工程建设
园艺与农业活动	52	9	园艺与农业活动
供水、排水设施建设	46	8	供水、排水设施建设
其他原因	158	27	无

根据上述燃气管线事故历史数据，$N \cdot L = 3.15 \times 10^3$ 千米·年，燃气管线已使用年限取为 15 年，即可计算出外界干扰的三级指标即建筑挖掘施工指标、地面活动指标、市政工程建设指标、园艺与农业活动指标、供水与排水设施建设指标的失效率密度函数和不可靠度函数，求出建筑挖掘施工指标、地面活动指标、市政工程建设指标、园艺与农业活动指标、供水与排水设施建设指标的指标权重为

$$T_1 = 0.530，T_2 = 0.121，T_3 = 0.121，T_4 = 0.121，T_5 = 0.107$$

根据 EGIG 的数据及其分析，1970～2007 年，欧洲大型燃气管线共有 180 起由腐蚀诱发的燃气管线失效事故，其中，蚀损斑腐蚀所占比例为 55%，共计 99 次；电化学腐蚀所占比例为 9%，共计 17 次；应力腐蚀所占比例为 4%，共计 7 次；管线内腐蚀所占比例为 15%，共计 27 次；其他原因引起所占比例为 17%，其计 30 次。不同事故原因及发生次数如表 7-10 所示。

表 7-10　EGIG 燃气管线腐蚀事故历史数据

事故原因	事故起数	所占比例 /%	指标归类
蚀损斑腐蚀	99	55	蚀损斑腐蚀
电化学腐蚀	17	9	电化学腐蚀
应力腐蚀	7	4	应力腐蚀
管线内腐蚀	27	15	管线内腐蚀
其他原因	30	17	无

根据上述燃气管线事故历史数据，$N \cdot L = 3.15 \times 10^3$ 千米·年，燃气管线已使用年限取为 15 年，即可计算出腐蚀的三级指标即蚀损斑腐蚀指标、电化学腐蚀指标、应力腐蚀指标、管线内腐蚀指标的失效率密度函数和不可靠度函数，求出蚀损斑腐蚀指标、电化学腐蚀指标、应力腐蚀指标、管线内腐蚀指标的指标权

重为

$$C_1 = 0.663, C_2 = 0.112, C_3 = 0.046, C_4 = 0.179$$

根据 EGIG 的数据及其分析，1970～2007 年，欧洲大型燃气管线共有 193 起由设计缺陷诱发的燃气管线失效事故，其中，技术缺陷所占比例约为 59%，共计 115 起；材料失效所占比例约为 41%，共计 78 起。不同事故原因及发生次数如表 7-11 所示。

表 7-11　EGIG 燃气管线设计缺陷事故历史数据

事故原因	事故起数	所占比例 /%	指标归类
技术缺陷	115	59	技术缺陷
材料失效	78	41	材料失效
其他	0	0	无

根据上述燃气管线事故历史数据，$N \cdot L = 3.15 \times 10^3$ 千米·年，燃气管线已使用年限取为 15 年，即可计算出设计缺陷的三级指标即技术缺陷、材料失效的失效率密度函数和不可靠度函数，求出技术缺陷、材料失效指标的指标权重为

$$D_1 = 0.597, D_2 = 0.403$$

根据 EGIG 的数据及其分析，1970～2007 年，欧洲大型燃气管线共有 132 起由误操作诱发的燃气管线失效事故，其中，误动作所占比例约为 41%，共计 54 起；维护失效所占比例约为 59%，共计 78 起。不同事故原因及发生次数如表 7-12 所示。

表 7-12　EGIG 燃气管线误操作事故历史数据

事故原因	事故起数	所占比例 /%	指标归类
误动作	54	41	误动作
维护失效	78	59	维护失效
其他	0	0	无

根据上述燃气管线事故历史数据，$N \cdot L = 3.15 \times 10^3$ 千米·年，燃气管线已使用年限取为 15 年，即可计算得出误操作的三级指标即技术缺陷、材料失效的失效率密度函数和不可靠度函数，求出技术缺陷、材料失效指标的指标权重为

$$I_1 = 0.408, I_2 = 0.592$$

根据 EGIG 的数据及其分析，1970～2007 年，欧洲大型燃气管线共有 86 起

由地质活动诱发的燃气管线失效事故，其中，溃堤所占比例约为1%，共计1起；洪水所占比例约为22%，共计19起；滑坡与泥石流所占比例约为64%，共计55起；河水冲积所占比例为7%；共计6起；地质坍塌所占比例为6%；共计5起。不同事故原因及发生次数如表7-13所示。

表7-13 EGIG 燃气管线地质活动事故历史数据

事故原因	事故起数	所占比例/%	指标归类
溃堤	1	1	溃堤
洪水	19	22	洪水
滑坡与泥石流	55	64	滑坡与泥石流
河水冲积	6	7	河水冲积
地质塌陷	5	6	地质塌陷
其他	0	0	无

根据上述燃气管线事故历史数据，$N \cdot L = 3.15 \times 10^3$ 千米·年，燃气管线已使用年限取为 15 年，即可计算出地质活动的三级指标即溃堤、洪水、滑坡与泥石流、河水冲积、地质坍塌的指标权重为

$$G_1 = 0.012, G_2 = 0.220, G_3 = 0.641, G_4 = 0.069, G_5 = 0.058$$

3. 事故后果指标权重计算

通过调查实际的城市燃气管线分布范围、周边设施分布情况、人口密度、环境条件、地质条件、自然气象条件等基础数据，即可进行事故后果指标权重的计算。鉴于某市部分区域燃气管线分布范围较小，主要位于城市生活区内，均邻近主干道路或位于城市居民小区内，各管段所在处的气象、地质情况基本相同，人口分布相对比较均匀，管线周围弱点中心、重点防卫目标和其他城市生命线系统较多且分布均匀，可以采用相同的权重进行风险评估。因此，根据以上原则，取该城市燃气管线风险评估指标体系事故后果指标中的三级指标（介质危险性、环境危险性、人口密度、财产分布、城市生命线系统分布）的权重为

$$B_{11} = 0.25, B_{12} = 0.25, B_{21} = 0.133, B_{22} = 0.133, B_{23} = 0.133$$

将上述各自计算出的三级指标权重与二级指标权重相乘，即可得到城市燃气管线风险评估指标体系各三级指标的权重值。整理上述计算结果，并与所建立的指标对应，即可得到实例燃气管线的指标体系。所建立的城市燃气管线风险评估指标体系管线脆弱性指标及权重如表7-14所示，事故诱因指标及权重如表7-15所示，事故后果指标及权重如表7-16所示。

表 7-14　城市燃气管线风险评估指标体系管线脆弱性指标及权重

一级指标	权重	二级指标	权重	三级指标	权重
管线脆弱性	1	线路情况	0.323	管输气体流量	0.154
				管输气体压力	0.169
		建造情况	0.677	管壁厚度	0.193
				管线直径	0.158
				最小埋深	0.165
				使用年限	0.161

表 7-15　城市燃气管线风险评估指标体系事故诱因指标及权重

一级指标	权重	二级指标	权重	三级指标	权重
事故诱因	1	外界干扰	0.514	建筑施工	0.272
				地面活动情况	0.062
				市政工程建设	0.062
				园艺与农业活动	0.062
				供水、排水设施建设	0.056
		腐蚀	0.148	蚀损斑腐蚀	0.098
				电化学腐蚀	0.017
				应力腐蚀	0.007
				管线内腐蚀	0.026
		设计缺陷	0.160	技术缺陷	0.096
				材料失效	0.064
		误操作	0.108	误动作	0.044
				维护失效	0.064
		地质活动	0.070	溃堤	0.001
				洪水	0.015
				滑坡与泥石流	0.045
				河水冲积	0.005
				地质坍塌	0.004

表 7-16　城市燃气管线风险评估指标体系事故诱因指标及权重

一级指标	权重	二级指标	权重	三级指标	权重
事故后果	1	泄漏危害	0.5	介质危险性	0.228
				环境危险性	0.272
		事故影响	0.5	人口密度	0.167
				财产分布	0.167
				城市生命线分布	0.166

4. 实例管线的风险评估

根据某市部分区域燃气管线运行数据和环境数据，运用上述指标体系和评估方法进行风险评估，结果如下。

根据第六章所述的风险评估方法对该城市部分区域燃气管线进行风险评估，得到管线脆弱性指标值，如表 7-17 所示。

表 7-17　某市部分区域燃气管线风险评估管线脆弱性指标值

管段	指标值	管段	指标值	管段	指标值	管段	指标值
1	4.687	25	4.702	49	4.435	73	4.907
2	6.934	26	4.335	50	4.441	74	4.946
3	6.630	27	4.585	51	4.662	75	5.110
4	4.494	28	4.298	52	4.931	76	5.332
5	3.895	29	4.272	53	4.429	77	5.159
6	4.388	30	4.342	54	4.485	78	5.607
7	4.285	31	4.415	55	4.817	79	6.937
8	3.801	32	4.279	56	4.551	80	7.138
9	3.678	33	4.167	57	4.419	81	7.179
10	4.109	34	4.250	58	4.467	82	5.547
11	3.944	35	4.126	59	4.363	83	5.768
12	3.245	36	4.298	60	4.226	84	5.855
13	3.829	37	4.380	61	3.910	85	5.558
14	3.659	38	4.420	62	4.292	86	5.702
15	3.299	39	4.460	63	3.797	87	5.620
16	4.160	40	4.435	64	4.390	88	8.420
17	4.290	41	4.455	65	4.624	89	8.358
18	4.460	42	4.211	66	5.960	90	8.451
19	4.439	43	4.266	67	7.431	91	7.741
20	4.167	44	4.139	68	7.216	92	8.400
21	4.853	45	4.220	69	4.796	93	8.400
22	4.929	46	4.211	70	5.354	94	4.546
23	4.826	47	4.313	71	4.975	95	4.837
24	4.687	48	4.568	72	4.985		

根据第六章所述的风险评估方法对某市部分区域燃气管线进行风险评估，得到事故诱因指标值，如表 7-18 所示。

表 7-18 城市部分区域燃气管线风险评估事故诱因指标值

管段	指标值	管段	指标值	管段	指标值	管段	指标值
1	5.662	25	5.26	49	5.332	73	4.848
2	5.356	26	5.26	50	5.26	74	5.023
3	5.339	27	5.332	51	5.644	75	4.972
4	5.983	28	5.494	52	5.452	76	4.78
5	5.424	29	5.068	53	5.136	77	4.831
6	5.842	30	5.541	54	5.452	78	5.232
7	5.915	31	5.26	55	5.164	79	5.295
8	5.74	32	5.49	56	4.839	80	4.972
9	5.599	33	5.712	57	5.065	81	5.449
10	6	34	5.374	58	5.023	82	5.356
11	5.407	35	5.311	59	5.044	83	4.78
12	5.569	36	5.524	60	5.257	84	4.848
13	5.569	37	5.302	61	5.065	85	5.407
14	5.407	38	5.566	62	4.831	86	4.831
15	5.569	39	5.37	63	5.236	87	5.407
16	5.428	40	5.302	64	4.78	88	4.78
17	5.306	41	5.11	65	4.882	89	5.407
18	5.089	42	5.136	66	4.822	90	5.424
19	5.332	43	5.281	67	4.831	91	5.147
20	5.562	44	5.068	68	5.04	92	4.831
21	5.716	45	5.068	69	5.023	93	5.407
22	5.311	46	5.089	70	4.78	94	5.164
23	5.733	47	5.353	71	4.78	95	5.407
24	5.716	48	5.707	72	4.972		

　　根据第六章所述的风险评估方法对某市部分区域燃气管线进行风险评估，重点评估燃气管线周边重要防卫目标和弱点中心的分布。将泄漏危害指标值与事故影响指标值相乘，得到事故后果指标值，如表 7-19 所示。

表 7-19 城市部分区域燃气管线风险评估事故后果指标值

管段	指标值	管段	指标值	管段	指标值	管段	指标值
1	8.871	25	10.347	49	11.823	73	8.871
2	8.871	26	10.347	50	11.823	74	8.871
3	8.871	27	10.347	51	10.347	75	8.871
4	10.347	28	10.347	52	10.347	76	8.871
5	10.347	29	10.347	53	10.347	77	8.871
6	10.347	30	10.347	54	10.347	78	8.871
7	10.347	31	10.347	55	10.347	79	8.871
8	10.347	32	10.347	56	10.347	80	8.871
9	10.347	33	10.347	57	10.347	81	8.871
10	10.347	34	10.347	58	11.823	82	8.871
11	10.347	35	10.347	59	10.347	83	8.871
12	10.347	36	11.823	60	11.823	84	8.871
13	10.347	37	10.347	61	10.347	85	8.871
14	10.347	38	10.347	62	11.823	86	8.871
15	11.823	39	11.823	63	10.347	87	8.871
16	10.347	40	10.347	64	11.823	88	8.871
17	10.347	41	10.347	65	11.823	89	8.871
18	11.823	42	11.823	66	8.871	90	8.871
19	10.347	43	10.347	67	8.871	91	8.871
20	11.823	44	11.823	68	8.871	92	8.871
21	10.347	45	10.347	69	8.871	93	8.871
22	10.347	46	10.347	70	8.871	94	10.347
23	10.347	47	10.347	71	8.871	95	10.347
24	10.347	48	10.347	72	8.871		

　　将管线脆弱性指标值、事故诱因指标值、事故后果指标值相乘，得到综合评定的城市燃气管线风险评估结果，如表 7-20 所示。

表 7-20 城市部分区域燃气管线风险评估结果

管段	指标值	管段	指标值	管段	指标值	管段	指标值
1	235.439	25	235.917	49	279.551	73	211.023
2	329.475	26	249.565	50	276.210	74	220.366
3	314.020	27	237.143	51	272.260	75	225.385
4	278.211	28	242.839	52	278.160	76	226.105
5	218.592	29	227.692	53	235.388	77	221.078
6	265.223	30	253.106	54	253.030	78	260.217
7	262.255	31	232.865	55	257.359	79	325.824
8	225.768	32	236.718	56	227.888	80	314.809
9	213.086	33	251.192	57	231.606	81	346.996
10	255.115	34	229.434	58	265.274	82	263.566
11	220.641	35	236.161	59	227.697	83	244.560
12	186.962	36	286.050	60	262.682	84	251.789
13	220.626	37	242.483	61	204.902	85	266.587
14	204.705	38	256.828	62	245.141	86	244.347
15	217.197	39	281.543	63	205.712	87	269.541
16	233.622	40	244.401	64	248.102	88	357.036
17	235.529	41	222.636	65	266.891	89	400.915
18	268.330	42	259.059	66	254.952	90	406.621
19	244.904	43	226.183	67	318.454	91	353.450
20	273.987	44	252.848	68	322.634	92	359.966
21	287.005	45	220.806	69	213.691	93	402.884
22	270.875	46	227.126	70	227.027	94	242.891
23	286.284	47	252.982	71	210.961	95	270.611
24	278.108	48	254.612	72	219.882		

从上述风险评估结果可知，有 3 条燃气管线风险评估值大于 400，危险程度很高；有 10 条燃气管线风险评估值介于 300 和 400 之间，危险程度较高；只有 1 条燃气管线风险评估值小于 200，相对较为安全。此外，该燃气管线 95 条管线风险

评估的平均值为 258.718，共有 37 条管线的风险评估值高于平均值，即高于该燃气管线的平均风险值，应当对其风险进行管理，进行适当的改进和维护。

（二）定量评估 – 风险值定量计算

根据某市部分区域燃气管线的基础数据，计算燃气管线各管段个人风险 10^{-6} 影响范围的最大值，分析燃气管线事故可能造成的人员伤亡情况。缺乏燃气管线运行压力数据和当地的经济发展数据，不能分析失效后果在燃气管线内部传播所可能造成的经济风险，因此主要计算燃气管线外部的事故后果，通过燃气管线失效事故影响范围的大小定量评估失效后果的严重程度。

为便于分析，并考虑到燃气管线的基础数据特征，采取如下失效事故假定和实验条件。

（1）假定燃气管线失效破裂的泄漏率为管线设计流量的十分之一。

（2）假设市区不同区域的人口密度相同，均为 4980 人 / 千米² （袁长丰，2005），即 4.98×10^{-3} 人 / 米²。

（3）假设火球燃烧、爆炸的暴露时间为 30 秒。

（4）该管线为城市低压管线，因此假定燃气的毒性可以忽略。

根据以上假设条件，对给定的燃气管线实例进行风险评估。

1. 可能性分析

根据第五章所述的计算方法对某市部分区域燃气管线进行风险评估。通过燃气管线的管径、最小埋深等运行参数和燃气管线周边人口密度、防护条件等环境参数，定量计算各管段失效率，如表 7-21 所示。

表 7-21　城市部分区域燃气管线管段失效率（$\times 10^{-4}$ 年 / 千米）

管段	失效率	管段	失效率	管段	失效率	管段	失效率
1	32.54	12	9.99	23	4.61	34	9.99
2	4.45	13	9.99	24	6.66	35	6.92
3	3.08	14	6.92	25	21.70	36	2.00
4	4.61	15	32.54	26	8.16	37	2.00
5	6.66	16	6.92	27	26.57	38	2.00
6	6.66	17	6.92	28	8.16	39	2.00
7	6.66	18	6.92	29	8.16	40	2.00
8	8.16	19	6.92	30	8.16	41	2.00
9	8.16	20	6.92	31	8.16	42	2.00
10	8.16	21	6.66	32	8.16	43	2.00
11	8.16	22	4.61	33	8.16	44	2.00

续表

管段	失效率	管段	失效率	管段	失效率	管段	失效率
45	2.00	58	2.00	71	1.09	84	0.89
46	2.00	59	2.00	72	2.00	85	0.89
47	2.00	60	2.00	73	1.33	86	0.89
48	2.00	61	6.51	74	1.33	87	0.89
49	2.00	62	6.51	75	1.38	88	0.59
50	2.00	63	6.51	76	1.09	89	0.59
51	2.67	64	2.00	77	1.09	90	0.59
52	2.67	65	1.38	78	0.89	91	1.93
53	1.63	66	2.00	79	1.33	92	0.59
54	1.63	67	0.89	80	0.89	93	0.59
55	1.33	68	0.89	81	0.89	94	1.63
56	2.00	69	2.00	82	0.89	95	1.13
57	2.00	70	1.09	83	0.89		

2. 后果分析

根据燃气管线各管段失效率，定量计算个人风险 10^{-6} 所对应的伤亡百分数，计算结果如表 7-22 所示。

表 7-22　城市部分区域燃气管线失效伤亡百分数（%）

管段	百分数	管段	百分数	管段	百分数	管段	百分数
1	0.03	14	0.14	27	0.04	40	0.50
2	0.22	15	0.03	28	0.12	41	0.50
3	0.32	16	0.14	29	0.12	42	0.50
4	0.22	17	0.14	30	0.12	43	0.50
5	0.15	18	0.14	31	0.12	44	0.50
6	0.15	19	0.14	32	0.12	45	0.50
7	0.15	20	0.14	33	0.12	46	0.50
8	0.12	21	0.15	34	0.10	47	0.50
9	0.12	22	0.22	35	0.14	48	0.50
10	0.12	23	0.22	36	0.50	49	0.50
11	0.12	24	0.15	37	0.50	50	0.50
12	0.10	25	0.05	38	0.50	51	0.38
13	0.10	26	0.12	39	0.50	52	0.38

管段	百分数	管段	百分数	管段	百分数	管段	百分数
53	0.61	64	0.50	75	0.72	86	1.12
54	0.61	65	0.72	76	0.92	87	1.12
55	0.75	66	0.50	77	0.92	88	1.69
56	0.50	67	1.12	78	1.12	89	1.69
57	0.50	68	1.12	79	0.75	90	1.69
58	0.50	69	0.50	80	1.12	91	0.52
59	0.50	70	0.92	81	1.12	92	1.69
60	0.50	71	0.92	82	1.12	93	1.69
61	0.15	72	0.50	83	1.12	94	0.61
62	0.15	73	0.75	84	1.12	95	0.89
63	0.15	74	0.75	85	1.12		

3. 实例管线的风险评估

根据燃气管线各管段伤亡百分数，通过第 3 章所述的定量计算物理模型和方法，定量计算各管段个人风险 10^{-6} 影响范围的最大值，如表 7-23 所示。

表 7-23　城市部分区域燃气管线个人风险影响范围

管段	影响范围 / 米	管段	影响范围 / 米	管段	影响范围 / 米	管段	影响范围 / 米
1	10.63	15	6.53	29	12.15	43	5.49
2	34.86	16	8.08	30	9.42	44	5.49
3	34.82	17	8.08	31	9.42	45	7.24
4	10.54	18	5.58	32	9.42	46	7.24
5	10.58	19	5.58	33	3.06	47	7.24
6	10.58	20	5.58	34	9.43	48	7.24
7	10.58	21	14.39	35	4.48	49	5.49
8	3.06	22	14.35	36	4.40	50	4.40
9	3.06	23	14.35	37	7.89	51	4.40
10	3.06	24	14.39	38	7.89	52	12.04
11	10.59	25	14.41	39	5.49	53	2.97
12	6.53	26	12.15	40	5.49	54	2.97
13	6.53	27	12.17	41	7.24	55	2.96
14	6.53	28	12.15	42	4.40	56	11.02

续表

管段	影响范围 / 米	管段	影响范围 / 米	管段	影响范围 / 米	管段	影响范围 / 米
57	7.24	67	34.82	77	11.97	87	2.93
58	4.40	68	34.82	78	2.04	88	32.64
59	5.49	69	2.67	79	34.62	89	32.64
60	5.49	70	13.36	80	34.56	90	34.39
61	8.08	71	13.36	81	34.56	91	30.88
62	5.58	72	2.07	82	2.35	92	32.64
63	5.58	73	10.40	83	2.35	93	32.64
64	2.98	74	10.40	84	2.93	94	2.97
65	4.37	75	2.37	85	2.93	95	2.95
66	10.55	76	11.97	86	2.93		

从上述风险评估结果可知，有 13 条燃气管线个人风险影响范围大于 30 米，危险程度很高；有 58 条燃气管线个人风险影响范围小于 10 米，相对较为安全。此外，该燃气管线 95 条管线个人风险影响范围的平均值为 10.82 米，共有 28 条管线的风险评估值高于平均值，即高于该燃气管线的风险平均值，应当对其风险进行管理，进行适当的改进和维护。

根据燃气管线各管段个人风险分布，并取该城市市区人口密度为 4980 人 / 千米^2，即 4.98×10^{-3} 人 / 米^2，定量计算各管段周围的社会风险（人 / 米^2），如表 7-24 所示。

表 7-24　城市部分区域燃气管线社会风险

管段	社会风险	管段	社会风险	管段	社会风险	管段	社会风险
1	0.001860	12	0.000336	23	0.001072	34	0.000580
2	0.000683	13	0.000411	24	0.001964	35	0.000149
3	0.000490	14	0.000173	25	0.002826	36	0.000123
4	0.000695	15	0.001580	26	0.000474	37	0.000104
5	0.000170	16	0.000223	27	0.002420	38	0.000177
6	0.000700	17	0.000472	28	0.001193	39	0.000093
7	0.000928	18	0.000206	29	0.000384	40	0.000089
8	0.000241	19	0.000357	30	0.000795	41	0.000055
9	0.000147	20	0.000401	31	0.000378	42	0.000028
10	0.000350	21	0.001874	32	0.001068	43	0.000057
11	0.000123	22	0.000404	33	0.000503	44	0.000050

管段	社会风险	管段	社会风险	管段	社会风险	管段	社会风险
45	0.000022	58	0.000043	71	0.000045	84	0.000009
46	0.000044	59	0.000066	72	0.000023	85	0.000041
47	0.000108	60	0.000131	73	0.000033	86	0.000006
48	0.000197	61	0.000393	74	0.000046	87	0.000049
49	0.000098	62	0.000165	75	0.000016	88	0.000047
50	0.000058	63	0.000341	76	0.000042	89	0.000477
51	0.000197	64	0.000026	77	0.000032	90	0.000570
52	0.000368	65	0.000016	78	0.000019	91	0.000623
53	0.000009	66	0.000090	79	0.000652	92	0.000053
54	0.000055	67	0.000086	80	0.000236	93	0.000508
55	0.000049	68	0.000154	81	0.000881	94	0.000065
56	0.000068	69	0.000025	82	0.000020	95	0.000064
57	0.000115	70	0.000038	83	0.000003		

从上述风险评估结果可知，有 7 条燃气管线社会风险大于 0.001（人／米²），危险程度很高；有 40 条燃气管线的社会风险小于 0.0001（人／米²），相对较为安全。此外，该燃气管线 95 条管线的社会风险平均值为 0.000368（人／米²），共有 32 条管线的风险评估值高于平均值，即高于该燃气管线的风险平均值，应当对其风险进行管理，进行适当的改进和维护。

（三）评估结果与方法比较

经过比较分析，上述两种风险评估方法的评估结果有一定相似度。在地理信息系统上表征两种风险评估方法的分析结果，如图 7-16～图 7-18 所示。

在图 7-15～图 7-17 中，根据风险评估结果的大小，利用统计学的分位数（quantile）法将所有管段分为四类，并分别用红色、橙色、黄色和蓝色进行标识。根据这一分类方法，每一类别中均包含相同个数的元素。因此，在风险评估结果示意图中，标识为红色的管段，代表风险评估结果从大到小排序位于前四分之一的管段，即为风险最大的部分管段；而标识为蓝色的管段，代表风险评估结果从大到小排序位于后四分之一的管段，即为风险最小的部分管段。

在定性评估中，共有 37 条燃气管线的风险评估值大于平均值，58 条燃气管线的风险评估值小于平均值；在定量评估中，共有 28 条燃气管线的个人风险影响范围大于平均值，67 条燃气管线的个人风险影响范围小于平均值，共有 32 条燃气管线的社会风险大于平均值，53 条燃气管线的社会风险小于平均值。

　　因此，对比图中不同颜色管段的分布可以发现，相同颜色的管段基本相同，即定性、定量两种风险评估方法具有良好的相似性，评估结果具有较高的一致性。

　　从图中也可以看出，对于定量风险评估，个人风险影响范围计算结果与社会风险评估结果也有较大不同，这主要是由于社会风险评估需要考虑管线周边区域人员的影响，即社会风险的大小与燃气管线风险所影响的面积大小成正比。个人风险影响范围越大、燃气管线长度越长，则燃气管线风险所影响的面积越大，社会风险值越大。从图 7-18 中可以看出，社会风险较大的管线均为长度较长或个人风险值很大的管线。

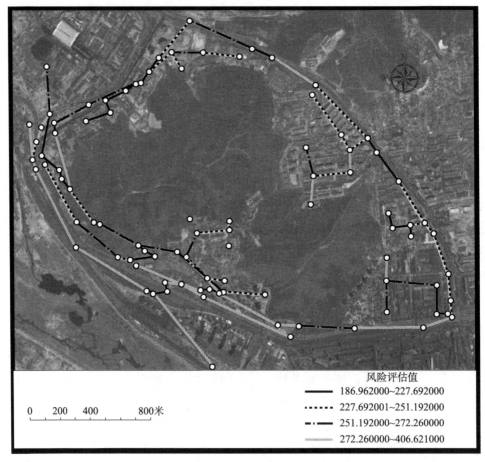

图 7-15　城市部分区域燃气管线定性风险评估结果

　　可以看出，采用上述两种风险评估方法进行风险评估，均能够分析、判断出燃气管线中风险较大的管线，即存在安全隐患、需要进行维护和管理的燃气管线。

比较图 7-15、图 7-16 和图 7-17，可以发现，虽然两种风险评估方法的评估结果均能够反映出燃气管线实际风险的大小和规律，但两种方法评估结果的数值大小仍有较大的差异性。分析其原因，是由于两种风险评估方法的评估思路和评估方法仍有较大不同，主要包括如下几个方面。

（1）评估准确度不同。两种风险评估方法中，定性风险评估主要通过评分的方式进行风险值的量化，其评分标准和评分细则的制定带有一定的主观性；定量风险评估主要通过燃气管线失效泄漏后物理效应在管线外分布的情况定量计算风险值的大小，风险值的分布与燃气管线失效假定和事故的物理模型、物理规律有关。

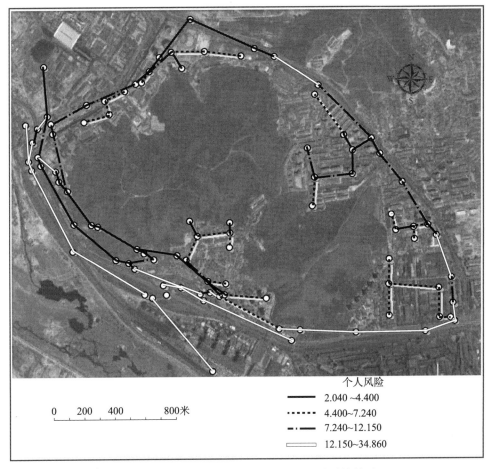

个人风险
── 2.040~4.400
┈┈ 4.400~7.240
─·─ 7.240~12.150
□ 12.150~34.860

0　　200　　400　　800米

图 7-16　城市部分区域燃气管线个人风险计算结果

（2）评估内容不同。定性风险评估的内容包括人员伤亡、财产损失、环境破坏等多种不同类型的事故后果；定量风险评估的内容主要是人员伤亡，即仅针对

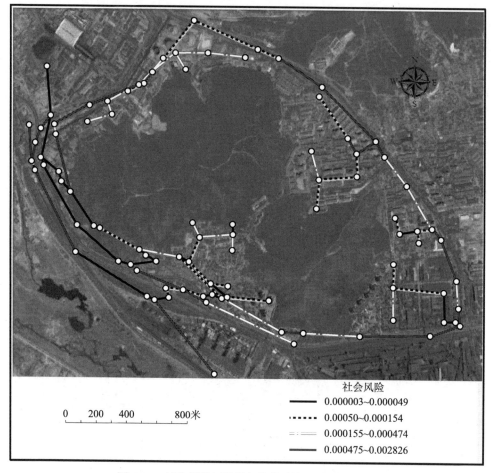

图 7-17　城市部分区域燃气管线社会风险评估结果

个人风险进行风险值的计算。

（3）评估方法不同。定性风险评估考虑了多种不同类型事故发生的可能性，但是并没有考虑不同类型事故发生的机理和物理模型；定量风险评估则考虑了不同类型事故发生的机理和物理模型，但对不同原因导致的燃气管线失效的可能性未加以区分。

（4）评估思路不同。定性风险评估综合了不同类型事故原因导致燃气管线失效的可能性，并采用根据评分细则评分的方法定性的评估风险的大小，其风险评估值的大小与燃气管线基础数据、事故历史数据、周边环境数据有关，也与风险评估人员的主管认识有关；定量风险评估以燃气管线失效不同事故后果的物理模型和演化规律为计算根据，定量计算燃气管线个人风险、社会风险和经济风险的大小，其风险评估值的大小只与燃气管线失效率和所采用的物理模型有关。

（5）评估目的不同。定性风险评估主要用于工程应用，由风险评估人员根据风险评估指标体系进行打分，定性的评估燃气管线中各管段风险的大小，为制定维护措施和防灾减灾提供依据；定量风险评估主要用于安全管理，既可以比较燃气管线各管段风险的大小，也可以计算燃气管线风险的影响范围，为设定安全距离和制定防灾减灾策略提供量化的参考依据。

因此，定性和定量两种风险评估方法均能够应用于实际的城市部分区域燃气管线风险评估。在实际的应用过程中，可以根据实际的情况和需求选择合适的风险评估方法。

四、案例2：全市区域的城市燃气管线风险评估

选取某市全市区域燃气管线作为风险评估对象。该城市市区燃气管线由5421 个管段和 5748 个节点组成，拓扑结构如图 7-18 所示。

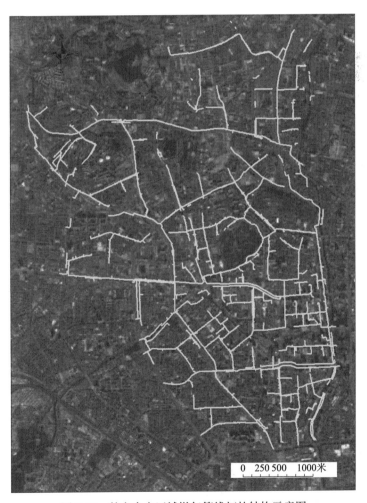

图 7-18　某市全市区域燃气管线拓扑结构示意图

运用上文所提出的城市燃气管线定性和定量风险评估方法进行风险评估。

对于定性风险评估方法，由于缺乏该市市区燃气管线有关指标值的基础数据，所以运用第六章所提出的定性风险评估指标体系进行定性风险评估。

对于定量风险评估方法，为便于分析，并考虑到燃气管线的基础数据特征，采取如下失效事故假定和实验条件。

（1）假定燃气管线失效破裂的泄漏孔径为管线直径的三分之一。

（2）假设该市市区不同区域的人口密度相同，均为 27 233 人 / 千米^2（韩朱旸，2010），即 2.72×10^{-2} 人 / 米^2。

（3）假设火球燃烧、爆炸的暴露时间为 30 秒。

（4）由于该管线为城市低压管线，因此假定燃气的毒性可以忽略。

（一）风险评估

根据该市市区燃气管线的基础数据，采用上文所述方法进行风险评估，结果如图 7-19～图 7-21 所示。图 7-19 为该市燃气管线定性风险评估结果示意图，图 7-20 为该市燃气管线个人风险计算结果示意图，图 7-21 为社会风险计算结果示意图。在图 7-19～图 7-21 中，根据风险评估结果的大小，利用统计学的分位数（quantile）法将所有管段分为四类，并分别用红色、橙色、黄色和蓝色进行标识。

从图 7-19 的风险评估结果可知，有 740 条燃气管线个人风险影响范围大于 300，危险程度很高；有 843 条燃气管线个人风险影响范围小于 250，相对较为安全。此外，该燃气管线 5421 条管线个人风险影响范围的平均值为 271.965，共有 2065 条管线的风险评估值高于平均值，即高于该燃气管线的风险平均值，尤其是城市主要道路沿线的管线风险评估结果普遍偏大，应当对其风险进行管理，进行适当的改进和维护。

从图 7-20 的风险评估结果可知，有 613 条燃气管线个人风险影响范围大于 100 米，危险程度很高；有 2500 条燃气管线个人风险影响范围小于 10 米，相对较为安全。此外，该燃气管线 5421 条管线个人风险影响范围的平均值为 33.01 米，共有 1526 条管线的风险评估值高于平均值，即高于该燃气管线的风险平均值，尤其是城市主要道路沿线的管线风险评估结果普遍偏大，应当对其风险进行管理，进行适当的改进和维护。

根据燃气管线各管段个人风险分布，并取该市市区人口密度为 27 233 人 / 千米^2（韩朱旸，2010），即 2.72×10^{-2} 人 / 米^2，定量计算各管段周围的社会风险（人 / 米^2），如图 7-19 所示。

从图 7-21 的风险评估结果可知，有 663 条燃气管线社会风险大于 0.003（人 / 米^2），危险程度很高；有 1325 条燃气管线社会风险小于 0.0001（人 / 米^2），相对较为安全。此外，该燃气管线 5421 条管线社会风险平均值为 0.001 529（人 /

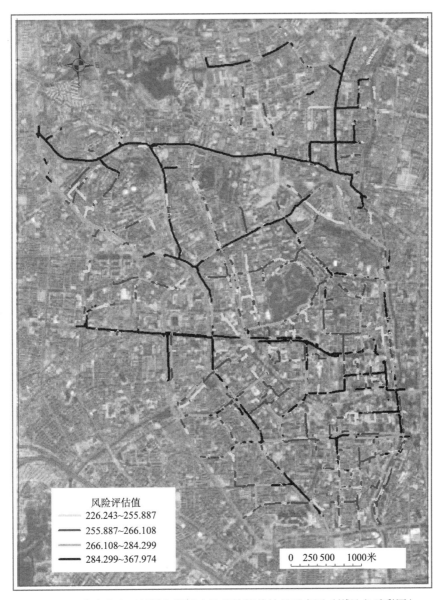

图 7-19　某市全市区域燃气管线定性风险评估结果示意图（详见文后彩图）

米²），共有 1310 条管线的风险评估值高于平均值，即高于该燃气管线的风险平均值，尤其是城市主要道路沿线的管线风险评估结果普遍偏大，应当对其风险进行管理，进行适当的改进和维护。

（二）结果比较

从图中可以看出，对于定量风险评估，个人风险影响范围计算结果与社会风

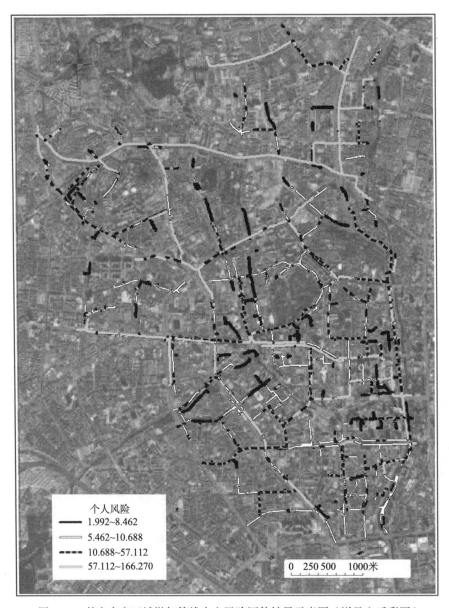

图 7-20 某市全市区域燃气管线个人风险评估结果示意图（详见文后彩图）

险评估结果有较大不同，这主要是由于社会风险的大小与燃气管线风险所影响的面积大小成正比。个人风险影响范围越大、燃气管线长度越长，则燃气管线风险所影响的面积越大，社会风险值越大。在大范围的城市燃气管线中，社会风险评估结果受管线长度影响较大，长度较短的管线社会风险也较小，采用蓝色标识后较难辨认。因此，在大型城市燃气管线风险评估应用中，可以采用个人风险作为定量评估的主要评估结果。

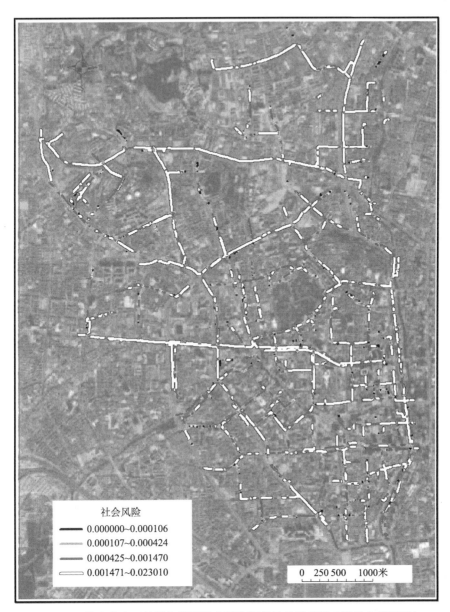

图 7-21　某市全市区域燃气管线社会风险评估结果示意图（详见文后彩图）

对比图 7-18 和图 7-19 中不同颜色管段的分布可以发现，相同颜色的管段基本相同，即定性、定量两种风险评估方法具有良好的相似性，评估结果具有较高的一致性。因此，两种风险评估方法均能够分析出该城市燃气管线中风险较大的管段，分析结果基本相同。

经过验证可以发现，定性和定量两种风险评估方法均能够应用于实际的大型城市燃气管线风险评估。同时，对比两种方法的过程和结果可以发现，定性风险评估方法考虑的因素更加充分，能够全面分析燃气管线是小过程中多种因素的综合作用，因而应用于大型城市燃气管线风险评估的可行性与该城市燃气管线数据情况有关；定量风险评估方法的计算结果更为精确，便于与风险限值进行比较，能够更好地进行风险等级划分。

鉴于城市燃气管线定性风险评估方法和定量风险评估方法在评估结果上的相似性，在实际的大型燃气管线风险评估应用中，可以根据实际的情况和需求选择合适的风险评估方法。对于缺乏基础数据的情况，可以根据定量风险评估结果近似拟合定性风险评估的结果，综合判断燃气管线各管段的风险情况，判定燃气管线风险等级，科学的进行城市燃气管线风险管理。

本节针对城市部分区域燃气管线（部分）和某市市区燃气管线，分别运用风险评估指标体系和风险计算模型进行风险评估，验证了两种风险评估方法的可信性、可行性和科学性，并比较了两种风险评估方法的结果。

经过验证发现，两种风险评估方法的评估结果具有良好的相似性和实用性，均能够运用于实际的城市燃气管线风险评估，能够通过风险评估判断出燃气管线中风险较大的管线，并可根据风险评估值比较不同燃气管线风险间的大小关系。其中，定量风险评估方法具有更高的计算精度和准确性，但也需要更长的计算时间；而定性风险评估方法考虑了多种原因导致燃气管线失效的情况，能够更加全面地评估燃气管线失效的可能性，但需要更加充分和准确的燃气管线基础数据信息。在实际的应用过程中，方法的选择取决于评估对象的基础数据详尽程度及风险评估所需的计算精度要求。

由于两种风险评估方法的思路和方法不同、过程和结果不同，所以在实际的工程应用中，可以根据评估目的和数据情况选取适当的方法进行风险评估。

第三节　城市地下管线运行风险评估的管理机制

一、风险评估管理机制的建立

地下管线风险评估的管理机制以保障城市地下管线设施运行安全为目标，依照现行管理体制，坚持行业主管部门组织督促，企业具体实施，地下管线综合协调部门综合协调的工作原则。各地下管线权属企业行业主管部门应组织行业企业根据相关规定，推进地下管线风险评估工作。

（一）组织结构与职责分工

为了实现对城市地下管线风险评估，需要建立起合适、有序的管理工作机制。有效的工作机制能够使得体系中单位、人员之间得以有序地分工合作，使得资源得以共享、机制得以完善，从而产生协同效应，实现降低城市地下管线风险的目标。

应设立城市地下管线风险管理领导小组。组长由城市地下管线综合协调部门的领导担任。副组长由燃气、热力、电力、供水、排水、通信、广电等部门的主管领导担任。成员单位包括自来水集团、排水集团、电力公司、燃气集团、热力集团、有线电视公司和通信企业。必要的时候还应邀请科研单位和专家小组共同参与。领导小组办公室设在城市地下管线综合协调部门，各成员单位确定主责处室并指定联络员参与办公室工作。

按照某市的政府职能分工，举例详述各相关单位职责分工如下。

（1）市政部门（城市地下管线综合协调部门和燃气、供热的行业主管部门）：贯彻市政府有关地下管线风险管理的工作要求，会同各行业主管部门落实地下管线风险管理工作；收集、汇总和分析各行业主管部门地下管线风险评估结果；建立综合叠加风险评估机制，分析判断地下管线综合叠加风险；组织燃气集团、热力集团开展燃气、供热地下管线风险评估工作；建立本市地下管线风险评估信息系统和数据库，做好与各行业主管部门数据交换对接工作。

（2）发展改革部门（电力行业主管部门）：负责组织电力公司开展电力地下管线风险评估工作；配合市政部门建立本市地下管线风险评估机制并做好相关工作；指导督促电力公司建立电力地下管线风险评估数据库，并与市地下管线风险评估数据库实现数据互换。

（3）水务部门（供水、排水行业主管部门）：负责组织自来水集团、排水集团开展供水、中水、排水地下管线风险评估工作；配合市政部门建立本市地下管线风险评估体系并做好相关工作；建立本市供水和排水地下管线风险评估数据库，并与市地下管线风险评估数据库实现数据交换。

（4）通信管理部门（通信行业主管部门）：负责组织各市级通信公司开展通信地下管线风险评估工作；配合市政部门建立本市地下管线风险评估机制并做好相关工作；建立本市通信地下管线风险评估数据库，并与市地下管线风险评估数据库实现数据交换。

（5）广电部门（有线电视主管部门）：负责组织市有线电视公司开展有线电视地下管线风险评估工作；配合市政部门建立本市地下管线风险评估机制并做好相关工作；建立本市有线电视地下管线风险评估数据库，并与市地下管线风险评估数据库实现数据交换。

（6）地下管线权属单位：根据行业主管部门要求和本细则的规定，组织实施本单位的地下管线风险评估工作。

（二）风险评估过程

1. 第一阶段：风险源调查

由地下管线综合协调管理部门牵头，各行业主管部门分别组织开展风险源调查工作，搜集城市地下管线相关的各方面信息。调查采用调查表和实地调研相结合的方式进行。对于普查对象以调查表为主，对重点企业辅以实地调研；对于重点调查对象，为获得更加翔实的资料，以实地调研为主，辅以调查表，从而能够对本市可能发生的各种地下管线突发事件和存在的风险源进行识别和描述。具体包括如下内容。

（1）燃气、供热、供水、雨水、污水、中水、电力、输油、照明、通信信息、广播电视等城市基础设施地下管线分布情况（包括所属单位、地理位置、埋深及周围环境情况等）。

（2）地下管线事故 / 事件统计数据。

（3）重点区域、交通枢纽及其他敏感性区域周边的地下管线分布及其他设备设施情况。

（4）重点管线及其他设施的重要部位的空间定位数据。

（5）地下管线分布及其他设备设施情况。

（6）管线所属单位基本情况（包括单位针对管线的管理制度、应急救援准备情况等）；政府监管体系情况（包括监管制度等）。

（7）各管线单位挂账隐患、急需解决的问题等。

通过分析整理以上资料，辨识风险源，形成风险源调查结果。

2. 第二阶段：风险评估和形成报告

风险评估包括对风险可能性的评估和对风险后果的评估。

1）风险可能性评估

根据风险源调查情况，对受影响对象的风险承受能力、风险管理方对风险的控制能力等要素的综合分析，确定城市地下管线突发事件发生的可能性。主要通过定量分析（建立一整套科学的指标体系，利用层次分析法分析）、历史数据分析、专家经验和会商等方式进行。

2）风险后果评估

风险后果主要包括人员伤亡、经济损失、环境影响等客观损失和政治影响、社会影响、媒体关注度、敏感程度等主观因素，同时要分析风险承受能力和控制能力对风险后果的影响作用。主要通过模型系统分析（建立一整套科学的指标体系，利用模糊综合分析法分析）、历史数据分析、专家经验和会商等方式进行。

3）风险等级确定

根据风险可能性和风险后果的评估结果，根据风险矩阵进行风险分级，确定相关指标体系，明确哪些风险需要控制，哪些风险可以接受，并确定风险管理的优先级，完成风险报告。

4）风险源的空间定位

收集各种风险源的空间定位数据，根据不同级别将其标绘于空间分布图上，有条件的可以制定基于 GIS 的地下管线风险源分布图。

3. 第三阶段：开展隐患治理，加强风险控制

依据第二阶段完成的风险评估与分级结果，以及风险的可控性，分析存在的问题和薄弱环节，确定风险控制策略，提出有针对性的风险控制措施，开展隐患治理工作、加强风险控制与整改的基础上，并提出地下管线风险控制工作建议。

根据风险的可控性将各类风险分为三类：可消除（规避）的风险、可降低的风险、不可控的风险。对可降低的风险通过实施工程技术措施或加强管理措施进行有效控制，把等级降低到可接受程度的风险。对不可控性的风险完善应急预案，加强应急演练，做好各项应急准备工作。

根据风险评估结果及风险的可控性，制订风险控制方案，根据风险等级和管理责任，明确风险控制工作的分工责任、控制措施（技术措施、管理措施、应急准备）和完成时限，制定风险控制表形成风险控制工作方案。

在城市地下管线运行风险评估的实践中，可以根据风险评估的责任主体，风险可分为企业级风险、行业级风险和市级重大风险三个级别。

（1）企业级风险，是指由地下管线权属企业内部组织力量便可控制管理的风险。

（2）行业级风险，是指由行业主管部门组织、协调市相关部门、区县和地下管线权属企业共同努力才能控制管理的风险。

（3）市级重大风险：在行业级风险中，风险等级是极高、高，并具备以下条件之一的确定为市级重大风险。①跨地区、跨部门或风险控制主体责任不清，且协调解决存在较大困难的。②需协调国家相关部委、其他省（区、市）的。③直接涉及市委、市政府重点工作的。④涉及人民群众普遍关心的重大民生问题，媒体舆论关注度高并可能引发社会不稳定因素的。⑤严重危及社会公共利益和公共安全或可能引发政治关注或外交事件的。⑥列为市政府挂账事故隐患的。

进行风险控制时，综合考虑风险评估结果严的重程度、可控性分类等，按照管理责任主体分别进行控制。

（1）企业级风险控制。企业对风险识别评估结果应登记造册，建立风险源台

账。对于判断识别出的企业级风险，应由本企业依据风险等级和可控性分类，分析存在的问题和薄弱环节，提出有针对性的风险控制方案并落实。主要控制措施可包括以下几方面。①制订更新改造计划。②健全安全管理制度，制定管理措施和运行规程。③制订应急预案和准备应急物资。④加强对有关人员的培训。⑤加强监督和检查。

（2）行业级风险控制。地下管线权属企业判断识别出的风险属于行业级风险时，应报送本行业主管部门；各行业主管部门对企业上报的行业级风险进行核实确认，应报送至市政部门。同时，各行业主管部门应牵头制定行业级风险控制方案、明确主体责任单位并组织实施。

（3）市级重大风险控制。市政部门对各行业主管部门报送的行业级风险进行汇总，并分析不同行业地下管线之间是否存在综合叠加风险，建立本市地下管线风险评估数据库。每年将地下管线风险汇总统计情况上报市应急委。对于综合叠加风险应列入市级重大风险上报市应急委。同时按照相关规定对市级重大风险实施风险控制。

4. 第四阶段：风险监测与应急准备

地下管线权属企业在风险评估结果的基础上，根据实际情况的变化、风险控制的成效及存在的问题，密切监测相关风险的动态变化，及时动态更新风险等级，调整风险控制策略，将地下管线风险动态更新表及时报送本行业主管部门。

（1）风险监测。根据风险控制的成效和存在的问题，结合新情况、新形势，密切监测相关风险的动态变化，形成基于风险评估与控制的管理系统。主要进行的工作有如下几项。①对原风险评估结果和本轮风险结果的动态变化情况进行比较，分析各风险控制数量的变化情况及风险源的变化情况。②风险控制措施及成效。说明落实风险控制与应急准备工作方案情况，采取风险控制措施情况和风险控制总体成效，包括：A类风险控制（消除）的情况、B类风险控制情况、C类风险应急准备工作情况。③结合风险评估结果，利用GIS，将风险源坐标根据不同等级、不同种类形成不同图层，形成动态的风险评估系统。

（2）风险评估的动态更新。①对新增风险的动态更新。对新增风险进行风险评估：明确已采取、正在采取和拟采取的控制措施，确定风险的可控分类，提出存在的问题和工作建议。②已消除风险的动态更新，包括原风险名称、风险等级与可控性，已采取的控制措施，风险消除的基本情况。③风险等级调整变更情况，包括调整前后的风险的名称，风险可能性等级、后果等级、风险等级与可控性分类，尤其是针对等级升高的风险要说明调整原因，以及需进一步明确具体风险控制措施。④综合叠加风险。分析、列举地下管线管理部门自身无法解决、需引起重视的综合叠加风险，说明叠加风险的具体情况。⑤根据以上分析，形成风险评估与控制动态更新表和风险源动态更新表，完成动态更新报告，对风险评估系统进行实时动态更新，各行业主管部门对地下管线权属企业上报的风险动态更新结果进行核实确认，更新各专业地下管线风险评估数据库并及时向市政部门报送。市政部门根据各行业主管部门报送的风险动态更新结果，及时更新本市地下管线风险评估数据库。

（3）应急准备。各相关单位结合风险评估的动态更新结果，针对主要风险，对应急预案的可操作性、完备性、协同性，以及应急队伍、应急物资的充分性进行评估，提出优化方案，做好预案、队伍、物资等各项应急准备工作，并有针对性地组织开展应急演练，并对应急演练效果提出具体评价和优化建议。

5. 第五阶段：应急处置阶段

遇到突发事件、重要时期或极端天气等情况，全面启动多部门协同的应急机制，建立专家会商制度，利用风险评估系统，科学部署应急保障队伍，高效运转应急指挥技术支撑体系，确保及时、迅速、妥善处置各类地下管线突发事件。

整个过程见图 7-22。

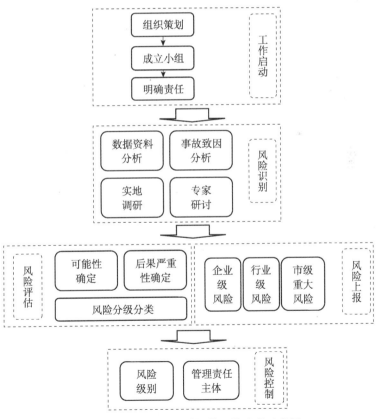

图 7-22　地下管线风险评估工作流程示意图

（三）重要时期的要求

现在许多城市都会举办全国乃至世界瞩目的重要活动或会议，此外，社会环境、自然环境都会遇到各种内外部的冲击，如极端天气的来临，都会对地下管线的风险评估工作有特殊的要求。在此重要时期，除按照一般程序开展地下管线风险评估工作外，应进一步根据重要时期的特殊性，分析地下管线可能存在的风险，提出有效的控制措施，进一步完善预案体系。

在重要时期到来之前，各行业主管部门应组织地下管线权属企业对涉及的区域和场所开展地下管线风险识别和评估工作。

地下管线权属企业应按照要求开展重要时期风险评估工作，同时将识别、评估结果上报行业主管部门。

各行业主管部门对地下管线权属企业上报的重要时期风险评估结果进行核实确认，相关数据信息按要求报送至市政部门。

市政部门对上报信息进行汇总，并会同各行业主管部门督促相关地下管线权属企业落实风险控制措施，在重要时期到来之前完成风险控制工作。

二、风险沟通机制

（一）地下管线管理联席会议制度

为提高地下管线管理工作水平，保障管线风险评估的效果，有效控制风险，便于地下管线各级政府管理部门和公共服务企（事）业单位沟通信息，做到地下管线管理协调工作的制度化，可以建立地下管线综合管理联席会议制度。

地下管线综合管理联席会议应由市政府主管领导和市政部门领导任召集人，联席会议办公室设在市政部门的地下管线综合协调管理处室。地下管线各级政府管理部门和公共服务企（事）业单位作为成员单位。

联席会议采用两种形式，分别是例会和协调会议。例会每月举行，联席会议办公室负责组织，召集人或召集人委托的人员主持，各成员单位主管领导参加。协调会议，根据工作需要不定期召开，联席会议办公室负责组织、召集，联席会议办公室负责人主持，与需协调事项有关的单位参加，并在联席会议制度的基础逐步建立健全以下几种工作机制。

1. 沟通联动机制

地下管线的投资、规划、建设、运行、更新及各环节的质量监督涉及多个政府行政主管部门和政府行业主管部门。为了防止出现管理的空当和盲区，在地下管线投资、规划、建设、运行、更新等各环节中，市、区两级相关管理部门必须实现双向联动。

２．管线档案信息的动态管理机制

地下管线信息品质（包括信息的完整性、准确性和现势性等）是地下管线信息管理与应用的基本要求，也是地下管线安全运行的重要前提与保证。为此，必须强化地下管线档案的管理工作，在全面普查现有管线信息、建立管线信息系统的基础上，及时更新地下管线数据资料，建立和实施动态管理机制，确保管线数据资料的现势性及保证管线数据信息的应用效益。

３．利益调控机制

在市场经济条件下，各地下管线的权属单位作为自负盈亏的市场主体，其行为中始终包含着利益动机，对利益的考量和追求往往贯穿其行为的始终。要通过联席会议，通过各种形式的友好协商并订立"行政协议"，明晰相关各方的利益边界，并运用政府补贴、建立管线专项基金、税收减免、损害赔偿等行政、经济、法律手段实现对各利益方的利益调节。

４．责任追究机制

明确地下管线安全运行管理过程中相关各方的职责，一方面是为了减少职责不清、职能交叉而导致的推诿卸责；另一方面则是为了"事后控制"环节中的责任追究。这里的责任追究主要针对在数据共享环节中的问题，如由于建设单位和施工单位前期不重视地下管线勘察，管线档案主管部门提供的管线图纸有误，野蛮施工，推诿职责，明知不是自身职责却又不及时沟通报告等。

（二）地下管线信息资源整合机制

信息的充分性、准确性和动态性是风险评估工作的关键要素。建立健全资源整合机制，规范完善资源整合流程，持续整合及动态更新地下管线综合资源，挖潜增值，使得管线资源为风险评估发挥出最大价值。建议采取措施加大数据共享力度，整合燃气、热力、给水、中水、雨水、污水、电力、路灯、信息、通信等各类地下管线的资源，建立城市地下管线信息资源整合机制，确保地下管线数据的高效利用，使得地下管线数据持续更新。该机制要满足以下几个特点。

（1）持续性。分类、分时段持续整合，运营建设不断、持续整合不断，持续长效。

（2）动态性。做到及时竣工测量、及时汇交资料，动态更新数据。

（3）时效性。信息资源能够适时反映现状，针对当前形势有效提供决策。

（4）安全性。信息资源具有保密性，存储、传输过程确保安全。

通过信息资源共享，政府主管部门部署数据抓取网关，权属单位部署数据抓取代理，政府主管部门和权属单位用政府专网连接；采用统一坐标系、统一数据格式下的管线专题库；统一数据管理的应用。建立的信息资源数据库结构示例如图 7-23 所示。

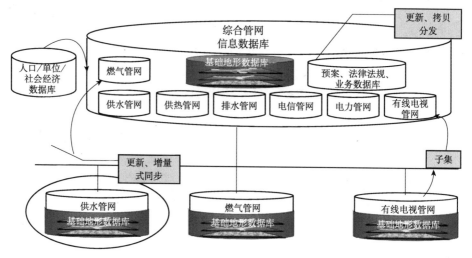

图 7-23　城市地下管线资源整合系统架构图

资源整合后应用功能包括如下几个方面。

1. 查询统计

（1）采用基础地理数据和管网业务数据的查询结合方式，满足多种查询点的需要。

（2）基础地理数据周边环境的缓冲查询，查看管线周边环境。

（3）综合管线和专题管线查询相结合，满足综合和专题管理的需要。

（4）采用单条件和多条件统计，满足多种统计条件的需要。

（5）对查询到的结果进行统计分析，满足用户特殊统计需要。

（6）按统计值的总数、最大值、最小值、平均值的多项目统计，从多方面展现管线的统计情况。

2. 事故抢修

（1）断面图。①地下管线发生故障时，为了给政府部门调动抢修单位提供决策支持。②提供各类管线与道路的水平参考位置、管线与路面的埋深参考位置，给抢修单位抢修提供参考，防止管网次生灾害的发生。

（2）事故抢修记录和事故发生空间位置的关联。①支持查看事故抢修记录时查看管线位置。②支持查询管线时查看管线历史事故记录。

3. 生命管理

管线生命周期为新建、维修、报废。记录管线生命周期中的各种信息，并且加以统计分析，为管线的规划、管理提供决策支持。

4. 隐患管理

（1）调查管线被占压情况、管线使用年限、管线埋设点土壤腐蚀性，利用信息系统管理管线隐患因素，避免因人工管理遗漏导致隐患变成事故。

（2）分析管线隐患因素，研究管线隐患模型，预警管线隐患，减少管线事故。

5. 事故管理

记录管线事故信息，形成事故库，基于管线空间位置信息，统计管线事故发生时间、地点、管线种类，运用数据挖掘技术，分析事故和时间、地点、管线种类等的联系模型，为管线管理提供决策支持，减少管线事故的发生。

6. 历史管理

（1）结合管线的生命管理、隐患管理、事故管理，可以得出管线的生命曲线，分析管线新建、隐患、事故、维修、报废的关联，不仅可用于政府部门规划、管理管线工作，同时可以给管线权属单位管线建设提供管线材质、埋深，以及和其他管线布局关系。

（2）随着时间的增加，管线历史数据不断积累，通过筛选、处理数据形成管线数据仓库，进而形成面向专题的数据集市，如面向管线事故发生地的数据集市，采用数据挖掘技术，形成专题图，供领导掌握管线新建、隐患、维修、事故、报废的走向趋势及形成这种趋势的综合原因。

7. 应急抢险

（1）当影响范围很大或者危险性很高时，事故就上升为应急事故。

（2）围绕应急管线地点，找出应急点所有管线，特别重视危险性很高的管线（如燃气管线）。

（3）围绕应急点画出抢修队伍、设备分布图，根据道路和交通状况分析出到达时间最短的队伍，调动这些资源，并且给出到达路径。

（4）形成事故应急库，采用空间数据挖掘（聚类等）技术，为合理分布抢修队伍、设备提供支持。

8. 城市管理信息平台

（1）城市管理信息平台处理发生在城市设施和环境中的事件，包括事件的发现、核实、协调处置、处置核查等环节。

（2）地下管线及其附属设施信息资源可为平台管线事件的定位、协调处置提供数据支撑。

（3）基于同一地下管线信息资源，平台和管线隐患、事故、历史管理联动，完善管线资源库。

三、基于风险评估的某市燃气管线运行风险控制措施建议

（一）风险评估结果

1. 城区燃气管线事故风险评估

1）风险承受和控制能力分析

城区燃气管线主要由某市燃气公司负责经营管理，因此对城市燃气管线事故的风险承受和控制能力主要分析该市燃气公司的风险承受和控制能力。

（1）应急队伍。燃气公司设有专门的安全生产管理组织机构，配备了专职的安全生产管理人员。该公司设2个专业抢险抢修单位，有抢修人员80人，负责燃气管线泄漏抢险，对外环路高压A管线的抢险联络专业的施工抢修单位协作抢险施工。公司在各区分别设立了应急救援值守点。

（2）应急资源。燃气公司根据企业特点和应急维护的要求，配备了比较充足的应急救援物资。

（3）预测预警能力。目前，燃气公司天然气输配管网监控系统主要包括一个主控中心和一个备用中心，门站、储罐站和调压站的远程监控系统。监控系统可采集并实时监控门站、储罐站和调压站／箱，以及管网的工况参数和设备状况。另外在调压站内设有可燃气体浓度报警装置，在高压调压站内设有安防监控系统，其预测预警能力强。

（4）应急预案及演练。燃气公司按照燃气事故的特点，制订了燃气突发事故的应急救援预案，包括公司级、分公司级、厂（所、队）级应急预案。公司适时开展应急救援的演练，在日常的应急救援中积累了丰富的应急经验。

2）风险描述

城区内基本无次高压、高压燃气管线和高中压调压站，主要为中低压调压站（箱）和中、低压燃气管线。由于该区域分布着许多重点单位，大部分由枝状中低压调压站（箱）供气，低压管线枝状分布，一旦调压设施或低压管线发生事故，将会影响该供气区域的正常供气。因此，城区主要风险为燃气泄漏、火灾、供气中断和供气不稳。

3）风险可能性分析

由于燃气管线泄漏事故率较高，调压箱的供气中断和供气不稳事故时常发生，火灾爆炸事故较少，所以中低压燃气调压站（箱）和中低压燃气管线区域风险可能性分析主要考虑燃气泄漏事故发生的可能性，同时兼顾供气中断和供气不稳事故。

根据风险可能性指标体系和专家评议，针对该区域内人员及管理、设备设施

状况和环境因素，确定中低压燃气调压站（箱）风险可能性等级为 E 级，确定中低压燃气管线风险可能性等级为 D 级。

4）风险后果严重程度分析

根据风险后果指标体系和专家评议，中低压燃气设施主要的事故后果是由管道泄漏引发的喷射火，由于压力较低，管线内燃气流量较小，其产生泄漏、火灾事故后果的影响范围相对较小，但是发生供气中断将会影响整个管线供气区域，则其产生的风险后果较大。可知风险后果等级，如表 7-26 所示。

5）风险等级

根据风险等级矩阵可得出风险等级，如表 7-25 所示。

表 7-25　城区燃气管线事故风险评估表

风险	承受力	控制力	可能性等级	后果等级	风险等级
一般区域中低压燃气管网	一般	强	较不可能发生	影响很小	低
重点区域中低压燃气管网	一般	强	较不可能发生	一般	低
一般区域支状中低压调压站（箱）	一般	较强	基本不可能发生	较大	低
一般区域网状中低压调压站（箱）	一般	较强	基本不可能发生	一般	低
重点区域支状中低压调压站（箱）	较差	强	基本不可能发生	重大	中
重点区域网状中低压调压站（箱）	一般	强	基本不可能发生	较大	低

2. 郊区燃气管线事故风险评估

1）风险描述

郊区主要是次高压和高压天然气管网的分布区，同时该区域也广泛分布着中低压天然气管线。城市门站、高中压调压站、压缩天然气母站、部分压缩天然气供气站等基本分布在该区域内。该区域特点是燃气流量大、压力大，其主要的事故为泄漏、火灾爆炸、物理爆炸。

2）风险可能性分析

截至目前，气源长输管线、城市门站、高中压调压站、天然气储罐、压缩天然气母站目前尚无事故记录，而城市管网中管线泄漏事故时有发生。根据风险可能性指标体系和专家评议，针对人员及管理、设备设施状况和环境因素，确定气源长输管线、城市门站、高中压调压站、天然气储罐、压缩天然气母站事故风险可能性等级为 E 级，高压燃气管网的事故风险可能性等级为 D 级。

3）风险后果分析

根据风险后果指标体系，得出如下结论。

（1）由于气源长输管线和城市门站一旦发生事故应急修复困难，且一旦气源管线发生事故会直接影响整个城市的供气稳定，因此其风险后果等级为1级（特别重大）。

（2）压缩天然气母站由于其压力较高，高压气瓶发生物理爆炸事故后果影响范围很大，同时一旦压缩天然气母站发生事故，可能导致气瓶无法充装，直接影响区域压缩天然气供气站的气源稳定，因此其风险后果等级为1级（特别重大）。

（3）高中压调压站一旦发生事故其应急修复困难，导致大量燃气泄漏，但是由于管网输配系统中一个高中压调压站发生泄漏事故不会影响整个燃气供应的稳定性，所以其风险后果等级为2级（重大）。

（4）天然气储罐作为调峰用缓冲罐，其介质压力最大1.0兆帕，其产生物理爆炸的影响范围较大，因此其风险后果等级为1级（特别重大）。

（5）次高压、高压燃气管线主要的事故后果是由管道泄漏引发的喷射火，由于压后果的影响范围较大，但是考虑管线所处的地域环境，其风险后果等级均为4级（一般）。

（6）参照城区中低压燃气设施的风险后果等级，该区域内中低压调压站、中低压燃气管网的风险后果等级为4级（一般）。

4）风险等级

根据风险等级矩阵可得出风险等级，如表7-26所示。

表7-26　郊区燃气管线事故风险评估表

风险	承受力	控制力	可能性等级	后果等级	风险级别
气源长输管线	较差	强	基本不可能发生	特别重大	高
门站、储罐、母站	较差	强	基本不可能发生	特别重大	高
高中压调压站、次高压站	较差	较强	基本不可能发生	重大	中
高压燃气管网	较差	强	较不可能发生	一般	低
中低压管网、调压站	一般	较强	基本不可能发生	一般	低

（二）风险控制建议

1. 地下管线事故的综合性控制措施建议

（1）政府部门。政府相关部门建立地下管线事故应急预案启动机制，建立地下管线权属单位与其他部门之间（施工单位、交通部门、公安部门等）的应急协调联络机制；公安部门制订反恐预案，防止不法分子对地下管线的恶意破坏；交通部门制定保障地下管线应急车辆的顺畅行驶的措施；政府相关部门防止地下水的过度开采；规划、建设和交通管理部门对本市范围内施工活动的严格限制。

（2）管线权属单位。制订地下管线安全运行保障方案；开展隐患排查和整改工作，尤其是老旧管网的改造；加强管线巡查检修工作，重点加强重点区域、重点时期相关地下管线的巡查检修工作，包括对防腐层和土体的检测；做好应急人员和抢修物资的配备；建立有线和无线通信的双套机制；加强对人员的安全培训与教育；开展网格化管理。

（3）自管户。对于自管户所有的管线，应指定专人负责地下管线的安全管理，明确安全职责，并与具备保障能力的管线单位签订事故抢修协议，配备必要的应急维修物资（如相应管材及其附件等），或者协议中明确该自管户现有管线型号、数量，委托相关单位抢险队伍配备。建议政府组织对自管户安全管理人员进行必要的巡查、管线事故类型及特点、设备设施操作规程、应急救援等知识的培训，开展应急救援的演练，明确一旦发生地下管线事故应如何响应、如何配合抢险抢修等。

（4）涉及中央企业的管线，应沟通好中央企业应急力量加强属地高风险源的事故应急救援能力。

（5）与气象部门、质量技术监督部门、建筑施工管理部门建立沟通联动机制，考虑天气情况的影响，加大对特种设备和涉及管线施工的监管力度，发现超期服役容器或违章作业立即停止使用。

2. 燃气管线事故专门控制措施建议

（1）公安、消防部门加强对"高"级风险的城市门站、压缩天然气加气站、液化气灌装厂（储备厂）的安全保卫，避免人为恶意破坏。协调相关职能部门，拆除违章占压燃气设施的建（构）筑物。

（2）上游燃气主管部门和燃气企业保障上游天然气气源的质量、供气量，特别是上游气源长输管线的运行安全必须得到充分保证。

（3）政府、燃气管线权属企业和重要用户都应制定燃气事故应急预案启动机制，进一步完善预案、信息系统、指挥系统、重点区域物资储备等方面的应急管理。

（4）燃气供应单位加强调度中心的管理和控制及对输配系统的监控；应加强应急队伍的建设，联合其他相关专业单位的应急救援力量，实现事故时联动的机制；加强和燃气用户沟通，要求供需双方建立安全互助机制。对燃气、液化气用户进行宣传，增强市民维护燃气设施的安全知识及地方燃气法规，使广大市民树立自觉维护管道燃气设施的安全意识；燃气供应单位应设置临时备用的应急供气车辆，以防发生事故后供气的中断。

（5）属地政府明确区域内燃气供应单位分布情况，并与之签订安全生产协议，建立信息联动机制。对自管用户，燃气主管部门将组织对其燃气设备管理人员操作的系统培训。对无人员管理的自管用户应加大对其的巡检力度，保驾单位及人员要严格落实岗位责任制，对隐患做到"早发现、早报告、早控制、早处理"。

参 考 文 献

毕明树. 2001. 开敞空间可燃气云爆炸压力研究. 大连理工大学博士学位论文.

常悦. 2006. 天津政府市政公用基础设施建设新闻发布会实录. http://www.solidwaste.com.cn/news/44218.html [2006-01-11].

陈安, 陈宁, 倪慧荟, 等. 2009. 现代应急管理理论与方法. 北京: 科学出版社.

陈泷, 李奉阁. 2014. 燃气爆炸对结构的破坏影响及防治措施. 黑龙江科技信息, (16): 15-16.

储小燕, 沈士明. 2005. 南京市天然气利用工程管道的风险评价. 油气储运, 24(3): 13-16.

于海珍. 2011-04-27. 天津建 "地下信息数据库" 地下管线能绕赤道一圈. 城市快报(第4版).

崔辉, 徐志胜, 宋文华. 2008. 人工燃气爆炸与中毒事故危害定量比较分析. 灾害学, 23(4): 96-100.

戴红. 2005. 加强地下管辖管理把握城市命脉. 工程建设与档案, 19(5): 431-432.

邓楠, 刘克会, 徐栋, 等. 2014. 充分发挥行业管理作用, 保障地下管线运行安全. 办公自动化, 2014(21): 117-118.

邓新民. 1999. 点源大气扩散模式计算的参数选取. 成都气象学院学报, 14(2): 139-146.

丁信伟, 王淑兰, 徐国庆. 1999. 可燃及毒性气体泄漏扩散研究综述. 化学工业与工程, 16(2): 118-122.

董玉华, 周敬恩, 高惠临, 等. 2002. 长输管道稳态气体泄漏率的计算. 油气储运, 21(8): 11-15.

范维澄, 孙金华, 陆守香, 等. 2004. 火灾风险评估方法学. 北京: 科学出版社.

范维澄, 刘奕, 翁文国, 等. 2013. 公共安全科学导论. 北京: 科学出版社.

范文, 王萍, 袁悦, 等. 2015. 基于SVM分类可信度的暴雨/冰雹分类模型. 北京工业大学学报, 41(3): 361-365.

冯诗淇. 2012. 浅谈融资担保公司风险管理操作办法. 中国外资(下半月), (5): 206.

高琦. 2014. 关于市政排水管线交叉冲突问题处理的见解. 城市建设理论研究(电子版), (30).

龚解华, 张金水, 束昱. 2005. 上海城市地下空间开发利用战略研究——兼议日本地下空间开发利用立法实践. 城市管理, (2): 36.

郭德勇, 王凌志, 刘铁忠, 等. 2013. 城市运行与应急管理一体化模式研究——以北京市海淀区为例. 中国安全生产科学技术, 9(3): 125-128.

韩朱旸. 2010. 城市燃气管网风险评估方法研究. 清华大学硕士学位论文.

韩朱旸, 翁文国. 2009. 燃气管网定量风险分析方法综述. 中国安全科学学报, 19(7): 154-164.

何淑静, 周伟国, 严铭卿. 2005. 上海城市燃气输配管网失效模糊故障树分析法. 同济大学学报(自然科学版), 33(4): 507-511.

何淑静, 周伟国, 严铭卿, 等. 2003. 燃气输配管网可靠性的故障树分析. 煤气与热力, 23(8): 459-461.

何维华. 2015. 关于城市供水管网综合评估方法的探讨. 给水排水, 41(9): 82-87.

洪武. 2008. 城市生命线系统现状与防护对策分析. 经济目标防护, 2008(7): 35-36.

侯本伟. 2014. 城市供水管网抗震能力分析及性能化设计方法研究. 北京工业大学硕士学位论文.

黄超，翁文国，吴健宏. 2008. 城市燃气管网的故障传播模型. 清华大学学报（自然科学版），48（8）：1283-1286.

黄清武. 2003. 城镇燃气管网系统可靠性与风险研究. 福州大学硕士学位论文.

黄小美. 2004. 城市燃气管道系统风险评价研究. 重庆大学硕士学位论文.

黄小美，彭世尼，李百战，等. 2006. 城市燃气管道系统失效的事件树和故障树相结合. 重庆建筑大学学报，28（6）：99-101.

霍春勇，董玉华，余大涛，等. 2004. 长输管线气体泄漏率的计算方法研究. 石油学报，25（1）：101-105.

江贻芳. 2012. 中国城市规划协会地下管线专业委员会. 2011年中国城市地下管线发展报告（内部资料）.

姜驭东. 2015. 浅谈非开挖拉管工艺在市政排水管线中的应用. 建筑工程技术与设计，（8）：25-26.

赖建波，杨昭. 2007. 高压燃气管道破裂的定量风险分析. 天津大学学报，40（5）：589-593.

李俊奇，刘洋，车伍，等. 2010. 城市雨水减排管制与经济激励政策的思考. 中国给水排水，（20）：28-33.

李秋华. 2014. 供热管网热力可及性及单向环供热系统相关问题研究. 哈尔滨工业大学硕士学位论文.

李素鹏. 2013. 风险矩阵在企业风险管理中的应用——详解风险矩阵评估方法. 北京：人民邮电出版社.

李伟，张奇. 2008. 高压气体泄漏喷射和扩散的数值模拟. 中国职业健康安全协会2008年学术年会论文集. 北京：煤炭工业出版社.

李又绿，姚安林，李永杰. 2004. 天然气管道泄漏扩散模型研究. 天然气工业，24（8）：201-203.

梁瑞，张春燕，姜峰，等. 2007. 天然气管道泄漏爆炸后果评价模型对比分析. 中国安全科学学报，17（8）：131-135.

廖柯熹，姚安林，张淮鑫. 2001. 天然气管线失效故障树分析. 天然气工业. 21（2）：94-96.

刘斐，刘茂. 2006. 城市燃气管线的定量风险分析. 南开大学学报（自然科学版），39（6）：31-36.

刘贺明. 2009. 城市地下管线规划、建设和管理相关问题思考. 城市管理与科技，11（2）：30-31.

刘俊娥，贾增科，李晓慧. 2007. 城市燃气管道喷射火事故后果分析. 河北工程大学学报（自然科学版），24(4)：53-56.

刘克会，江贻芳，邓楠，等. 2013. 城市地下管线主要风险因素分析. 工程勘察，（9）：51-55.

刘书明，王欢欢，徐锦华，等. 2014. 基于智能优化算法的供水管网漏水点定位. 同济大学学报（自然科学版），42（5）：740-744.

刘彤. 2015. 从城市的快速建设高度发展中透视城市问题. 城市建设理论研究（电子版），22（5）.

刘晓倩. 2015. 济南市城市地下管线综合管理研究. 山东大学硕士学位论文.

卢晓龙. 2015. 城市地下管线信息化技术发展展望. 城市建设理论研究（电子版），（12）.

罗党. 2004. 灰色决策问题的分析方法研究. 南京航空航天大学博士学位论文.

马小明，张立勋. 2002. 基于压力—状态—响应模型的环境保护投资分析. 环境经济，（11）：31-33.

母秉杰. 2009. 实事求是，以人为本，提高城市公共设施安全运行水平. http://www.bjmac.gov.cn/pub/guanwei/I/I4/I4_6/200904/t20090401_13685. html [2009-01-09].

牛坤. 2007. 开敞空间可燃气体扩散规律与爆燃现象的研究. 河北工业大学硕士学位论文.

潘家华. 1995. 油气管道的风险分析. 油气储运，14(3)：11-15.

潘旭海，蒋军成. 2001. 危险性物质泄漏事故扩散过程模拟分析. 中国职业安全卫生管理体系认证，(3)：44-46.

强鲁，周伟国，潘新新. 2007. 基于故障树方法的输配管网燃气泄漏风险决策. 上海煤气，（1）：1-4.

乔志峰. 2010. 北京京广桥"水"深几许. http://blog.sina.com.cn/s/ blog_54a98ec20100j4yg.html [2010-05-28].

秦政先. 2007. 天然气管道泄漏扩散及爆炸数值模拟研究. 西南石油大学硕士学位论文.

尚秋谨，朱伟. 2013. 国外的城市地下管线管理. 城市问题，（7）：92-95.

佘翰武，伍国郑，柳浒. 2008. 城市生命线系统安全保障对策探析. 中国安全科学学报，5（18）：18-22.

沈国明. 2008. 城市安全学. 上海：华东师范大学出版社.

孙安娜，安跃红，段常贵，等. 2005. 地下燃气管道第三方影响事故树模型. 煤气与热力，25（1）：1-5.

孙永庆，钟群鹏，张峥. 2006. 城市燃气管道风险评估中失效后果的计算. 天然气工业，26（1）：120-122.

唐保金，张增刚，汤云普，等. 2008. 燃气管道泄漏量计算方法. 山东土木建筑学会燃气专业委员会 2008 年年会论文集：37-42.

唐建国，曹飞，等. 2003. 德国排水管道状况介绍. 给水排水，（5）：4-10.

唐子烨，马宪国. 2003. 城市天然气供应系统的可靠性分析模型研究. 广西大学学报（自然科学版），28（3）：241-245.

陶希东. 2015. 全面认识我国超大城市治理的瓶颈问题. 中国国情国力，（5）：25-28.

田贯三. 1999. 管道燃气泄漏过程动态模拟的研究. 山东建筑工程学院学报，14（4）：56-60.

田娜. 2006. 灰色关联分析法在油气管道半定量风险评价中的应用. 石油工程建设，34（1）：17-21.

田玉卓，闫全英，赵秉文. 2008. 供热工程. 北京：机械工业出版社.

汪定怡，吕学珍. 2005. 城市燃气输配管道风险评价指数体系的建立. 城市燃气，19（6）：36-39.

王凯全，王宁，张弛，等. 2008. 城市天然气管道风险特征与肯特法的改进. 中国安全科学学报，18(9)：152-157.

王蕾，李帆. 2005. 城市燃气输配管网的可靠性评价. 煤气与热力，25（4）：5-8.

王淑莹，马勇，王晓莲，等. 2015. GIS 在城市给水排水管网信息管理系统中的应用. 哈尔滨工业大学学报，37（1）：123-126.

王文和，易俊，沈士明. 2010. 基于风险的城市埋地燃气管道安全评价. 中国安全生产科学技术，6（3）：163-166.

王文娟，刘剑锋. 2006. 危险性气体泄漏扩散数学模拟研究. 工业安全与环保，32（11）：23-25.

王献玉. 2010. 地下空间的开发与利用新举措. 低温建筑技术，149（11）：19-20.

王晓梅. 2006. 城市地下燃气管道的风险评价. 南京工业大学硕士学位论文.

王艺静. 2015. 国务院敲定地下综合管廊建设“路线图”. 中国勘察设计，（9）：9-10.

王曰燕，罗金恒，赵新伟，等. 2005. 天然气输送管道火灾事故危险分析. 天然气与石油，23（3）：52-63.

魏льт涛，杨用君. 2007. 城市燃气管网风险评价指标体系研究. 中国科技信息，（6）：198-200.

奚江琳，黄平，张奕. 2007. 城市防灾减灾的生命线系统规划初探. 现代城市研究，（5）：75-81.

信昆仑，刘龙，陶涛，等. 2014. 基于用户水质投诉信息的供水管网污染源的追踪定位. 天津大学学报，47（4）：336-341.

徐春昕. 2005. 英国马路施工不能扰民. 中华建设，2005（4）：59.

徐亚博，钱新明，刘振翼. 2008. 天然气输送管道泄漏事故危害定量分析. 中国安全科学学报，18（1）：147-149.

闫凤霞，高惠临. 2003. 风险评估及其在油气管道方面的应用. 石油工业技术监督，19（2）：1-6.

杨登超. 2012. 城市地下管线档案管理与利用存在的问题和对策. 科学管理与决策，（9）：135-136.

杨印臣. 2008. 地下管道检测与评估. 北京：石油工业出版社.

殷东克，赵昕，薛凌波. 2002. 基于 PSR 模型的可持续发展研究. 软科学，（5）：62-67.

尹培彦，等. 2012. 北京应急管理理论与实践. 北京：北京出版社.

尤建新，陈桂香，陈强. 2006. 城市生命线系统的非工程防灾减. 自然灾害学报，15（5）：194-198.

尤秋菊，樊建春，朱伟，等. 2011. 北京市燃气事故风险评估与控制对策. 中国安全生产科学技术，7（10）：93-99.

尤秋菊，樊建春，朱伟，等，2013. 天然气管网系统风险评估. 油气储运，32（8）：834-839.

尤秋菊，朱伟. 2010. 地下燃气管网事故的致因理论分析. 煤气与热力，30（4）：B30-33.

尤秋菊，朱伟，白永强. 2009. 北京市燃气管网危险因素的事故树分析. 油气储运，28（9）：27-30.

于京春，解东来，马冬莲，等. 2007. 城镇燃气管网风险评估研究进展及建议. 煤气与热力，27（12）：38-41.

于明，狄彦，帅健. 2007. 输气管道泄漏率计算与扩散模拟方法述评. 管道技术与设备，（4）：15-18.

于畅, 田贯三. 2007. 城市燃气泄漏强度计算模型的探讨. 山东建筑大学学报, 22 (6): 541-545.

余建星, 黄振广, 李建辉, 等. 2001. 输油管道风险评估方法中风险分析因素权重调整研究. 中国海上油气工程, 13 (5): 41-44.

俞树荣, 等. 2005. 基于层次分析法的管道风险因素权数确定. 天然气工业, 25 (6): 132-133.

袁长丰. 2005. 基于 GIS 人口统计信息分析研究. 山东科技大学硕士学位论文.

曾静, 陈国华. 2007. 城市埋地燃气管道风险评估方法的适用性. 煤气与热力, 27 (5): 2-4.

张大伟, 赵冬泉, 陈吉宁, 等. 2008. 芝加哥降雨过程线模型在排水系统模拟中的应用. 给水排水, 34 (S1): 354-357.

张继兵. 2015. 市政综合管廊建设问题及其应对策略探讨. 城市建筑, (26): 225.

张晓军, 赵虎, 徐匆匆. 2015. 城市地下管线规划管理机制优化探讨. 城市规划, (4): 98-104.

张秀华, 郑兴灿, 王昭, 等. 2013. 城市市政管网系统预警减灾安全运行技术. 中国科技成果, 201 (7): 84.

张扬, 李帆, 管延文. 2006. 地下燃气钢管土壤腐蚀性模糊综合评价. 煤气与热力, 26 (4): 12-14.

周波, 张国枢. 2005. 有害物质泄漏扩散的数值模拟. 工业安全与环保, 31 (10): 42-44.

朱洁. 2015. 供水管线爆管原因和防止分析. 城市建设理论研究 (电子版), (14).

朱伟, 陈长坤, 纪道溪, 等. 2011. 我国北方城市暴雨灾害演化过程及风险分析. 灾害学, 26 (3): 88-91.

朱伟. 2014a. 地下管线安全与城市发展. 现代职业安全, (4): 14-15.

朱伟. 2014b. 中国特色风险评估技术集成及工具开发的思考, 2014 年应急管理国际研讨会论文集, 北京: 国家行政学院出版社: 304-310.

朱伟, 郑建春. 2014. 面向智慧城市的城市地下管网信息管理体系构建探讨. 工业自动化, 2014 (10): 67-70.

Alberto M, Tim H, Colls J J. 2008. CFD and Gaussian atmospheric dispersion models: A comparison for leak from carbon dioxide transportation and storage facilities. Atmospheric Environment, 42 (34): 8046-8054.

American Petroleum Institute. 2000. Risk based resource document, API PR581(Report) .

Arnaldos J, Casal J, Montiel H. 1998. Design of a computer tool for the evaluation of the consequences of accidental natural gas releases in distribution pipes. Loss Prevention in the Process Industries, 11 (2): 135-148.

Beck U. 1986. Risk Society: Towards a New Modernity. Frankfurt am Main: Suhrkamp.

Bonvicini S, Leonelli P, Spadoni G. 1998. Risk analysis of hazardous materials transportation: evaluating uncertainty by means of fuzzy logic. Journal of Hazardous Materials, 62 (1): 59-74.

Cagno E, Caron F, Mancini M, et al. 2000. Using AHP in determining the prior distributions on gas pipeline failures in a robust Bayesian approach. Reliability Engineering and System Safety, 67 (3): 275-284.

Chowdhury S, Champagne E, McLellan P J. 2009. Uncertainty characterization approaches for risk assessment of DBPs in drinking water: a review. Journal of Environmental Management, 90 (5): 1680-1691.

CPQRA. 1988. Guideline for chemical process quantitative risk analysis. The Center for Chemical Process Safety of American Institute of Chemical Engineers.

Deng J L. 1982. Control problems of grey systems. Systems & Control Letters, 1 (5): 288-294.

Deng J L. 1989. Introduction to the grey system theory. Journal of Grey System, 1 (1): 1-24.

Dong Y H, Yu D T. 2005. Estimation of failure probability of oil and gas transmission pipelines by fuzzy fault tree analysis. J. Loss Prevention in the Process Industries, 18 (2): 83-88.

EGIG (European Gas Pipeline Incident Data Group) . 2008. 7th Report of the European Gas Pipeline Incident Data Group (Report).

Fernando D A, Enrique G F, Francisco S P. 2008. Consequence analysis to determine damage to buildings from vapour cloud explosions using characteristic curves. J. Hazardous Materials, 159 (2-3): 264-270.

Fu C, Yin Y L. 2007. Fault tree analysis for assessing Tianjin urban gas pipeline's fault. Proceedings of the 14th International Conference on Industrial Engineering and Engineering Management. Tianjin, Peoples R China, 358-362.

Gau H S, Hsieh C Y, Liu C W. 2006. Application of grey correlation method to evaluate potential groundwater recharge sites. Stochastic Environmental Research and Risk Assessment, 20 (6): 407-421.

Han Z Y, Weng WG. 2010. An integrated quantitative risk analysis method for natural gas pipeline network, Journal of Prevention in the Process Industries. 23 (3): 428-436.

Hawdon D. 2003.Efficiency, performance and regulation of the international gas industry—a bootstrap DEA approach. Energy Policy, 31 (11): 1167-1178.

IGE. 2001. Steel pipeline for high pressure gas transmission. IGE Code TD/1, fourth ed.

Jo Y D, Ahn B J. 2002. Analysis of hazard areas associated with high-pressure natural gas pipelines. J. Loss Prevention in the Process Industries，15 (3): 179-188.

Jo Y D, Ahn B J. 2005. A method of quantitative risk assessment for transmission pipeline carrying natural gas. Journal of Hazardous Materials, 123 (1-3): 1-12.

Jo Y D, Crowl D A. 2008. Individual risk analysis of high-pressure natural gas pipelines. Loss Prevention in the Process Industries, 21 (6): 589-595.

Jonkman S N, Gelder P H, Vrijling J K. 2003. An overview of quantitative risk measures for loss of life and economic damage. Journal of Hazardous Materials, 99 (1): 1-30.

Luo J H, Zheng M, Zhao X W, et al. 2006. Simplified expression for estimating release rate of hazardous gas from a hole on high-pressure pipelines. J. Loss Prevention in the Process Industries，19 (4): 362-366.

Markowski A S, Mannan M S. 2009. Fuzzy logic for piping risk assessment (fLOPA). Loss Prevention in the Process Industries, 22 (6): 921-927.

Menoni S, Pergalani F, Boni M P, et al. 2002. Lifelines earthquake vulnerability assessment: a systemic approach. Soil Dynamics and Earthquake Engineering, 22 (s9-12): 1199-1208.

Metropolo P L, Brown A E P. 2004.Natural Gas Pipeline Accident Consequence Analysis. Process Safety Progress, 23 (4): 307-310.

Montiel H, Vilchez J A, Joaquim C.1998. Mathematical modelling of accidental gas releases. J. Hazardous Materials，59(s2-3): 211-233.

Muhlbauer W K. 1992. Pipeline Risk Management Manual. Gulf Publishing Company.

Rausch A H, Eisenberg N A, Lynch C J. 1977. Continuing Development of the Vulnerability Model (VM2). Department of Transportation, United States Coast Guard, Washington, DC, Report No. CG-53-77, February.

Roger C, Eric J. 1998. A Probabilistic Model for the Failure Frequency of Underground Gas Pipelines. Risk Analysis，18 (4): 511-527.

Schlechter W P G. 1996. Facility risk review as a means to addressing existing risks during the life cycle of a process unit, operation or facility. International Journal of Pressure Vessels and Piping，66 (95): 387-402.

Sklavounos S, Rigas F. 2006. Estimation of safety distances in the vicinity of fuel gas pipelines. J. Loss Prevention in the Process Industries, 19 (1): 24-31.

SoaresCG, Teixeira A P. 2000. Probabilistic modelling of offshore fires, Fire Safety Journal. 34 (1): 25-45.

Wang D Q, Gao H L, Dong Y H, 2006. Analysis on jet flames while gas pipeline leaking. Natural Gas Industry，26 (1): 134-137.

Yang Z, Li X D, Lai J B.2007. Analysis on the diffusion hazards of dynamic leakage of gas pipeline. Reliability Engineering and System Safety, 92 (1): 47-53.

You Q J, Zhu W, Men Y S. 2009. Seven Modules Risk Assessment System of Urban Gas Pipeline Network. ASME International Mechanical Engineering Congress & Exposition: 258-268.

You Q J, Zhu W, Xing T, et al . 2010. Application of fuzzy FMECA in gas network safety assessment. Fourth World Congress on Software Engineering, (2): 329~333.

彩 图

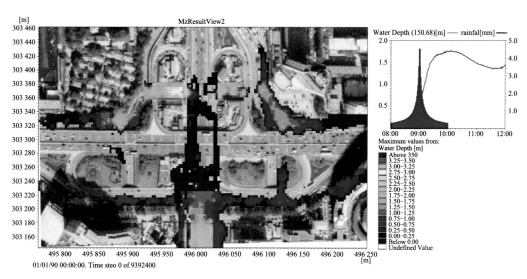

图 5-38　50 年一遇降雨下桥区积水最大水深图及积水点的积水过程图

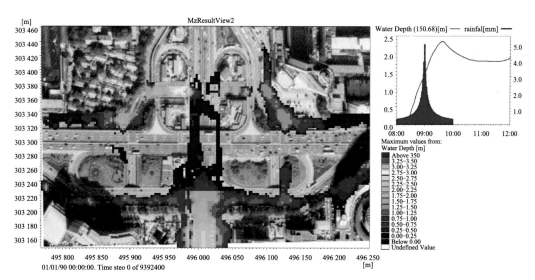

图 5-39　100 年一遇降雨下桥区积水最大水深图及积水点的积水过程图

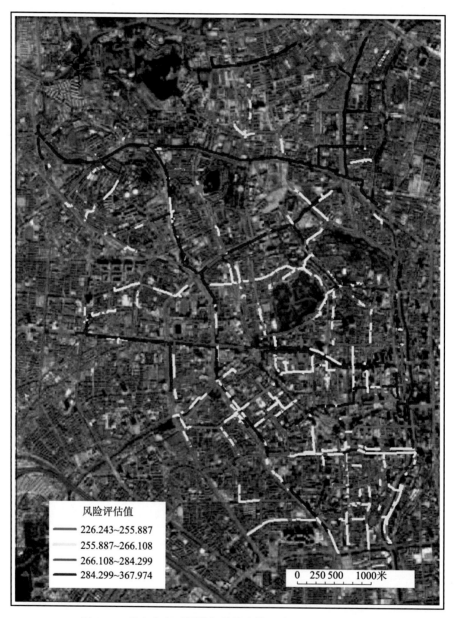

风险评估值

——— 226.243~255.887
——— 255.887~266.108
——— 266.108~284.299
——— 284.299~367.974

0 250 500   1000米

图 7-19　某市全市区域燃气管线定性风险评估结果示意图

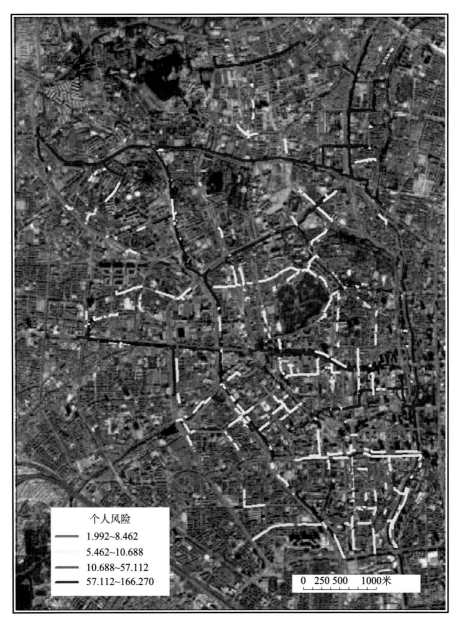

图 7-20 某市全市区域燃气管线个人风险评估结果示意图

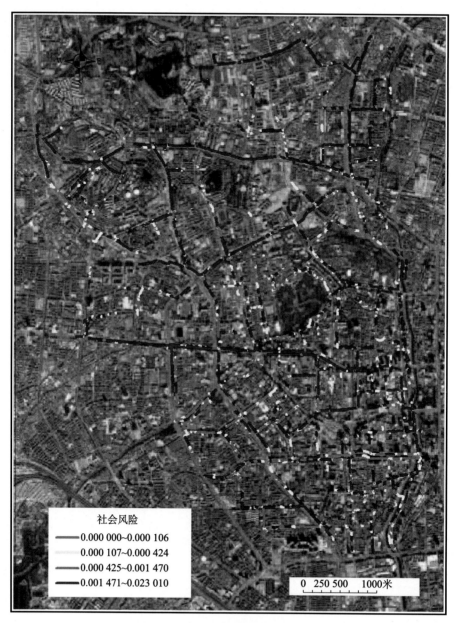

社会风险
—— 0.000 000~0.000 106
0.000 107~0.000 424
—— 0.000 425~0.001 470
—— 0.001 471~0.023 010

0 250 500   1000米

图 7-21　某市全市区域燃气管线社会风险评估结果示意图